WHISKY
KB218319

위스키는 어렵지 않아
LE WHISKY C'EST PAS SORCIER

THANKS TO

미카엘 귀도(Mickaël Guidot)

날마다 나를 사랑에 취하게 해주는 내 사랑 Dima,
내가 허황된 계획을 세우거나 비싼 위스키를 또 사와도
언제나 나를 지지해주신 부모님,
위스키 잔을 기울이며 농담으로 나를 웃게 해준 Yannis,
항상 나를 응원해준 Charlotte와 Marabout 출판사 스태프,
ForGeorges를 위해 아낌없이 재능을 나눠준 분들에게
고마움을 전한다.
또한, 그들의 열정과 지식을 기꺼이 공유해준 위스키 전문가들
Nicolas Julhès, Jonas Vallat, Guillaume Charnier,
Ophelia Deroy, Jim Beveridge, Christophe Gremeaux,
Émilie Pineau…….
모두에게 감사드린다.

야니스 바루치코스(Yannis Varoutsikos)

Bubu 할아버지는 내게 파스티스 마시는 법을 알려주셨다.
위스키였다면 더 좋았겠지만 그래도 꽤 괜찮은 시작이었다.
Mickaël은 내가 위스키의 세계에 첫 발을 내딛게 해주었다.
신세계를 발견한 황홀한 경험에 감사한다.

Mickaël Guidot
미카엘 귀도

위스키는 어렵지 않아
LE WHISKY C'EST PAS SORCIER

증 보 개 정 판

임명주 · 고은혜 옮김
야니스 바루치코스(Yannis Varoutsikos) 그림

CONTENTS

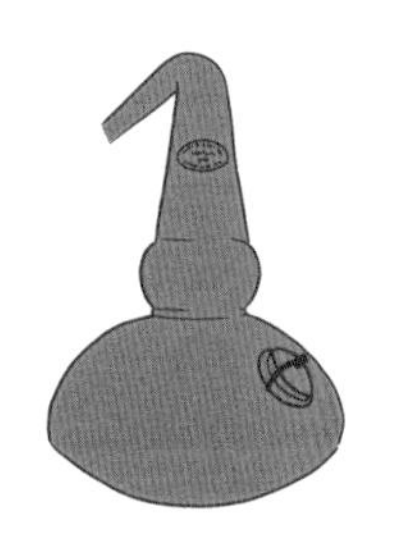

C-0 시작하기 INTRODUCTION

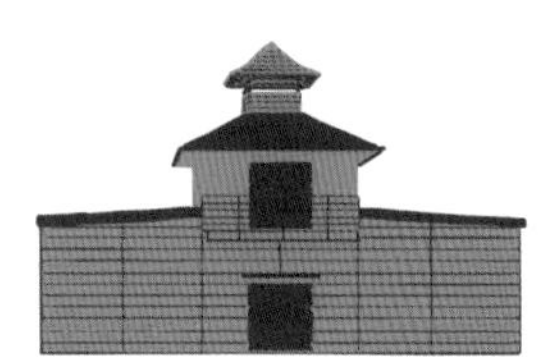

C-1 증류소 À LA DISTILLERIE

C-2 시음 LA DÉGUSTATION

C-3 위스키 구입 ACHETER SON WHISKY

C-4 식탁에서 LE WHISKY À TABLE

C-5 바 & 칵테일 BARS & COCKTAILS

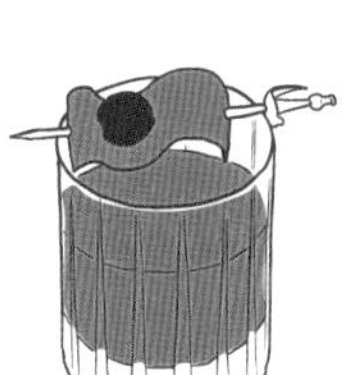

C-6 세계의 위스키 TOUR DU MONDE

C-7 참고자료 ANNEXES

나를 처음 위스키의 세계로 인도해준 나의 할아버지 조르주.
이 책에서도 독자들을 위스키의 세계로 안내할 것이다.
또한 조르주 할아버지가 알려준 여러 가지 유용한 정보가
이 책에 함께 소개되어 있다. 조르주 할아버지의 정보는 G마크를 참조한다.

C-0
시작하기
INTRODUCTION

위스키라고 하면 몇몇 전문가들만이 어려운 용어를 써가며 이야기하는, 소수 엘리트의 술이라고 생각하는 경우가 많다. 그러나 그것은 사실이 아니다. 위스키를 접해본 사람이라면 애호가든 초보자든 누구나, 좋든 나쁘든 위스키에 얽힌 자신만의 추억을 갖고 있다. 다만 우리에게 필요한 것은 위스키를 마시면서 받은 느낌을 이해하고 해석하는 데 도움을 줄 수 있는 사람이나 조금 더 깊은 지식이다.

나는 어렸을 때 조르주 할아버지와 함께 식전주를 마시면서 술의 세계에 입문하였다. 할아버지가 나에게 다양한 술을 맛보게 하고 쉽게 설명해주셔서 술에 대한 감각을 기를 수 있었다. 그리고 그 과정을 통해 나는 좋은 술은 2가지 조건이 결합해서 만들어진다는 것을 알았다. 그것은 자연에서 얻은 좋은 품질의 원료와 그 원료로 최고의 술을 만들고자 하는 사람의 노력이다.

그로부터 몇 년 뒤 나는 '포조르주(ForGeorge)'라는 블로그를 만들었다. 포조르주의 철학은 과장되고 이해하기 어려운 정보를 제공하는 것이 아니라, 보다 많은 사람들이 매력적인 위스키의 세계에 쉽게 다가설 수 있도록 돕는 것이다.

그러니 이 책에서도 전문가의 시음평과 어려운 용어를 잔뜩 나열한 설명을 기대해서는 안 된다. 하지만 자신에게 맞는 위스키를 찾아 시음하고, 그 맛을 이해하며, 흥미로운 제조과정에 대해 배우고, 세계의 위스키를 둘러보고 싶다면, 조르주 할아버지가 내민 손을 잡아보기 바란다.

INTRODUCTION

위스키는 어떤 사람이 마실까?

위스키는 50세 이상의 기업가나 여유 있는 은퇴자, 골프를 치며 애스턴 마틴 같은 고급 스포츠카를 모는 사람, 또는 스코틀랜드 전통의상 킬트를 입은 사람만 마시는 술일까?

영화와 소설로 만들어진 이런 오래된 편견은 이제 사라져야 한다. 21세기의 위스키 소비자는 매우 다양하다.
많은 사람들이, 어쩌면 당신도 위스키와 관련된 유쾌하지 못한 경험이 있을지 모른다. 하지만 그 경험에만 얽매여서는 안 된다. 조르주 할아버지가 말씀하신 것처럼 '위스키를 싫어하는 것이 아니라, 단지 당신에게 맞는 위스키를 아직 찾지 못한 것' 뿐이니 다시 한 번 노력해보기 바란다.
지구상에는 셀 수 없이 많은 위스키가 있다. 분명 나를 닮은 위스키도 어딘가에 있을 것이다. 서로 잘 이해하고 평생을 함께할 위스키 말이다. 이미 평생 함께할 위스키를 찾은 사람도 계속 찾아야 한다. 나에게 감동을 주는 또다른 위스키를 만날지도 모르기 때문이다. 여기서는 최근 새롭게 위스키를 즐기게 된 사람들을 소개한다.

힙스터

유행을 만들고 또 유행을 파괴하는 힙스터(Hipster)들은 오랫동안 보드카나 럼 같은 무색투명한 증류주를 선호하고 위스키를 멀리했다. 하지만 지금 세계의 트렌디한 도시에서 위스키가 다시 각광을 받고 있다. 도쿄, 파리, 브루클린의 위스키바에서는 힙스터들이 둘러앉아 마이크로 디스틸러리(소규모 증류소)나 위스키로 유명하지 않은 나라에서 만든 새로운 위스키를 시음하며, 이탄향에 대해 토론하는 모습을 쉽게 볼 수 있다.

여성

위스키는 남자들만의 술이라고? 이러한 편견이 여성들이 위스키를 즐길 기회를 막아서는 안 된다. 여성들은 주로 칵테일을 통해 위스키를 접하며 전 세계 위스키 소비인구의 30%를 차지하는데, 처음에는 보통 가볍고 부드러우며 과일향이 풍부한 위스키부터 시작해서 조금씩 강한 위스키로 옮겨간다.

여성을 위한 위스키?

몇몇 위스키 브랜드는 위스키에 대한 여성들의 관심이 높아지는 것을 파악하고 여성 소비자를 대상으로 한 홍보에 주력하고 있다. 하지만 '여성을 위한 위스키'라는 아무 의미도 없는 말은 부디 사용하지 않기를 바란다. 그보다는 '과일향이 풍부한' 또는 '가벼운' 등의 표현을 사용하는 것이 좋다.

와인 애호가

좋은 위스키를 만들려면 좋은 오크통이 필요하다. 물론 그것이 전부는 아니지만 와인처럼 위스키도 숙성하는 데 많은 시간이 필요하다. 위스키 증류 책임자의 역할은 와인 양조 책임자의 역할과 다르지 않다. '싱글몰트(Single Malt) 위스키'는 좀 과장하면 '피노 누아르(Pinot Noir)'라는 단일 품종으로 만든 부르고뉴 와인과 비교할 수 있고, '블렌디드(Blended) 위스키'는 블렌딩 와인인 보르도 와인과 비교할 수 있다. 또한 위스키 증류소에서 프랑스의 유명 와이너리에서 사용하던 오크통이 발견되는 것도 드문 일이 아니다. 이 오크통은 몇몇 위스키의 피니싱(Finishing) 과정에 사용된다. 위스키와 와인의 경계가 그리 분명하지 않음을 짐작할 수 있다.

미식가

예전에는 위스키를 식전주나 식후주로만 마시고 식사할 때 곁들이는 일은 드물었다. 그런 위스키를 음식 재료로 사용하거나 와인을 대신해 음식과 매칭하여 마시게 되면서, 이제 식탁 위의 멋진 동반자로 거듭나고 있다. 위스키와 음식의 매칭은 미식가들에게 새로운 즐거움을 선사하고 늘 먹던 음식도 새롭게 즐길 수 있게 해준다. 독창적인 셰프들은 위스키와 음식의 매칭에 관심을 갖고 새로운 맛을 시도하고 있다.

칵테일 애호가

보수적인 위스키 애호가라면 아연실색할 소리지만 위스키 칵테일이 다시 인기를 얻고 있다. 이렇게 된 데에는 미국의 인기 드라마 〈매드맨(Mad Man)〉의 주인공 돈 드레이퍼(Don Draper)와 그가 마시던 올드 패션드(Old Fashioned) 칵테일의 책임이 크다. 하지만 '위스키콕(Whisky Coke)'이 칵테일이라는 생각만큼은 제발 버리길!

INTRODUCTION

위스키의 종류

위스키의 종류는 다양하며 원산지와 원료로 사용한 곡물에 따라 이름이 달라진다.
그렇기 때문에 위스키를 어렵고 전문적인 술이라고 생각하기 쉽다. 하지만 이제 그런 생각은 버리자.
여기서는 위스키를 크게 3가지로 나눠서 소개한다.

Whisky? 또는 Whiskey?

'Whiskey'라고 쓰여 있는 것을 본 적이 있을 것이다. 철자를 잘못 쓴 것일까? 아니다. 스코틀랜드, 일본, 프랑스 등에서는 'Whisky'라고 쓰고 아일랜드와 미국에서는 'Whiskey'라고 쓴다.
그 이유는 역사에 있다. 19세기의 스카치 위스키는 품질이 고르지 않았고 그중에는 매우 심각한 수준의 위스키도 있었다. 그래서 아일랜드 사람들은 자신들의 위스키를 스카치 위스키와 차별화하고 싸구려 독주로 취급되지 않도록, 미국으로 수출하기 전에 'Whisky'에 'e'를 추가하여 'Whiskey'라고 표시했다. 그런 이유로 아일랜드와 미국에서 생산되는 위스키는 지금도 'Whiskey'라고 표시한다. 한 가지 주의할 점은 'Whisky'는 일반적으로 통용되지만, 'Whiskey'는 스코틀랜드 사람 앞에서 쓰면 안 된다. 잘못하면 그 자리에서 쫓겨날 수도 있다.

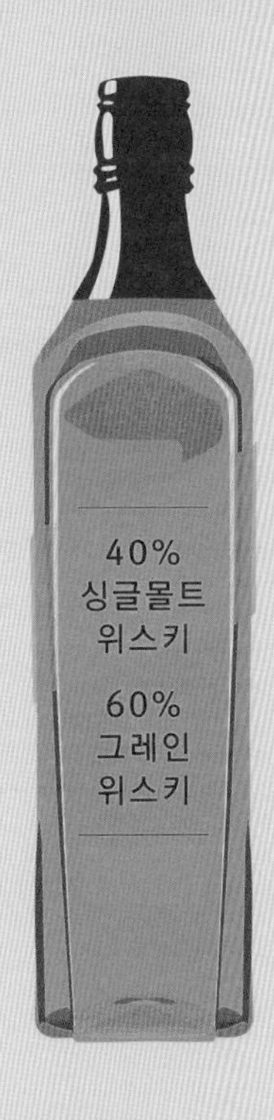

싱글몰트 위스키

싱글몰트 위스키(Single Malt Whisky)는 한 증류소에서 만든 몰트 위스키를 말한다. 역사적으로는 스코틀랜드 하일랜드지방에서 시작되었다고 한다. 싱글몰트 위스키는 100% 보리(맥아)로 만들고 단식 증류기(Pot Still)로 증류한다. 여러 증류소의 싱글몰트 위스키를 블렌딩한 것은(그레인 위스키 제외) '블렌디드 몰트 위스키'라고 부른다.

그레인 위스키

그레인 위스키(Grain Whisky)는 주로 블렌딩용으로 만들기 때문에, 그레인 위스키만 병입한 제품은 찾아보기 힘들다. 하지만 '그레인 위스키'라고 표시된 브랜드가 있기는 하다. 옥수수, 밀, 몰팅한 보리 또는 몰팅하지 않은 보리를 원료로 사용하여 연속식 증류기로 만든다. 그레인 위스키가 싱글몰트 위스키보다 풍미가 떨어지는 것이 사실이지만, 그중에는 훌륭한 품질의 그레인 위스키도 있다.

블렌디드 위스키

가장 많이 알려져 있고 가장 많이 소비되는 것이 블렌디드 위스키(Blended Whisky)이다. 스카치 위스키의 90%가 여기에 속한다. 블렌디드는 섞었다는 뜻이며, '조니 워커(Johny Walker)', '시바스(Chivas)', '밸런타인(Ballantine's)' 등과 같이 세계적인 브랜드는 모두 블렌디드 위스키이다. 블렌디드 위스키는 다음과 같은 장점이 있다.

- 가벼운 맛.
- 합리적인 가격(비싼 것도 있다).
- 맛이 잘 조화되어 대부분 싱글몰트 위스키보다 마시기 편하다.

위스키에 등수를 매길 수 있을까?

위스키 애호가들 사이에서 싱글몰트 위스키는 위스키계의 롤스로이스로 불리며 고급으로 치는 경향이 있지만, '쓸데없는 소리'라는 것이 많은 전문가들의 생각이다. 블라인드 테이스팅의 결과 역시 전문가들의 생각을 뒷받침해준다. 즉, 더 좋거나 더 나쁜 위스키는 없다. 다만 개성이 다른 위스키가 있을 뿐이다.

INTRODUCTION

위스키의 원조는 어느 나라?

영국과 프랑스의 백년전쟁도 길긴 했지만 아일랜드와 스코틀랜드의 위스키 원조를 가리는 전쟁에 비하면 아무것도 아니다. 그 기원에 대해서는 수많은 일화와 전설이 전해진다.

아일랜드 vs 스코틀랜드

국명
아일랜드

면적
84,421 ㎢

인구
630만 명

기후
서안해양성

국가대표 럭비팀 엠블럼
클로버(샴록)

럭비 6개국 챔피언십 그랜드슬램
2회

국가
아일랜드의 부름(Ireland's Call)
전사의 노래(Amhrán na bhFiann)

국명
스코틀랜드

면적
78,772 ㎢

인구
530만 명

기후
온화한 서안해양성

국가대표 럭비팀 엠블럼
엉겅퀴

럭비 6개국 챔피언십 그랜드슬램
3회

국가
스코틀랜드의 꽃(Flower of Scotland)

여기서는 럭비 6개국 챔피언십을 토대로 두 나라를 비교했지만,
'누가 위스키를 처음 만들었는가?'를 가리는 것이 더 심각한 문제이다.

생명수

스코틀랜드 게일어로 '우스게 바하(Uisge beatha)', 아일랜드어로 '이슈카 바하(Uisce beatha)'는 '생명수'라는 의미로 증류주를 가리키는 말이다. 이 낙관적인 이름은 수도사들이 만든 것으로, 그들은 경험을 통해 생명수를 마시면 몸이 건강하게 유지된다는 것을 배웠다. 그래서 생명수를 약으로 많이 마셨는데, 꿀과 허브를 섞은 당시의 증류주는 현대의 위스키 맛과는 많이 달랐다.
1400년경, 생명수를 너무 많이 마신 아일랜드의 한 씨족장이 목숨을 잃었다. 생명의 물과 죽음의 물은 종이 한 장 차이였던 것이다.

성 패트릭의 전설

기록을 통해 증명할 수는 없지만 아일랜드 사람들은 아일랜드의 수호성인이며 자신의 이름을 딴 축제로 유명한(술을 많이 마시는 축제로도 유명하다) '성 패트릭(Saint Patrick)' 덕분에 위스키가 탄생했다고 굳게 믿고 있다. 5세기에 야만족이 유럽을 침략하자 성 패트릭을 비롯한 기독교 수도사들은 아일랜드로 몸을 피했는데, 이때 수도사들이 각자 갖고 있는 여러 가지 지식을 바탕으로 증류기술을 개발했다고 한다. 그렇게 해서 탄생한 것이 생명수라는 의미의 '이슈카 바하'이다.

스코틀랜드 사람들도 이 전설을 부정하지는 않는다. 다만 성 패트릭이 스코틀랜드 사람이라고 주장하는 것뿐이다.

0 - 0
경기시작

잉글랜드 선수 등장

제삼자가 경기에 끼어들었다. 12세기에 잉글랜드가 아일랜드를 침략했는데, 국왕인 헨리 2세와 병사들은 사람들이 마시고 취하는 어떤 음료를 알게 되었다. 그것이 바로 유명한 '이슈카 바하'였다. 문제는 이 사실을 입증할 수 있는 기록이 없다는 것이다.

1 - 0
아일랜드 득점

아일레이섬의 전투

1300년 맥 바하(Mac Beartha) 가문이 스코틀랜드 서부의 작은 섬 아일레이(Islay)에 정착한다. 부유하고 교양 있는 맥 바하 가문은 과학과 의학에 심취해 있었다. 스코틀랜드 국왕 제임스 4세가 아일레이섬의 군주와 전투를 벌일 때 '생명수' 또는 '바하의 물'이라는 의미의 '이슈카 바하'를 발견했는데, 이것으로 맥 바하 가문이 위스키를 만들었다는 것을 짐작할 수 있었다. 이 전설은 계속 전해 내려왔고, 덕분에 아일레이섬은 위스키 세계에서 특별한 위치에 있다.

1 - 1
스코틀랜드 득점 / 동점

최초의 기록

14세기가 되어서야 드디어 최초의 기록이 나타난다. 아일랜드 오소리(Ossory) 교구 주교의 업무 기록에 성가곡과 교회 업무에 관한 글 외에 '아쿠아 비테(Aqua Vitae)', 즉 생명수 만드는 방법이 기재되어 있었던 것이다. 이 기록은 증류법에 대한 최초의 기록이지만 와인을 증류한 것이다.

2 - 1
아일랜드 득점

그렇다고 뒤로 물러날 스코틀랜드가 아니다. 스코틀랜드 국립기록보관소의 문서에서 1494년 맥아로 만든 생명수, 즉 위스키에 대해 처음으로 언급한 것이 발견되었다. 베네딕트파 수도사가 왕의 명령으로 맥아를 받아 아쿠아 비테를 만들었다고 되어 있다.

2 - 2
동점

잉글랜드 선수 재등장

1736년 한 장교의 서신에서 'usky'라는 단어(뒤에 'whisky'가 된다)가 처음으로 등장한다. 'usky는 스코틀랜드의 자랑'이라고 써서 스코틀랜드의 손을 들어주었다.

최종 결과는?

알 수 없다. 조르주 할아버지도 모르고 아무도 모른다.

결국 스포츠 팀을 응원할 때처럼 하나의 전설을 선택해서 믿는 것이 진실인 셈이다. 또는 스코틀랜드 사람에게는 스코틀랜드가, 아일랜드 사람에게는 아일랜드가 위스키의 원조라고 말하는 방법도 있다. 그러면 위스키 시음회에서 친구를 많이 만들 수 있다.

INTRODUCTION

위스키, 세계를 정복하다

오늘날 위스키를 말할 때 가장 먼저 떠오르는 것이 스카치 위스키라는 것을 부정할 수는 없다. 위스키를 주문할 때도 바텐더에게 '스카치'라고만 하는 것을 심심치 않게 들을 수 있다. 하지만 위스키의 세계에는 지금 혁명이 일어나고 있다. 그 현장인 위스키 산지를 찾아 세계일주를 떠나보자.

미국 · 캐나다

광활한 황야, 고층 빌딩, 카우보이……, 그리고 위스키 증류소! 버번, 라이, 그리고 마이크로 디스틸러리(소규모 증류소)로 대표되는 미국의 위스키 시장은 긴 역사와 역동적인 현재를 자랑한다.

아일랜드

거친 바위로 이루어진 해안, 영화에 자주 등장하는 아름다운 풍경, 그리고 맥주 마시는 사람들이 생각나는 아일랜드. 하지만 그것이 전부는 아니다. 아일랜드는 19세기에 미국 수출을 통해 세계의 위스키 시장을 지배했다. 과거의 영광일 뿐일까? 그렇게 단언할 수는 없다.

스코틀랜드

킬트와 양떼의 나라 스코틀랜드는 싱글몰트 위스키 증류소가 세계에서 가장 많은 나라로, 무려 100여 개가 넘는다. 스페이사이드(Speyside), 하일랜드(Highlands), 롤런드(Lowlands), 아일레이(Islay)와 캠벨타운(Campbeltown) 등 크게 5개 지역에서 위스키를 생산한다.

어떤 나라나 위스키를 만들 수 있다

위스키를 만드는 데 지리적 제한은 없으며, 발아 여부에 관계없이 곡류를 증류해서 만들기만 하면 위스키가 된다. 원한다면 누구나 자신의 정원에 증류시설을 들여와 위스키를 만들 수도 있다. 실제로 호주의 작은 섬 태즈메이니아에서도 훌륭한 위스키를 만들고 있다.

일본

스시를 좋아한다면 일본 위스키도 꼭 한 번 마셔보기 바란다.

일본은 짧은 시간 동안 철두철미한 장인정신으로 거의 완벽에 가까운 위스키를 만드는 데 성공하고, 전통적인 위스키 생산국과 경쟁하고 있다.

그 밖의 나라

인도, 타이완, 프랑스, 호주 등에서도 위스키를 생산하고 있으며, 위스키 제조는 세계적인 현상이다. 위스키를 발명한 나라만 위스키를 만들라는 법은 없다.

신생 위스키 생산국은 열심히 배워서 위스키의 정의를 새롭게 정립하고 있다. 어쩌면 이런 나라에서 한층 더 진화한 위스키가 만들어지고 있을지도 모른다.

INTRODUCTION

역사 속 위스키

위스키의 역사는 복잡하다. 세계의 여러 지역에서 동시에 발전했고 서로 직접적인 관계가 없는 경우도 있다. 여기에서는 위스키 역사의 중요 사건들을 소개한다.

5~14세기

증류법의 발견과 '이슈카 바하'의 탄생.

1608

부시밀즈(Bushmills) 마을이 증류 면허 획득.

1500

1600

1700

1750

1494

처음으로 '아쿠아 비테(생명수)'에 대하여 기록됨.

1505

에든버러의 이발외과의사만이 아쿠아 비테를 만들 수 있었다.

1644

처음으로 증류주에 주세 부과.

1724

잉글랜드의 '몰트세(Malt tax)'부과에 반발하여 에든버러와 글래스고에서 대규모 폭동 발생.

1759

위스키를 사랑한 스코틀랜드의 위대한 시인 로버트 번스(Robert Burns) 탄생.

1784

워시법(Wash act)을 실시하고 하일랜드에는 증류기 용량을 기준으로, 롤런드에는 워시액 양을 기준으로 과세해 하일랜드의 세부담이 줄어들었다. 이후 하일랜드와 롤런드 사이의 경계가 확실해졌다.

1781

개인 증류 금지.

1783

에반 윌리엄스(Evan Williams, 버번 위스키의 선구자)가 켄터키주에 증류소 설립.

1791

'위스키 특별소비세' 신설. '문샤인(Moonshine) 위스키'라고 불리는 밀주 등장.

1794

조지 워싱턴 대통령이 위스키 폭동을 진압하기 위해 12,500명의 병사를 펜실베니아주에 급파.

1671

캐나다 퀘벡에 최초로 증류기 등장.

1755

'위스키'라는 단어가 새뮤얼 존슨(Samuel Johnson)의 영어 사전에 등재.

1736

'위스키'라는 단어가 처음 등장.

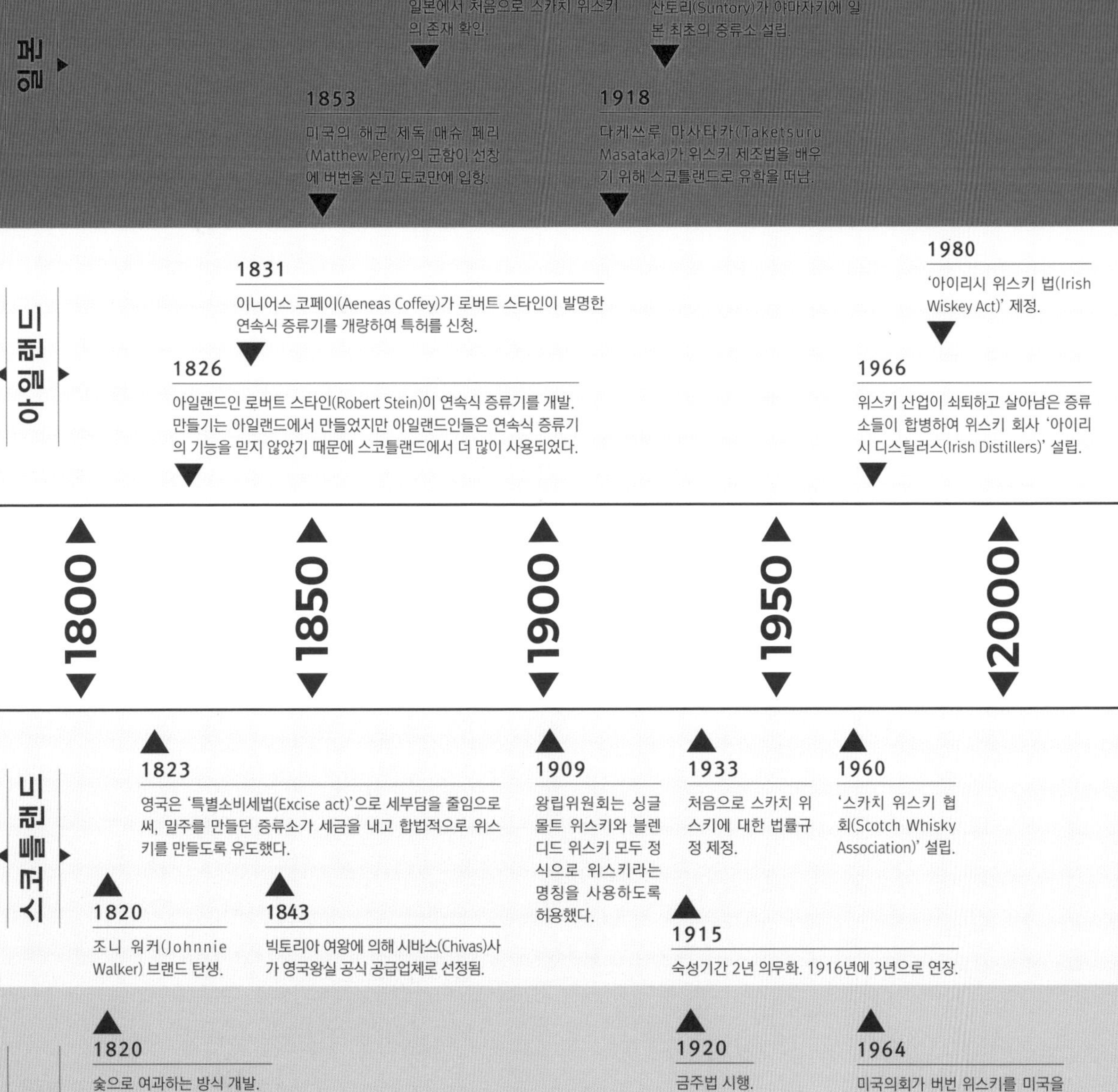

일본

1853
미국의 해군 제독 매슈 페리(Matthew Perry)의 군함이 선창에 버번을 싣고 도쿄만에 입항.

1872
일본에서 처음으로 스카치 위스키의 존재 확인.

1918
다케쓰루 마사타카(Taketsuru Masataka)가 위스키 제조법을 배우기 위해 스코틀랜드로 유학을 떠남.

1923
산토리(Suntory)가 야마자키에 일본 최초의 증류소 설립.

아일랜드

1826
아일랜드인 로버트 스타인(Robert Stein)이 연속식 증류기를 개발. 만들기는 아일랜드에서 만들었지만 아일랜드인들은 연속식 증류기의 기능을 믿지 않았기 때문에 스코틀랜드에서 더 많이 사용되었다.

1831
이니어스 코페이(Aeneas Coffey)가 로버트 스타인이 발명한 연속식 증류기를 개량하여 특허를 신청.

1966
위스키 산업이 쇠퇴하고 살아남은 증류소들이 합병하여 위스키 회사 '아이리시 디스틸러스(Irish Distillers)' 설립.

1980
'아이리시 위스키 법(Irish Wiskey Act)' 제정.

1800 1850 1900 1950 2000

스코틀랜드

1820
조니 워커(Johnnie Walker) 브랜드 탄생.

1823
영국은 '특별소비세법(Excise act)'으로 세부담을 줄임으로써, 밀주를 만들던 증류소가 세금을 내고 합법적으로 위스키를 만들도록 유도했다.

1843
빅토리아 여왕에 의해 시바스(Chivas)사가 영국왕실 공식 공급업체로 선정됨.

1909
왕립위원회는 싱글 몰트 위스키와 블렌디드 위스키 모두 정식으로 위스키라는 명칭을 사용하도록 허용했다.

1915
숙성기간 2년 의무화. 1916년에 3년으로 연장.

1933
처음으로 스카치 위스키에 대한 법률규정 제정.

1960
'스카치 위스키 협회(Scotch Whisky Association)' 설립.

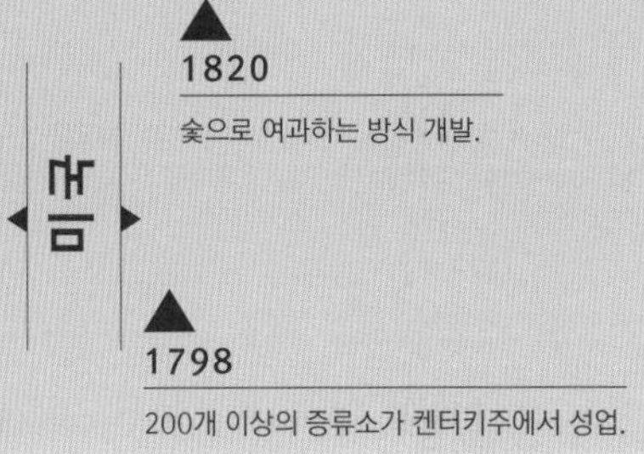

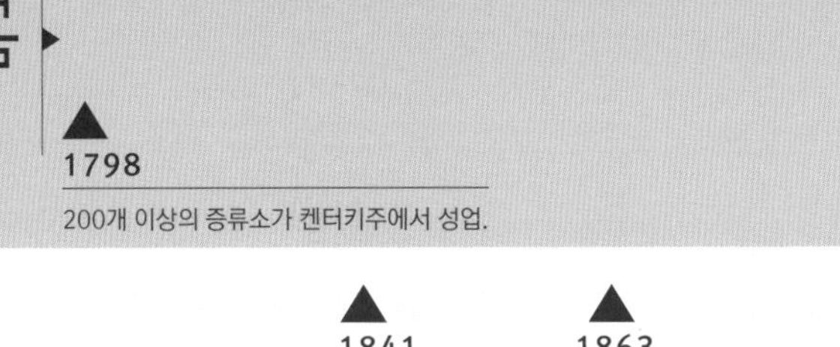

미국

1798
200개 이상의 증류소가 켄터키주에서 성업.

1820
숯으로 여과하는 방식 개발.

1920
금주법 시행.

1964
미국의회가 버번 위스키를 미국을 대표하는 상품으로 인정.

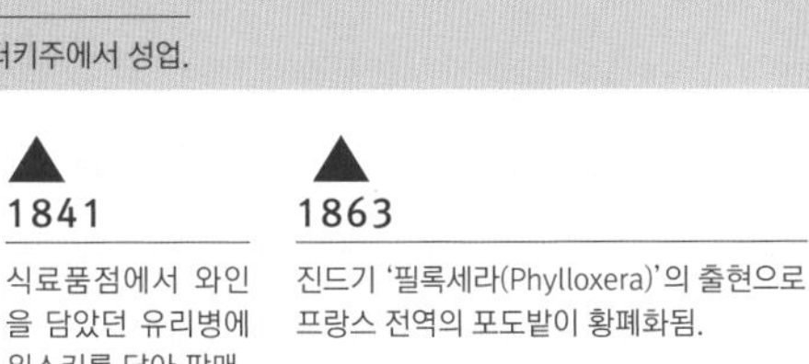

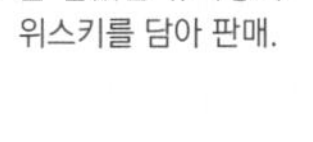

세계

1841
식료품점에서 와인을 담았던 유리병에 위스키를 담아 판매.

1863
진드기 '필록세라(Phylloxera)'의 출현으로 프랑스 전역의 포도밭이 황폐화됨.

1887
알프레드 바너드(Alfred Barnard)가 영국의 위스키 증류소에 대한 최초의 책을 출간.

INTRODUCTION

위스키의 상징, 증류기

아름답고 신기하며 매력적인 증류기는 위스키를 상징하는 기구이다.
가장 먼저 증류기를 소개하는 이유이다.

역사

증류과정에서 가장 중요한 기구인 증류기는 술을 만들기 이전부터 향수, 약, 에센셜 오일 등을 만드는 데 사용되었다. 프랑스어로 증류기를 뜻하는 '알랑빅(Alambic)'은 아랍어 '알린비크(Al'linbïq)'에서 유래되었고, 알린비크는 '항아리'를 뜻하는 고대 그리스어 '암빅스(Ambix)'에서 유래된 말이다.

기능

위스키를 증류할 때 증류기는 한 용액에서 가열과 냉각에 의해 특정물질을 분리한다. 증류기의 모양, 크기, 백조목의 기울기, 증류 횟수 또는 속도는 위스키의 풍미를 결정하는 중요한 요소이다. 그래서 증류소에서는 증류기를 교체할 때 위스키의 풍미에 변화가 생길 것을 우려해, 새로운 증류기에 낡은 증류기의 겉면에 있는 굴곡을 똑같이 재현하기도 한다.

구리의 역할

증류기를 구리로 만드는 이유는 보기에 아름다울 뿐 아니라, 구리가 촉매작용을 하고 열전도율이 높기 때문이다. 구리는 촉매작용으로 황화합물(썩은 계란냄새)과 퓨젤유(발효 부산물)를 제거하고, 여러 가지 아로마와 과일향을 만드는 데 도움이 된다. 알코올 증기가 구리와 많이 접촉할수록 위스키는 더 가벼워지고 순도가 높아진다.

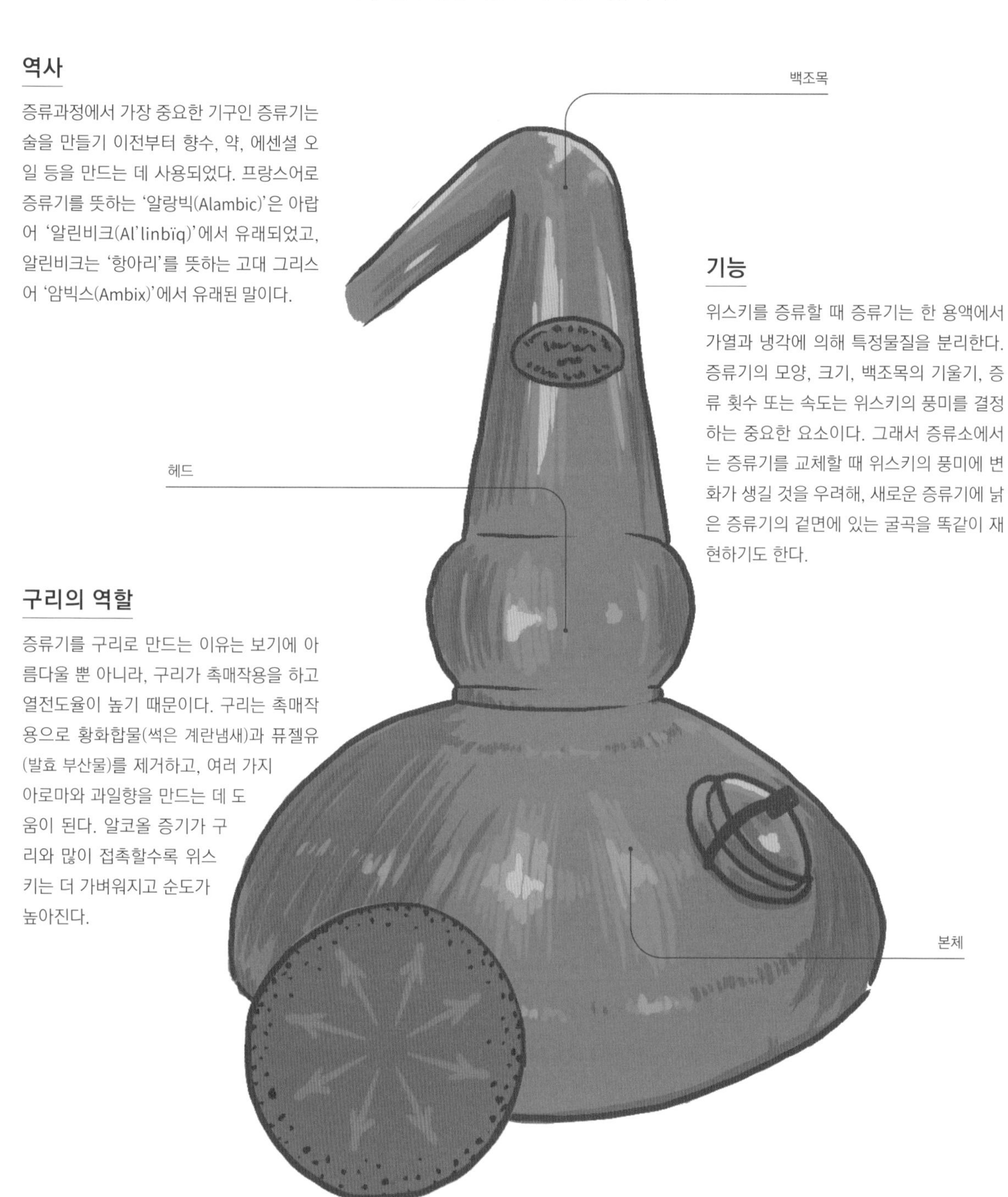

증류기의 종류

양파형 증류기

스카치 싱글몰트 위스키를 만들 때 가장 많이 사용하는 증류기. 구리와 접촉하는 면적이 넓어서 순도 높은 증류액을 만들 수 있다.

보일 볼 증류기

증류기 본체와 목 사이에 공처럼 둥근 부분이 있어서 무거운 알코올 증기는 아래로 내려가 다시 증류되는 구조이다.

전통적인 포트 스틸

스코틀랜드의 전통적인 증류기로 원뿔모양이다.

로몬드 스틸

소수의 증류소(스코틀랜드의 스캐퍼, 달모어)에서만 사용하는 증류기. 한 증류소에서 다른 스타일의 몰트 위스키를 만들 수 있다.

G 용어사전

백조목 위스키 맛에 영향을 주는 중요한 부분이다. 증류관을 통해 알코올 증기를 냉각시켜 액체로 만드는 응축기로 연결된다. 각도에 따라 위스키의 특징이 달라진다.

- **위쪽 방향** 휘발성이 강하고 가벼운 알코올 증기만 응축기로 이동한다. 가벼운 맛의 위스키가 만들어진다.
- **아래쪽 방향** 알코올 증기를 빠르게 응축기로 이동시켜 역류를 방지한다. 묵직한 맛의 위스키가 만들어진다.

G 기린만큼 큰 증류기?

글렌모렌지(Glenmorangie) 증류소에는 스코틀랜드에서 가장 큰 증류기가 있다. 높이가 무려 5.14m로 어른 기린의 키와 비슷하다.

C1
증류소
À LA DISTILLERIE

위스키를 만들 때 가장 중요한 것이 첨단 시설이라고 생각하는가? 잘못된 생각이다. 대부분의 증류소에서는 지금도 좋은 품질의 위스키를 만들기 위해 숙련된 장인의 눈과 팔이라는 최고의 도구를 사용한다. 자, 이제 운동화로 갈아 신고 조르주 할아버지를 따라 증류소 견학을 떠나보자!

À LA DISTILLERIE

원료

사용하는 물에 따라 위스키에 독특한 아로마가 생긴다고 주장하는 증류소도 있고, 보리의 품질이 그렇다고 주장하는 증류소도 있다. 확실한 것은 위스키의 풍미에 원료가 얼마나 많은 영향을 미치는지 정확하게 알 수는 없다는 것이다. 맛있는 요리를 만들 때처럼 좋은 재료들이 서로 화학반응을 일으켜서 독특한 풍미를 만들어낸다.

보리

곡물

'곡물 구입'과 보리를 맥아로 만드는 '몰팅(Malting)'은 위스키 제조에서 가장 비용이 많이 드는 과정이다.

싱글몰트 위스키의 경우 보리의 선택이 모든 것의 기본이 된다. 지금도 보리를 직접 선택하는 증류소가 있지만, 대부분의 경우 맥아제조소(Malt House)에 보리 선택을 맡긴다. 맥아제조소는 매년 동일한 품질의 맥아를 생산하기 위해 정확한 지침에 따라 보리를 맥아로 만든다. 스코틀랜드에서 생산된 보리만 사용하는 것이 아니라 대부분 영국이나 남아프리카공화국에서 수입한 보리를 사용한다.

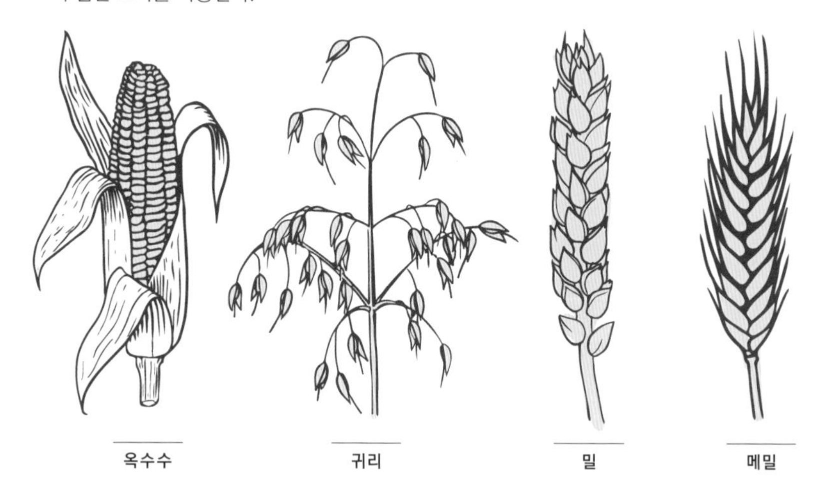

옥수수 귀리 밀 메밀

또한 위스키를 만들 때 보리만 사용하는 것은 아니다. 옥수수(버번 위스키), 호밀(라이 위스키), 밀, 메밀, 귀리 등으로도 위스키를 만든다. 하지만 보리로 만들 때 가장 풍부한 아로마를 즐길 수 있다는 것이 일반적인 의견이다.

나쁜 보리 = 나쁜 위스키

보리는 엄격한 기준으로 선택된다. 단백질이 과다한 보리는 가축사료로 사용하고, 곰팡이가 핀 흔적이 있는 보리도 위스키의 원료로 사용하지 않는다. 위스키에서 이상한 냄새가 나기 때문이다.

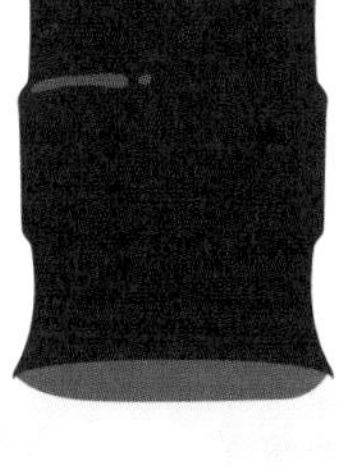

02 물

'물은 위스키의 가장 좋은 친구이다.' 스코틀랜드 사람들은 깨끗한 물이 좋은 위스키를 만드는 데 가장 중요한 요소라고 생각한다. 물이 위스키의 아로마에 미치는 영향을 5% 정도라고 추정하기는 하지만, 앞에서 말한 것처럼 그것을 정확히 측정하기는 힘들다. 다만 몰팅, 증류, 그리고 병입까지 위스키 제조과정의 여러 단계에서 물이 사용되기 때문에, 엄청난 양의 물이 필요한 것은 사실이다.

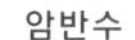

01

경수
미네랄성분이 많이 함유된 물.
(글렌모렌지, 하일랜드파크)

암반수
결정질 암석에 떨어졌지만 땅속으로 스며들지 않은 물. 약간 산성을 띠고 부드럽다. 스코틀랜드에는 암반수가 풍부하며, 스코틀랜드가 깨끗한 물로 유명해진 것도 바로 이 물 덕분이다.

이탄수
이탄층에 스며들어 누르스름하거나 갈색을 띤 물. 종종 호수에서 끌어오기도 한다.
(보모어, 라가불린)

02

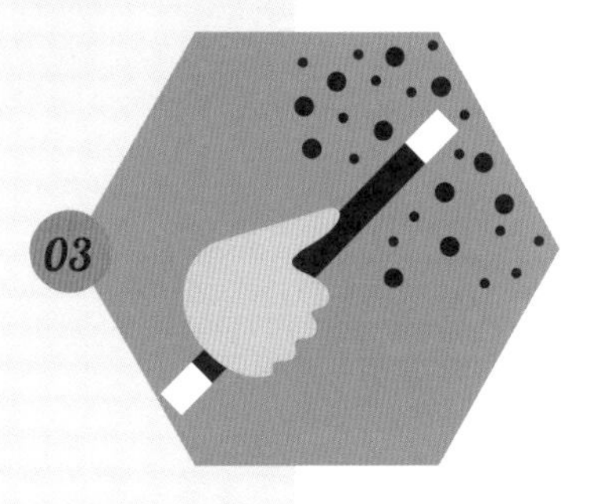

03

03 효모

효모(이스트)는 증류소마다 전해 내려오는 비밀 묘약이라고 할 수 있다. 그래서 그 비밀은 절대 알려주지 않는다. 쉽게 말해 효모는 곰팡이이다. 효모를 넣는 것은 위스키의 아로마를 풍부하게 만들기 위한 것으로 제조방법은 증류소마다 다르다. 1종류의 효모를 사용하는 곳도 있고 7종류까지 사용하는 곳도 있다.
위스키에 곰팡이를 넣는다고 걱정할 수도 있지만, 발효과정에서 흔적도 없이 사라지고 증류소의 노하우를 보여주는 과일향만 남는다.

위스키 1병을 만들려면?

싱글몰트 위스키 1병을 만들기 위해서는 평균 10ℓ의 물과 1.4㎏의 보리가 필요하다. 그렇기 때문에 질 좋은 물을 많이 확보하는 것이 매우 중요하다.

À LA DISTILLERIE

위스키의 테루아

여러분이 구입한 위스키가 스코틀랜드산, 일본산, 또는 아일랜드산 위스키일지라도, 대부분의 경우 그 위스키를 만드는 데 사용한 원재료는 위스키 생산국이 아닌 다른 나라에서 온 것이다. 이러한 사실을 바탕으로 과학의 도움을 받아 위스키의 테루아에 대해 연구하는 사람도 있다.

테루아란?

테루아(Terroir)는 매우 프랑스적인 개념으로, 와인용 포도 재배와 함께 발전해왔다. 같은 품종의 포도라도 포도나무가 자라는 장소에 따라 다른 와인이 만들어진다. 재배자의 노하우 역시 와인의 다양성에 영향을 미친다. 테루아란 자연과 포도밭, 포도 재배자의 작업 사이에 이루어지는 상호작용을 말한다. 위스키의 경우 위스키를 만드는 데 사용되는 곡물이 재배되는 지역과 재배 방식이 포함된다.

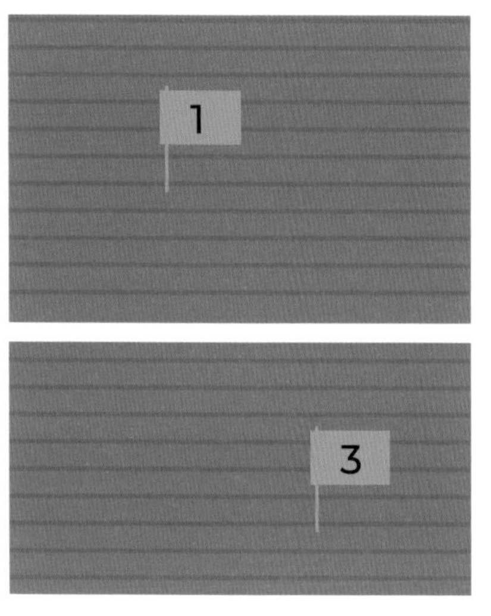

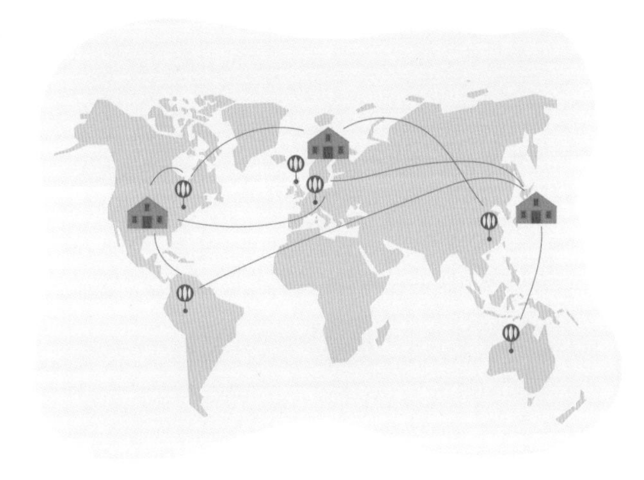

테루아의 역사

와인 분야에서 이야기하는 테루아의 구획은 수 세기 동안 포도나무를 관찰한 결과물이다. 테루아의 개념은 이미 고대부터 생겨나기 시작했다. 이후, 베네딕트 수도회와 시토회의 수도사들이 부르고뉴의 코트 도르 포도밭을 경작하기 시작했다. 천 년에 가까운 세월 동안, 그들은 각기 다른 테루아가 와인에 미치는 영향을 광범위하게 밝혀냈다. 포도밭의 구획 단위를 정하고, 담장을 친 포도밭인 클로(Clos)를 만들어 그 구획들에 품질에 따른 등급을 부여하였다. 알려진 것과 달리 수도사들이 흙을 직접 맛보지는 않았지만, 테루아 개념을 정립한 그들의 시음 능력은 신뢰할 만한 것이었다.

다른 지역에서 재배된 곡물

위스키 브랜드가 제품의 장점을 어필하기 위해 주장하는 내용들을 살펴보면, 증류기의 특별한 형태, 물의 순도, 마스터 디스틸러의 전문성, 또는 독특한 오크통을 이용한 숙성에 이르기까지 다양한 수식어들을 찾아볼 수 있다. 그러나 사용하는 곡물에 대해서는 거의 아무런 설명도 찾아볼 수 없다. 왜 그럴까? 위스키의 원료로 사용되는 곡물들은 대부분 우크라이나, 뉴질랜드, 프랑스 등 위스키 생산국이 아닌 다른 나라에서 들어오기 때문이다. 예를 들어 스코틀랜드의 경우, 이미 19세기 후반부터 몰트를 자급자족할 수 없었다. 또한, 자체적으로 보리를 재배한다고 홍보하는 증류소의 경우에도 주의가 필요하다. 보통 현지 생산 보리는 소량에 지나지 않아, 몇몇 특정 에디션에 사용되는 정도이기 때문이다.

과학의 도움을 받는 테루아

오랫동안 위스키 업계에서는 위스키 풍미의 주된 요소는 증류와 숙성에 의해 만들어지는 것으로 보고, 곡물 재배에는 큰 노력을 기울이지 않았다. 그러나 '위스키 테루아 프로젝트 (Whisky Terroir Project)'의 탄생이 업계의 판도를 바꾸어놓았다. 과학 저널 『푸즈(Foods)』에 실린 이 연구에는 미국, 스코틀랜드, 그리스, 벨기에, 아일랜드의 대학들과 위스키 브랜드 워터포드(Waterford)가 팀을 이루어 참여하였다. 연구의 목적은 2017년과 2018년에 환경이 다른 두 농장에서 재배한, 올림푸스(Olympus)와 로리엇(Laureate) 품종의 보리로 만든 위스키의 차이점을 알아보는 것이었다. 연구 결과 42종의 각각 다른 방향족 화합물이 검출되었으며, 연구진에 의하면 그중 절반이 보리의 테루아에서 직접적인 영향을 받은 것으로 확인되었다.

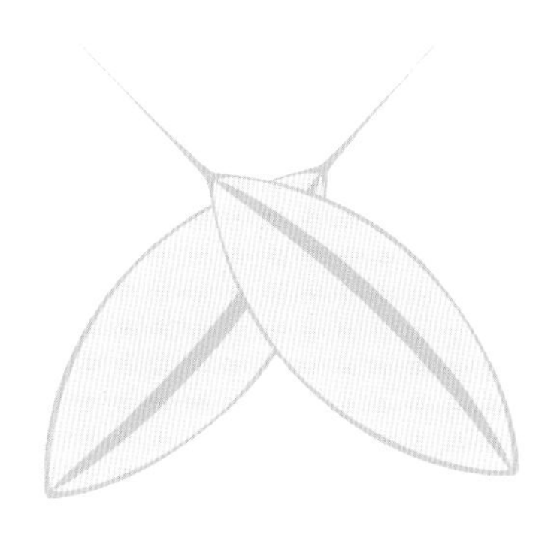

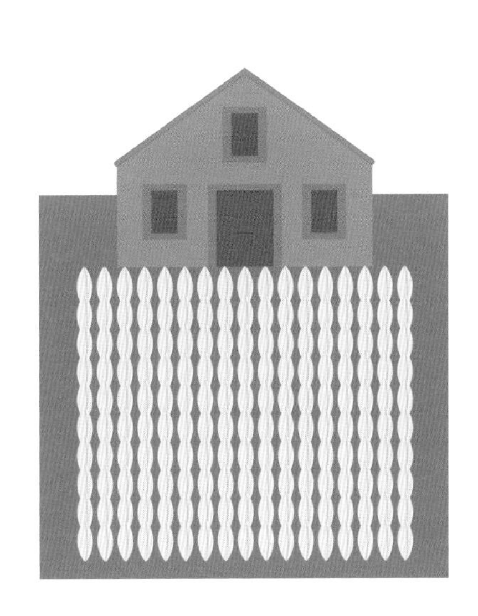

농장형 증류소

원료를 제대로 관리하기 위해 일부 증류소는 '농장형 증류소' 방식을 선택하였다. 보리 경작부터 위스키 제조의 모든 과정을 통제하기 위해서이다. 프랑스 로렌에 위치한 로즐리외르(Rozelieures) 증류소도 그런 증류소이다.

테루아와 지역을 혼동하지 말자

특정 지역과 관련된 '테루아'를 강조하는 위스키 브랜드를 종종 찾아볼 수 있다(예: 스페이사이드). 이는 결과적으로 테루아의 개념보다 지역성을 내세우는 것이다. 여기서 말하는 지역은 지나치게 광범위해서, 해당 지역 출신 브랜드가 모두 같은 스타일의 위스키를 만들지 않을 뿐 아니라, 사용하는 원료도 다르다.

'사회적 테루아'에도 주의

테루아가 위스키에 사용되는 효모나 숙성 방식 등과 마찬가지로 위스키의 특성을 만들어낸다 할지라도, '사회적 테루아'를 잊어서는 안된다. 사회적 테루아란, 위스키를 만드는 생산자가 미치는 영향을 의미한다. 결국 위스키를 만들기 위해 애쓰는 것은 생산자이며, 제조과정의 각 단계마다 그가 내리는 결정이 당신이 마시는 위스키에 영향을 준다.

À LA DISTILLERIE

위스키 제조의 7단계

위스키의 원료는 보리(또는 다른 곡물), 효모, 물의 3가지가 전부이다. 3가지 원료는 7단계의 과정을 거쳐 위스키가 되는데, 각각의 과정을 숙련된 기술로 얼마나 철저히 작업하느냐에 따라 위스키의 품질이 결정된다.

몰팅(Malting)

수확한 보리를 맥아로 만드는 몰팅 작업은 위스키 제조의 첫 단계이다. 중요한 작업이지만 현재 직접 몰팅을 하는 증류소는 매우 드물고, 대부분 맥아제조소에 맡긴다. 보리를 몰팅하는 이유는 보리를 물에 담가서 말릴 때까지 4단계를 거쳐 전분을 추출하기 위해서이다. 맥아를 말릴 때 이탄의 사용여부를 결정한다.

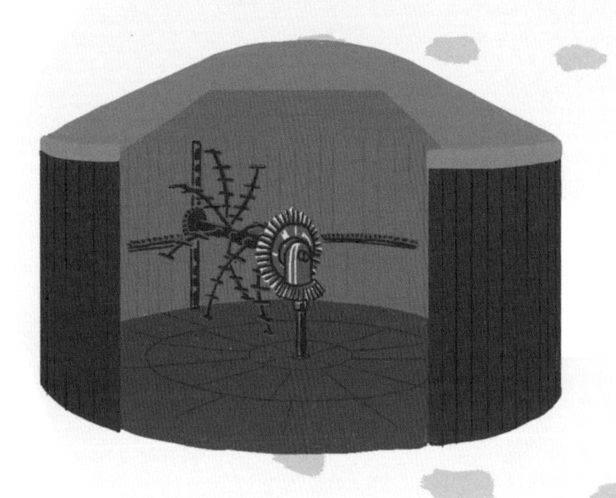

매싱(Mashing)

매싱(당화) 단계에서는 맥아를 갈아서 '그리스트(Grist)' 즉 가루상태로 만든 뒤, '매시턴(Mash Tun, 당화조)'이라고 부르는 거대한 통에 넣고 뜨거운 물을 섞는다. 물에 의해 당분이 추출되어 다음 단계에서 사용할 워트(Wort, 맥아즙)가 만들어진다.

발효(Fermentation)

당분을 함유한 워트에 효모를 넣고 '워시백(Washback)'이라고 부르는 발효조에서 끓인다. 효모가 당분을 먹으면 알코올이 만들어지고, 이산화탄소도 발생한다. 발효는 48~72시간 동안 계속되며, 발효가 끝나면 '워시(Wash)'라는 시큼한 맥주가 만들어진다.

04

증류(Distillation)

이 단계부터 도수 높은 알코올을 얻기 위한 본격적인 작업에 들어간다. 워시를 증류기(연속식 또는 단식)에 넣고 끓여서 알코올이 증발하여 기체가 되면, 즉시 냉각시켜 다시 액체로 만든다. 이 과정을 2번 또는 3번(대부분 2번) 반복한다. 이렇게 해서 증류액을 만든다.

05

오크통에 담기

증류액을 오크통에 담기 전에 물을 섞어 알코올 도수를 64% 정도로 조절한다. 64%는 숙성을 시작하기에 알맞은 도수이다. 선택한 오크통의 종류와 상태(나무의 종류, 퍼스트 필인지 아닌지 등)는 위스키의 미래를 결정하는 중요한 요소이다.

06

숙성(Aging)

숙성 단계에서는 마법이 일어난다. 오크통에 담아 저장고에 넣어둔 증류액이 조금씩 위스키로 변해간다. 숙성기간, 기후조건, 저장고의 지리적인 위치(바다와 가까운지 아닌지) 등으로 이루어진 복잡한 방정식에 의해 위스키의 최종 풍미가 달라진다. 스카치 위스키의 경우 위스키라는 이름을 얻기 위해서는 3년 이상 숙성시켜야 한다. 때로는 숙성이 끝날 때쯤 오크통을 교체해서, 위스키를 병에 넣기 전에 새로운 아로마를 추가하는 '피니싱(Finishing)' 작업을 진행하기도 한다.

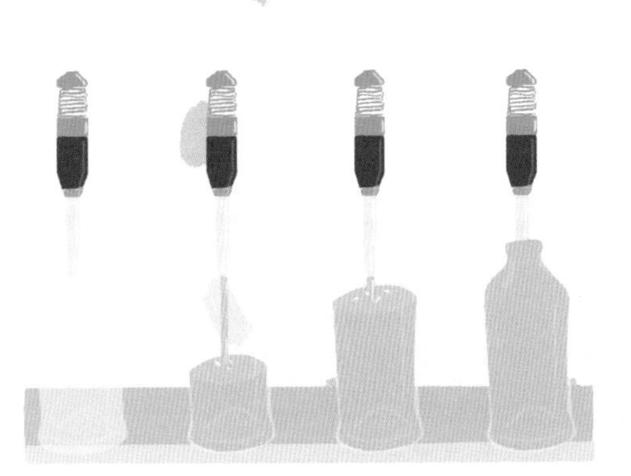

07

병입(Bottling)

일부 예외적인 경우(캐스크 스트렝스 위스키)를 제외하고 숙성된 와인은 병입(보틀링)하기 전에 물을 첨가해서 알코올 도수를 40~46%로 낮춘다.

이 작업을 하기 전에 찌꺼기를 제거하기 위해 먼저 여과를 하는데, 보통 냉각여과를 한다. 이 경우 아로마의 일부를 잃는다는 단점이 있다.

병입은 고도의 기술이 필요한 작업이므로 대부분 전문업체에 의뢰하며, 스코틀랜드의 글렌피딕(Glenfiddich)이나 브룩라디(Bruichladdich)처럼 증류소에서 직접 병입하는 경우도 드물게 있다.

이탄의 사용

위스키에 대해서 이야기할 때 이탄(peat)을 빼놓을 수 없다.

이탄이란?

이탄은 화석화된 유기물이다. 수천 년 동안 쌓인 풀, 이끼, 나무 등의 식물이 차고 습한 기후의 영향을 받아 이탄이 된다.

어디에 있을까?

이탄은 '이탄층'이라고 부르는 습지에서 찾을 수 있다. 이탄층은 극지방, 아한대, 온대, 열대에도 존재한다. 프랑스의 보주산맥과 피레네산맥에도 이탄층이 있다.
석유처럼 이탄도 땅을 파서 채굴하며, 1만 년 이상 걸려서 만들어진 이탄층도 있다.

어떻게 채굴할까?

오늘날에는 대부분 기계를 사용해서 채굴하지만, 전통적으로는 3가지 도구를 이용하였다. 채굴한 이탄 덩어리는 햇빛에 자연건조시킨다.

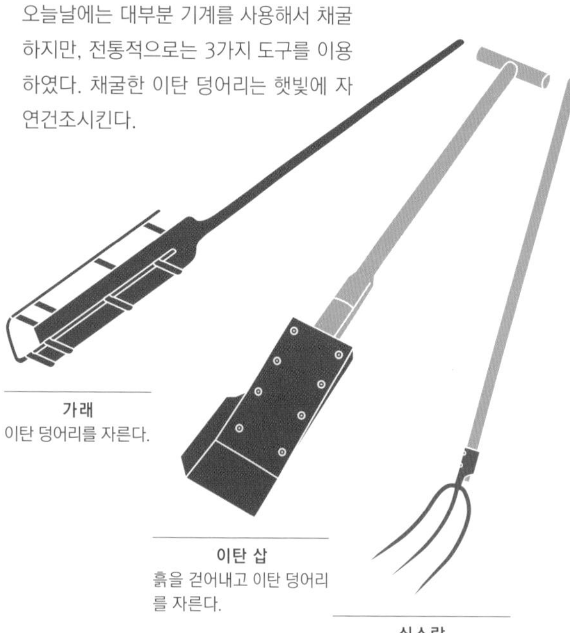

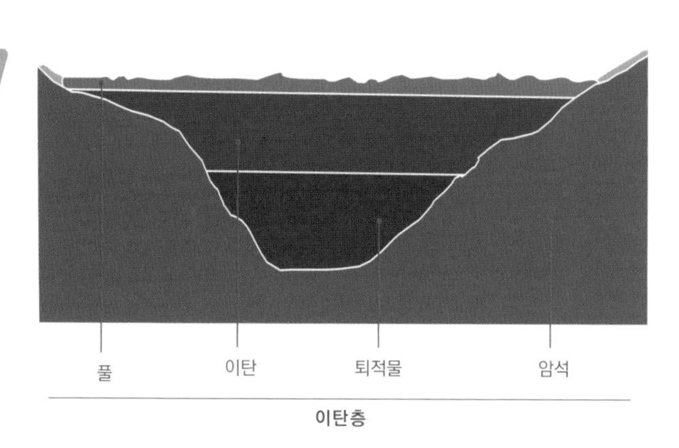

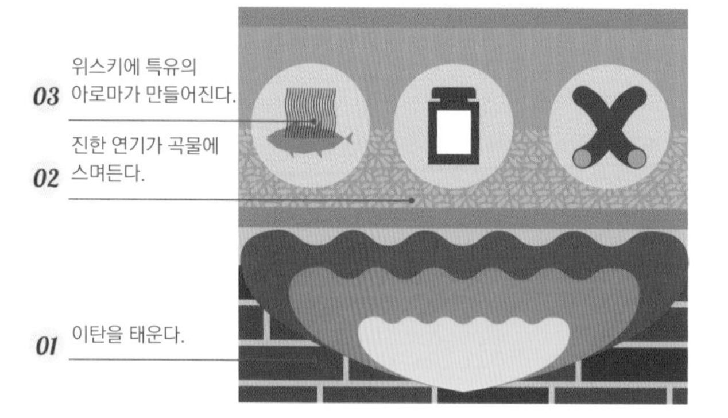

이탄의 역할은?

잘못 알고 있는 사람도 있지만, 위스키를 만들 때 이탄을 위스키에 담가놓거나 이탄으로 오크통 안쪽을 문지르지는 않는다. 이탄은 몰팅과정에서 맥아를 말릴 때 연료로 사용한다. 이탄을 태우면 향이 강하고 진한 연기가 나는데, 이 연기가 맥아에 스며드는 것이다. 연기가 잘 스며들도록 천천히 시간을 들여서 맥아를 건조시킨다.

예전에는 맥아를 말릴 때 이탄을 연료로 사용하는 것이 일반적이었기 때문에 모든 위스키에서 이탄향이 났다. 이탄향이 나지 않는 위스키를 만들려면 이탄 대신 석탄 등 다른 연료를 사용하면 된다.

이탄을 사용한다고 해서 위스키에서 이탄향이 그대로 나는 것은 아니다. 시음할 때 이탄향은 약품, 재, 감초, 모닥불, 훈제생선의 향 등으로 나타난다.

옥토모어(Octomore) 6.3 :
258ppm

아드벡 슈퍼노바
(Ardbeg Supernova) :
100ppm

강한 이탄향
(Heavily Peated) :
30ppm 이상
아드벡 : 50ppm

중간 이탄향
(Medium) :
15~30ppm

약한 이탄향
(Nonpeated) :
3ppm 이하(감지 불가능)

피트 레벨

위스키에 녹아든 이탄향의 강도를 가늠하려면 위스키에 함유된 방향족 화합물인 페놀의 수치(ppm)를 측정하면 된다. 페놀 1ppm은 100만 개의 분자 속에 페놀 1분자가 녹아 있다는 뜻이다.

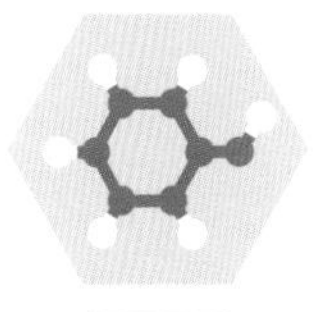

페놀 분자

어떻게 측정할까?

페놀 수치는 위스키 병에 붙어 있는 라벨에도 나와 있지 않기 때문에, 집에 실험실이 있지 않은 이상 정확한 페놀 수치를 아는 것은 불가능하다.
가장 좋은 방법은 직접 시음해서 확인하는 것인데, 페놀 수치가 45ppm인 위스키보다 30ppm인 위스키에서 이탄향이 더 진하게 느껴지기도 한다. 그러니까 모든 것은 감각의 문제이다.

이탄은 멸종위기종?

이탄의 미래는 매우 어둡다. 영국의 경우 이탄을 퇴비로 사용하는 아마추어 농부들에게 다른 퇴비를 사용하도록 유도하는 이탄 보호 캠페인을 실시하고 있을 정도이다.
이탄층은 1년에 1㎜ 정도밖에 안 쌓이는데, 해마다 20㎜ 이상의 이탄이 채굴되고 있다.

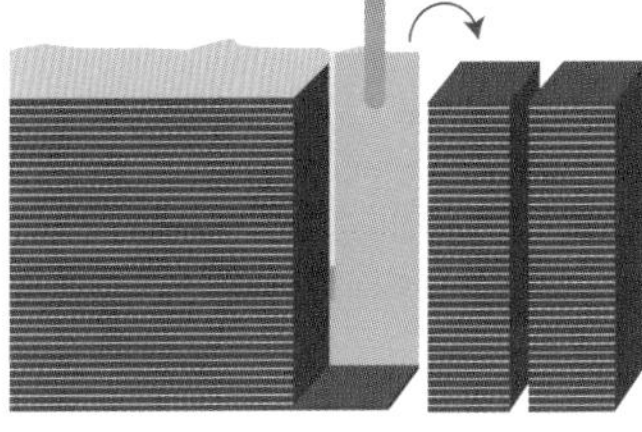

삽질 1회
= 이탄 20년 분량

이탄향이 강한 위스키

이탄향이 가장 강한 위스키는 브룩라디 증류소의 '옥토모어 6.3 아일레이 발리'로 무려 258ppm이나 된다. 위스키 업계의 살아 있는 전설인 브룩라디의 마스터 디스틸러 짐 매큐언(Jim McEwan)은 블렌딩과 숙성에 혁신적인 기술을 도입했는데, 그 결과는 경이로울 정도이다.

À LA DISTILLERIE

몰팅

수확한 보리는 먼저 불순물을 깨끗이 제거한다. 몰팅의 목적은 곡물에서 전분을 추출하기 위한 것이다. 보리는 4가지 과정을 차례로 거친 뒤 증류소로 보내진다.

담그기

물이 담긴 통에 보리를 넣고 최소 2~3일 정도 불린다.

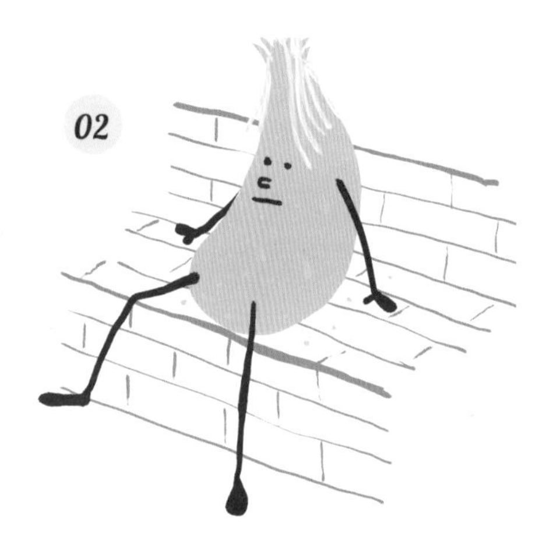

싹 티우기

보리를 공기가 잘 통하고 빛이 잘 들어오지 않는 평평한 땅에 30㎝ 두께로 펼쳐놓는다. 몰팅을 담당하는 '몰트맨(Maltman)'이 8시간마다 쇠스랑, 쟁기, 나무삽 등을 이용해 보리를 뒤집어준다. 싹이 2~3㎜ 정도로 자라면 싹 티우기를 끝낸다.

건조

싹을 틔운 보리(맥아)를 건조하는 과정이다. 6일 정도 싹 티우기를 한 뒤 탑 형태의 지붕이 있는 가마에 보리를 옮겨 담는다. 석탄, 이탄, 70℃의 뜨거운 바람 등 다양한 연료를 이용하여 가마를 가열하는데, 이 과정을 통해 발아를 멈출 수 있다. 이때 건조 시간과 연료의 종류가 위스키의 아로마에 영향을 미친다.
건조를 마친 맥아는 몇 주 정도 보관할 수 있다.

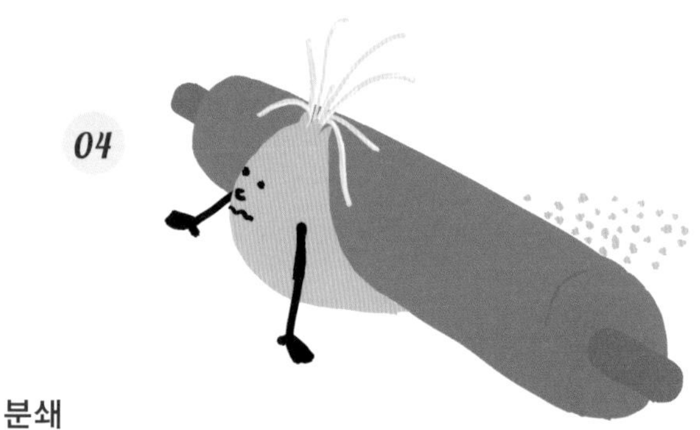

분쇄

말린 맥아를 분쇄해서 '그리스트(Grist)'라는 가루를 만든다.

어떤 곡물을 맥아로 만들 수 있을까?

일반적으로 보리만 맥아를 만들 수 있다고 생각하는데 밀, 메밀, 호밀도 맥아를 만들 수 있다.

전통 몰팅 VS 기계 몰팅

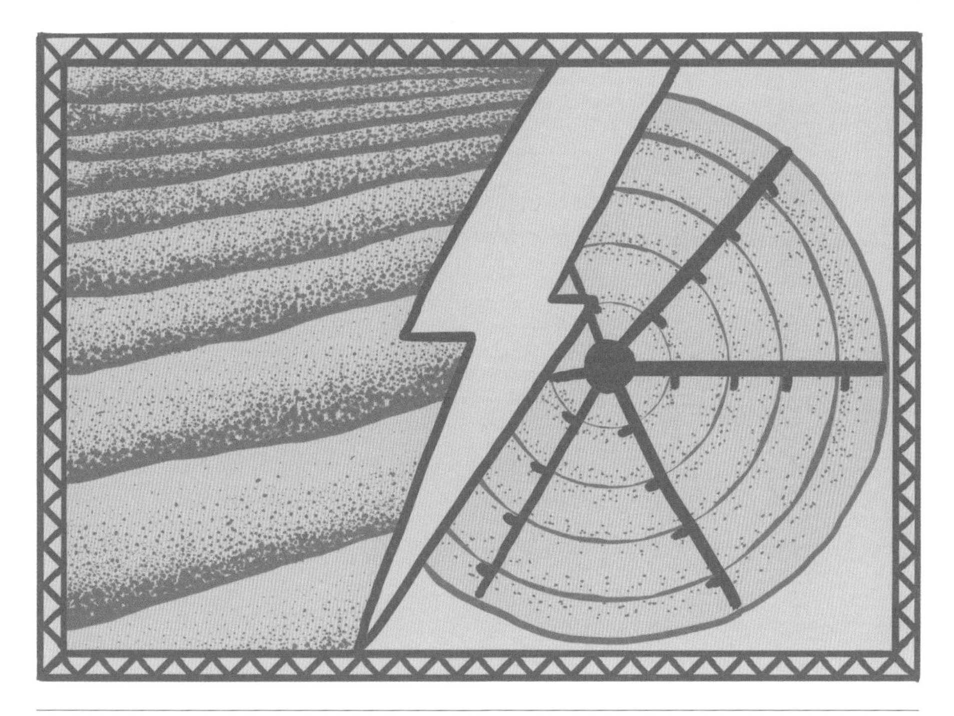

기계 몰팅에서는 쇠스랑이 아니라 여러 개의 회전날이 자동으로 보리를 뒤집어준다.

현재 전통 몰팅은 기계 몰팅에 완전히 자리를 내줬다.
효율성과 경제적인 이유 때문에 직접 몰팅을 하는 증류소는 매우 적어졌다. 전통을 지키기 위해 또는 관광을 목적으로 보리의 일부(10~30%)만 직접 몰팅을 하는 증류소도 있지만, 기계 몰팅이 표준에 더 가깝고 일정한 결과를 얻을 수 있다는 것이 전문가들의 공통된 의견이다.
증류소가 아니라 하청을 받은 맥아제조소(Malt House)에서 몰팅 작업이 이루어지기 때문에, 앞에서 설명한 것처럼 몰트맨들이 삽으로 보리를 뒤집는 전통 몰팅(Floor Malthing)은 더 이상 찾아보기 힘들다.

몽키 숄더(Monkey shoulder)의 전설

위스키와 원숭이가 무슨 관계가 있는 것일까? 그 답을 얻기 위해서는 시간을 거슬러서 스코틀랜드의 피딕 강가에 있는 더프타운(Dufftown) 마을로 가야 한다. 더프타운은 과거에 증류소가 9개나 있었고(아직 6곳이 영업을 하고 있다), '위스키의 수도'라고 불릴 정도로 위스키 산업이 번성하던 곳이다. 또한 더프타운은 '몽키 숄더'라는 이상한 이름의 병으로도 잘 알려져 있다. 이 병은 일종의 관절병으로 증류소에서 찬바람을 맞으며 오랫동안 몰팅 작업을 함으로써 얻게 되는 병이다. 지금도 더프타운에 가면 양팔로 힘들게 몰팅 작업을 하던 시절에 걸렸던 병에 대해 이야기하는 식품점 주인이나 바텐더를 만날 수 있다. 지금은 '몽키숄더'라는 이름의 위스키도 판매되고 있다.

À LA DISTILLERIE

매싱(당화)

위스키를 만들기 전에 먼저 맥주를 만들어보자.
맥주라니? 조르주 할아버지가 농담을 한다고 생각할 수도 있지만 곧 이해하게 될 것이다.

맥주란?

누구나 맥주를 만들 수 있다. 친구도, 집 앞 술집주인도, 심지어 장인어른도 말이다. 그러나 그렇다고 해서 누구나 만들 수 있을 만큼 맥주 만들기가 쉬운 것은 아니다. 맥주를 만들 때 꼭 필요한 물, 보리, 홉, 효모, 그리고 앞치마를 준비하고 시작해보자.

세계 최초의 맥주

맥주 양조는 기원전 6세기에 메소포타미아에서 시작되었다. 당시에는 '시카루(Sikaru)'라고 불렀는데 음료가 아니라 매일 먹는 음식에 베이스로 사용되었다. 프랑스에서는 기원전 500년경 남부에서 처음 맥주에 대한 기록이 등장한다.

01 몰팅

보리를 물에 담근 뒤 건조해서, 발효할 때 당분을 알코올로 변화시킬 효소를 만든다.

02 매싱

맥아를 분쇄한 다음 물을 넣고 섞어서 가열한다.

03 홉 첨가

홉과 향신료를 넣고 온도를 높여서 끓인다. 이 과정에서 맥주의 향이 만들어진다.

04 발효

효모를 넣고 발효시켜서 알코올을 만들면 완성. 나의 맥주가 만들어졌다.

위스키 제조에서의 매싱

맥주와 위스키의 관계는?

맥주 만드는 법을 배우는 것도 재미있지만 이 책은 위스키에 대한 책이다. 그런데 맥주와 위스키의 매싱 과정은 거의 동일하다(단, 위스키의 경우에는 홉을 추가하는 과정이 없다). 이렇게 만들어진 '맥주'를 증류하면 우리가 원하는 '위스키'로 변한다. 맥주를 만들 때와 다른 점은 맥아즙이 절대 끓으면 안 된다는 것이다. 이것은 매우 중요하다. 워시백에서 효모가 당분을 알코올로 전환시킬 때, 온도가 너무 높으면 다른 복합적인 반응이 일어나는 것을 방해하기 때문이다.

결론은?

간단히 말해 위스키는 매싱(홉 추가 없음)과 증류의 결과로 만들어진다.

즉, 위스키는 맥주를 증류해서 만든 술이다!

매싱이란?

몰팅으로 얻은 그리스트를 매시턴에서 뜨거운 물과 섞어서, 전분을 발효당(알코올로 변하는 당)으로 변화시키는 과정이다.

65℃를 넘지 않게!

물의 온도가 65℃를 넘으면 맥아에 함유된 효소가 죽어서 아로마가 감소하기 때문에, 풍미가 떨어지는 위스키가 될 확률이 높다.

용량
약 25,000ℓ

비율
그리스트 1 : 물 4

방식
거대한 회전날개를 돌린다.

소요 시간
첫 번째 매싱은 1시간

횟수
최대한 추출하기 위해 3번

바닥 구조
작은 구멍이 뚫린 이중 바닥

매시턴(당화조)

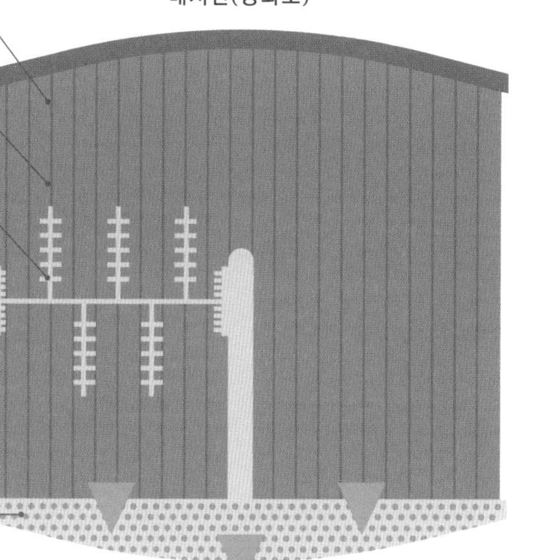

언더백
발효 전에 맥아즙을 모아두는 임시 보관통.

매싱 과정에서 나온 찌꺼기는?
매시턴 바닥의 구멍을 통과하지 못한 찌꺼기(Draft)는 단백질이 풍부하기 때문에 버리지 않고 축산 농가로 보내서, 소의 사료로 사용한다.

맥아즙(Wort)
당화 과정을 통해 얻은 맥아즙(워트)은 여과되어 언더백(Underback)으로 이동한다.

À LA DISTILLERIE

발효

위스키 제조에서 가장 매력적이지 않은 과정이다(곰팡이와 관련이 있다).
하지만 알코올이 만들어지는 매우 중요한 고도의 기술이 필요한 과정이기도 하다.

워시백(Washback)

워시백(발효조)은 발효를 통해 처음으로 알코올이 만들어지는 큰 통이다. 너비 4m, 높이는 6m나 되는 거대한 통이지만 위에서 1.5m 아래에 작업을 위한 받침대가 있어서, 워시백 통의 깊이를 한눈에 알아보기는 힘들다.

발효란?

쉽게 말해 발효는 당이 효모에 의해 알코올로 변하는 화학작용이다. 루이 파스퇴르가 1857년에 최초로 발효현상을 발견했다.

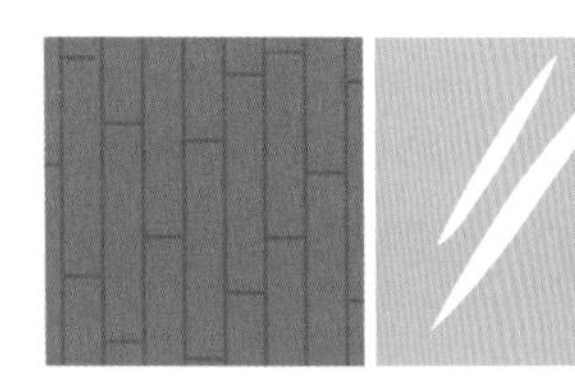

재질
전통적인 워시백은 소나무나 낙엽송으로 만든다. 하지만 최근에는 손질하기 쉬운 스테인리스 스틸로 만드는 경우가 점점 더 많아지고 있다.

워시백이 목욕통으로?

스코틀랜드 하일랜드파크에 있는 워시백은 2차 세계대전 때 스캐퍼플로(Scapa Flow) 해군기지에 있는 병사들의 공동 목욕통으로 사용되었다.

주의! 위험해요!

증류소를 방문했을 때 발효가 진행되고 있는 워시백 위로 머리를 내밀면 절대 잊을 수 없는 경험을 하게 될 것이다. 숨이 막히고 이산화탄소가 코로 파고드는 불쾌한 느낌 때문에 얼굴이 일그러져서, 증류소 투어 가이드가 웃음을 터뜨리릴지도 모른다.

발효는 어떻게 일어날까?

효모

효모는 곰팡이의 일종이다. 하지만 아주 유익한 곰팡이이다. 당신이 어떤 위스키의 특별한 향을 좋아한다면 그것은 효모 덕분이다. 발효과정에서 생성된 에스테르가 위스키에 다양한 아로마를 만들어주기 때문이다. 효모에는 2종류가 있다.

자연효모
매우 풍부한 향을 제공한다. 하지만 결과를 장담할 수 없다는 단점이 있다.

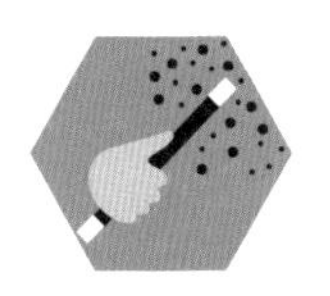

배양효모
자연효모보다 안정적이어서 많이 사용된다. 고유의 효모를 배양하는 증류소도 있지만 매우 드물다.

에스테르

에스테르는 특수한 화합물로 향과 관계가 있기 때문에, 위스키 제조에서 매우 중요한 물질이다.
예를 들어 벤질 아세테이트 ($C_9H_{10}O_2$ 또는 $CH_3-CO-O-CH_2-C_6H_5$)는 재스민, 서양배, 딸기 등의 향을 내는 데 관여한다.
위스키에서는 90종 이상의 에스테르가 확인되었다. 에틸 아세테이트가 가장 많은데, 위스키 특유의 과일향은 에틸 아세테이트에 의한 것이다.
에스테르는 발효단계부터 나타난다.

발효 과정

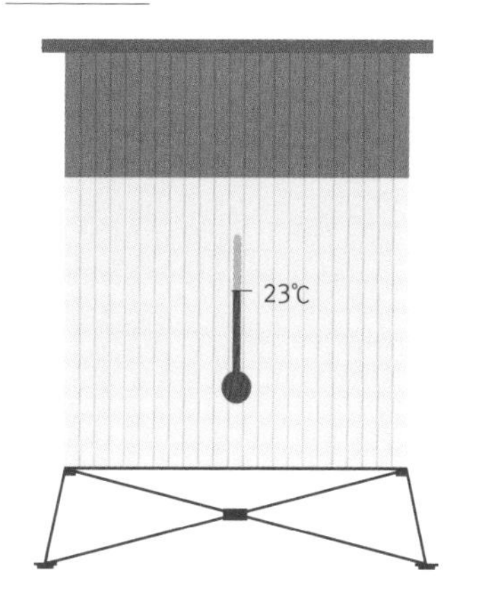

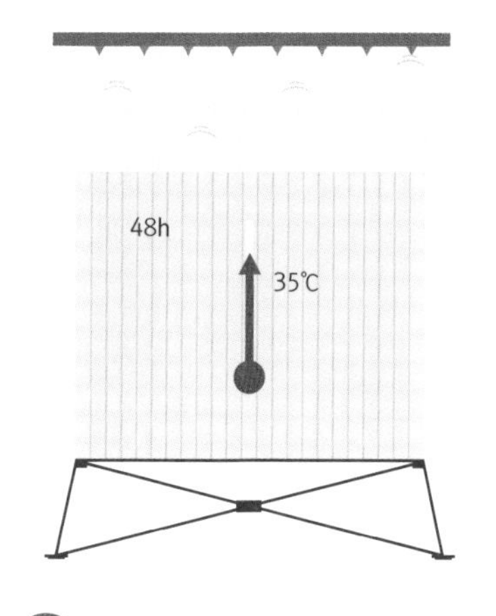

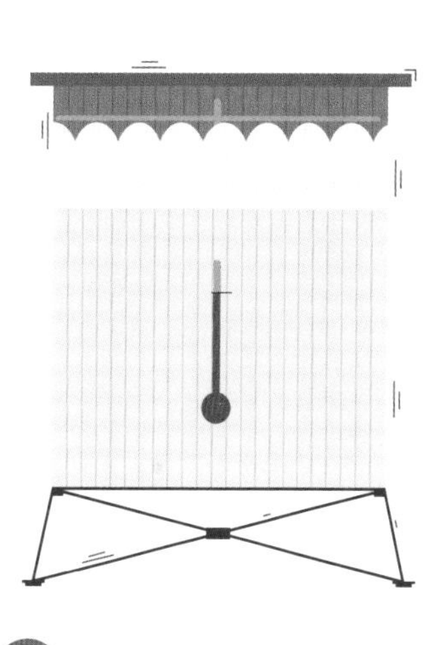

01

워시백에 23℃로 온도를 낮춘 맥아즙을 2/3 정도 채운다. 효모를 넣으면 발효가 시작된다.

발효는 최대 48시간 동안 지속된다. 반응이 일어나기까지 시간이 조금 걸리는데, 조용한 상태에서 반응이 시작되면 표면에 거품이 생기고 소리가 난다. 온도는 35℃ 이상이다.

03

내장된 회전날개를 돌려 거품을 걷어내서 워시백이 거품으로 가득 차 넘치는 것을 막는다. 발효가 진행되면 심한 경우 거대한 워시백이 흔들리기도 한다.

발효가 끝나면 '워시(Wash)'라고 부르는 알코올 도수 8% 정도의 시큼한 맥주가 만들어진다. 펌프를 사용해서 증류기로 옮기고 1차 증류를 준비한다.

À LA DISTILLERIE

증류

위스키를 마실 때 물을 타서 마시기도 한다. 그러나 알코올을 얻으려면 먼저 물을 제거해야 한다. 이것이 증류의 목적이다. 증류 방식은 단식 증류(전통식), 연속식 증류, 진공 증류 등이 있으며, 증류 방식에 따라 결과가 달라진다.

증류의 원리

증류의 원리를 설명하려면 복잡한 화학강의를 해야 하지만 간단하게 정리했으니 걱정할 필요 없다.
한마디로 증류는 끓는점의 차이를 이용하여 서로 다른 용액을 분리하는 방법이다. 증류를 통해 변하는 것은 없으며, 단지 구성요소들을 분리할 뿐이다.
용액에 열을 가하면 물질이 차례로 증발하는데 그 증기를 액화시켜 증류액을 얻는다. 물은 100℃에서 증발하고 알코올은 80℃ 정도에서 증발한다. 이때 중요한 것은 가열 온도를 섬세하게 설정하는 것이다. 그러니까 80℃보다 약간 높은 적정 온도를 찾아서 원하는 화합물만 추출하여 원하는 풍미를 얻는 것이다. 여기서는 간단하게 설명했지만 실제 증류과정은 훨씬 복잡하며, 원하는 결과를 얻기 위해서는 여러 가지 변수(압력, 용량 등)를 고려해야 한다.

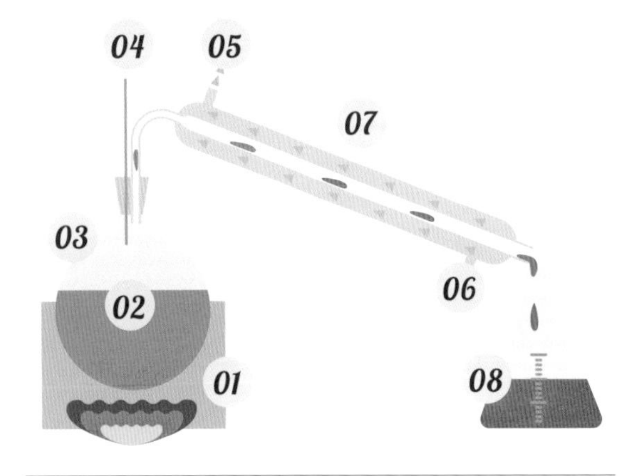

01 증류할 혼합액(워시)을 가열한다.

02 혼합액이 끓을 때까지 가열한다.

03 혼합액이 들어있는 플라스크.

04 증류가 진행되는 동안 온도계를 확인하여 온도를 관리한다.

05 냉각수가 배출되는 곳.

06 냉각수가 들어가는 곳.

07 관 외벽으로 냉각수가 흐른다.

08 이렇게 얻은 용액이 증류액이다.

화학강의
증류는 물질에 열을 가하거나 냉각시키면 물질의 상태(고체/액체/기체)가 변하는 원리를 이용하는 것이다. 증류할 물질에 열을 가해 끓는점에 이르게 하고, 이렇게 만들어진 증기는 응축기를 통과하며 다시 액체가 된다.

증류는 위험한 작업일까?

증류는 담당자인 스틸맨(Stillman)의 지속적인 감시가 필요한 작업이다. 현대의 증류소에는 사고를 막기 위한 여러 가지 안전 장치가 설치되어 있지만, 과거에는 증류소에서 화재나 폭발 사고가 심심찮게 발생했다.

증류의 역사

증류기술은 아주 오래전에 발견되었지만 일반적으로 사용하게 된 것은 오래된 일이 아니다.
고대에는 에센셜 오일과 향수를 만들기 위해 증류를 했으며, 고대 그리스의 철학자 아리스토텔레스는 최초로 바닷물 증류에 대한 기록을 남기기도 했다.
중세에는 의술과 연금술에 증류기술이 쓰였는데, 8세기에 한 아랍인 연금술사는 와인이 담긴 병 윗부분에 생긴 알코올 증기에 아라크(Araq, 땀)라는 이름을 붙였다.
15세기부터는 증류기술이 주로 술을 만드는 데 사용되었다.

단식 증류

싱글몰트 위스키를 만들 때 가장 많이 쓰이는 증류법이다. 단식 증류는 2번 증류하는 것이 기본이며(아일랜드나 스코틀랜드의 오큰토션 같은 몇몇 증류소에서는 3번 증류한다), 2개가 1쌍으로 이루어진 단식 증류기를 이용하여 증류한다.

맥아즙을 발효시켜서 만든 워시는 1차 증류기 워시 스틸(Wash Still)과 2차 증류기 스피릿 스틸(Spirit Still)을 차례로 거친다.

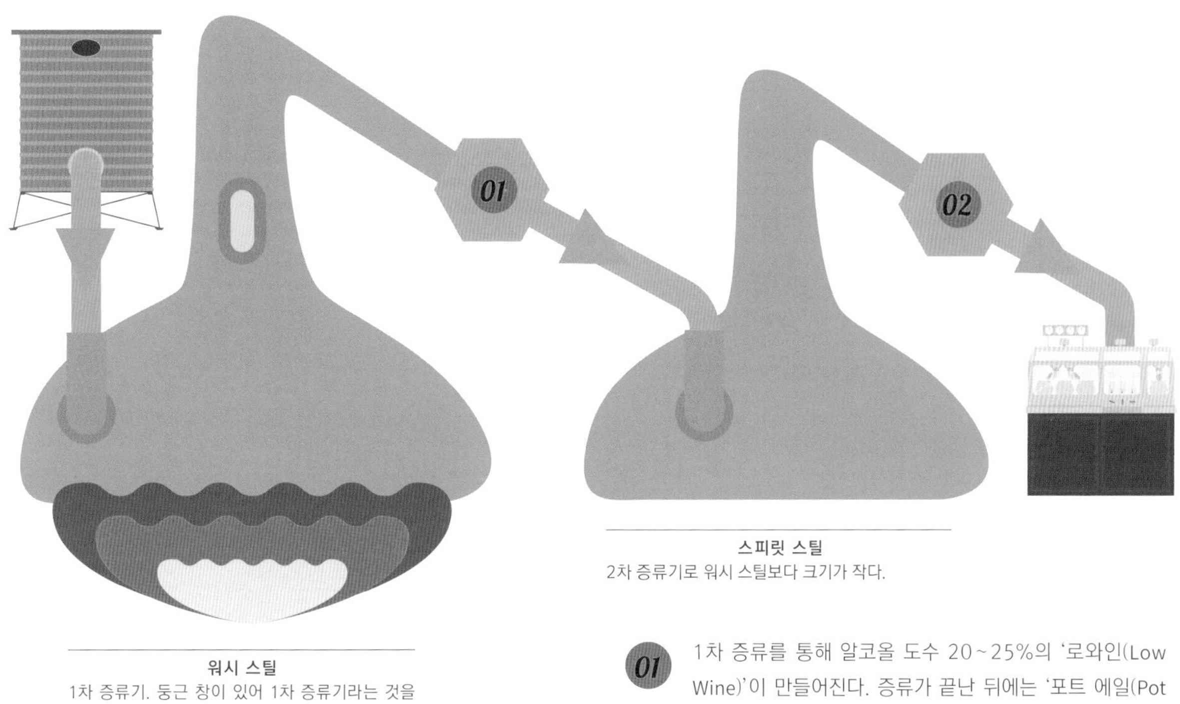

스피릿 스틸
2차 증류기로 워시 스틸보다 크기가 작다.

워시 스틸
1차 증류기. 둥근 창이 있어 1차 증류기라는 것을 쉽게 알 수 있다. 스틸맨은 이 창을 통해 증류기 내부를 확인한다.

01 1차 증류를 통해 알코올 도수 20~25%의 '로와인(Low Wine)'이 만들어진다. 증류가 끝난 뒤에는 '포트 에일(Pot Ale)'이라는 물이 섞인 찌꺼기가 남는다.

02 로와인은 스피릿 스틸에서 다시 한 번 증류된다. '본느 쇼프(Bonne Chauffe)'라고도 부르는 2차 증류가 진행되는 동안 '컷(Cut) 작업'이 실시된다(컷은 다음 단계에서 설명).

진공 증류(저압 증류)

많이 사용하는 방법은 아니지만, 에너지를 절약하고 증류기 수를 줄일 수 있다. 일반적으로 물은 100°C에서 끓지만 저기압에서는 더 낮은 온도에서 끓기 시작하는 점을 이용한다.

비누와 증류기

워시 스틸을 더 빨리 가열하기 위해 향이 없는 비누를 사용하는 증류소도 있다. 비누를 넣으면 기포발생을 억제하여 사고 위험이 줄어들고 증류기를 더 높은 온도로 가열할 수 있다.

연속식 증류

주로 그레인 위스키를 만들 때 사용하는 방법으로, 대부분의 위스키는 연속식 증류기로 만든다고 할 수 있다. 중단 없이 1번의 증류로 끝난다.

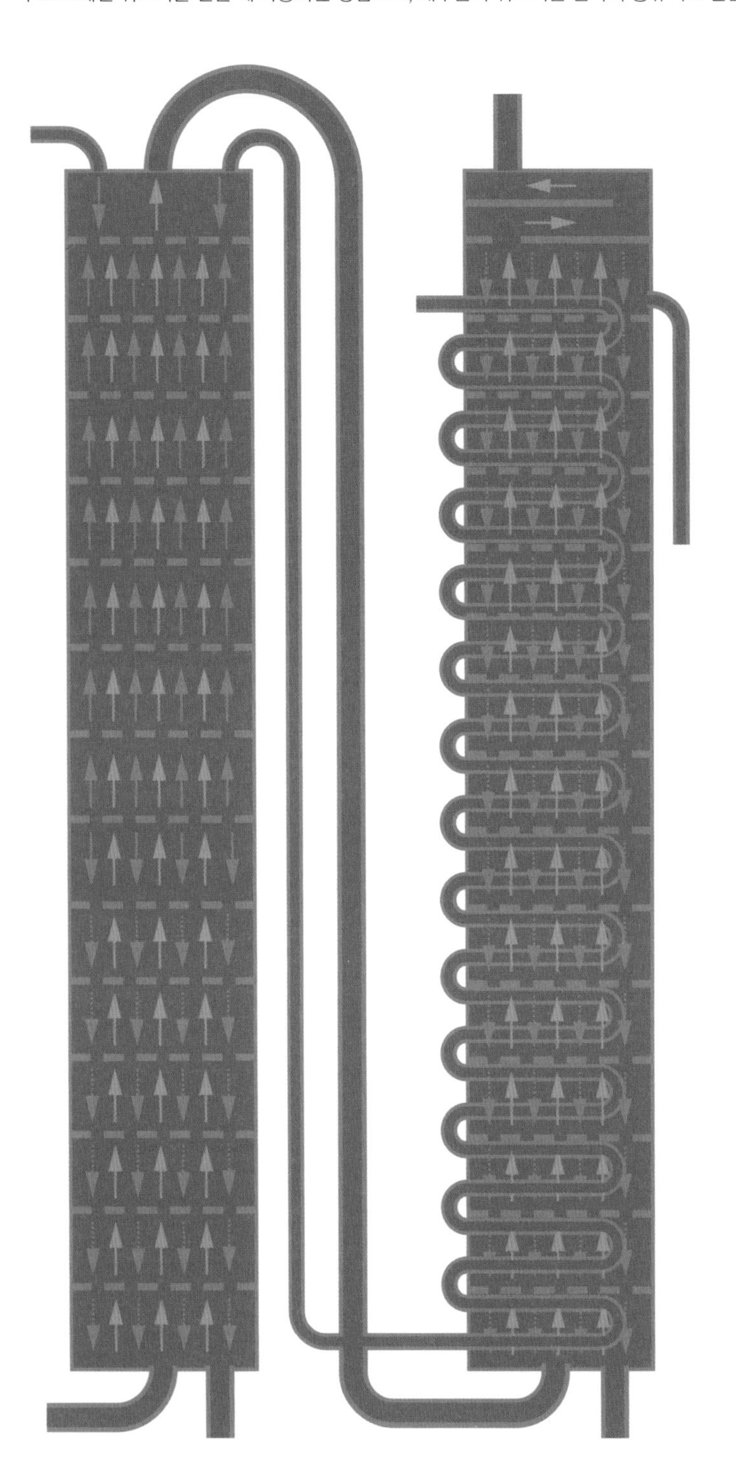

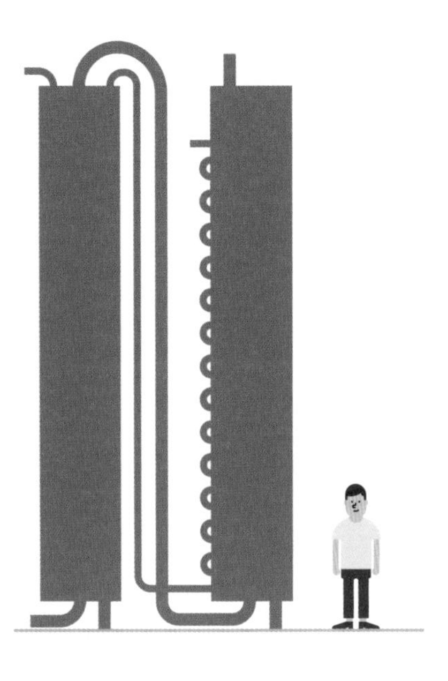

연속식 증류기

연속식 증류를 하기 위해서는 기둥처럼 생긴 '컬럼 스틸(Column Still)'이라는 특별한 증류기가 필요하다. 만든 사람의 이름을 따서 '코페이 스틸'이라고도 한다.
워시를 연속적으로 증류할 수 있으며, 알코올 도수가 100%에 가까운 순수한 증류액을 만든다.

증류하고 남은 찌꺼기

위스키 제조과정에서 나온 찌꺼기는 버리지 않고 재활용한다. 아일레이섬에서는 찌꺼기로 바이오가스를 만들어 전기를 생산한다. 또한 스코틀랜드의 돈레이 원자력 발전소에서는 증류소에서 나온 찌꺼기로 원자력 발전소의 오염물질을 제거하는 실험을 하고 있다.

이 니 어 스 코 페 이

AENEAS COFFEY (1780~1852)

이름은 재미있지만, 그는 위스키계에 혁명을 일으킨 위대한 인물이다.

1780년 프랑스 칼레에서 태어난 아일랜드 사람이다. 세무 공무원이었던 그는 증류주에 관심이 많아서 1824년에 더블린에 있는 증류소를 매입했는데, 이때부터 천재성을 발휘하여 '패턴트 스틸(Patent Still)' 또는 그의 이름을 따서 '코페이 스틸'이라고도 부르는 새로운 증류기를 발명하였다(발명이라기 보다 기존의 것을 개량한 것이다).

코페이는 로버트 스타인이 발명한 증류기를 개량해서 증류 기둥을 2개로 만들었고, 덕분에 몰팅하지 않은 곡물(밀, 옥수수)을 연속적으로 증류할 수 있게 되었다. 또한 증류액에 거슬리는 맛이 덜해지고, 증류기를 관리하기도 편해서 전통적인 단식 증류기보다 비용이 적게 드는 것이 연속성 증류기의 장점이다. 이 증류기는 1830년 특허번호 #5974를 획득하였다.

그러나 속담에도 있는 것처럼 태어난 곳에서 인정받는 것은 결코 쉬운 일이 아니었다. 아일랜드 사람이 발명했지만 연속식 증류기는 아일랜드에서 그다지 큰 관심을 끌지 못했고, 오히려 스코틀랜드 사람들이 그 혜택을 누렸다. 그 결과 스카치 위스키가 아이리시 위스키를 앞지르게 되었다.

연속식 증류기의 큰 성공에 힘입어 1835년 코페이는 증류소 문을 닫고, 패턴트 스틸을 만드는 '이니어스 코페이 앤 선즈(Aeneas Coffey & Sons)'를 설립하여 제3의 인생을 시작했다. 이 회사는 '존 도르 앤 코(John Dore & Co)'라는 이름으로 지금도 건재한다.

컷

1차 증류에서 얻은 로와인을 3종류로 분리(컷)하는 2차 증류 과정에서는
증류를 책임지는 스틸맨의 노하우가 무엇보다 중요하다.

3종류로 구분

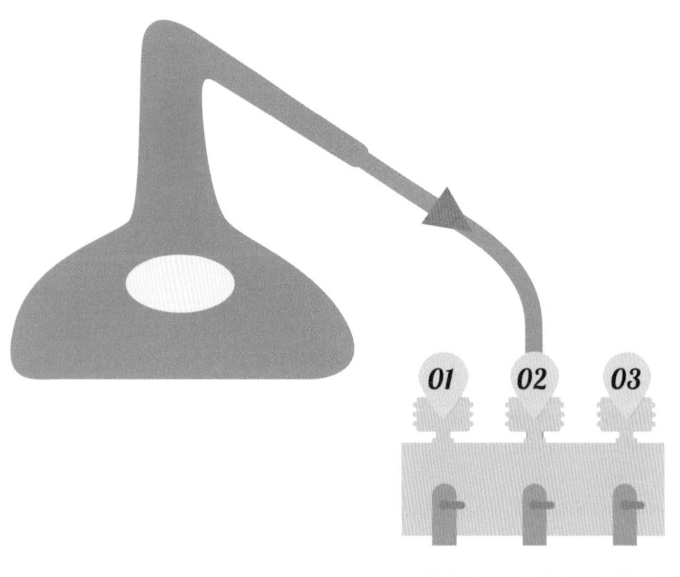

03

후류(tail 또는 feints)

2차 증류에서 마지막으로 나오는 증류액으로 알코올 도수는 최대 60%이다. 물을 첨가하면 푸른색을 띠므로 쉽게 구별할 수 있다. 후류에는 황성분과 강한 방향화합물이 많이 함유되어 있는데, 후류 역시 버리지 않고 다음에 새로운 로와인을 증류할 때 함께 넣고 증류한다.

01

초류(head 또는 foreshots)

2차 증류에서 처음 나온 용액을 말한다. 아세톤과 메탄올을 함유하고 있어 마실 수 없으며, 마실 경우 구토를 일으키는 냄새 외에 중추신경계에도 영향을 미쳐 실명을 하거나 죽음에 이를 수 있다. 다행히 72~80%나 되는 높은 알코올 도수와 냄새로 쉽게 구분하여 제거할 수 있다. 또한 초류는 물을 첨가하면 탁해지는 특징이 있다. 하지만 그렇다고 해서 버리는 것이 아니라 다음에 새로운 로와인을 증류할 때 함께 넣고 증류한다. 이 작업은 증류기의 크기에 따라 짧게는 몇 분부터 길게는 30분까지 걸린다.

02

중류(heart 또는 Middle cut)

스틸맨이 찾는 것은 바로 중류이다. 중류를 3년 동안 숙성시키면 위스키가 된다. 알코올 도수는 68~72%.
증류 시간은 원하는 스타일에 따라 달라진다. 천천히 증류하면 부드러운 위스키가 되고, 빨리 증류하면 황성분이 많이 함유된 자극적인 위스키가 된다.

스피릿 세이프(Spirit Safe)

역사

스피릿 세이프는 실제로 박물관에 전시해도 손색이 없는 장치로, 증류기에서 나온 증류액은 구리와 유리로 만든 스피릿 세이프로 이동한다. 원래 이 장치는 탈세를 막기 위해 만들어진 것이다. 예전에는 많은 증류소들이 세금을 피하기 위해 생산량을 제대로 신고하지 않았는데, 스피릿 세이프를 사용하면 증류기에서 나온 위스키의 양을 정확하게 확인할 수 있기 때문에 생산량을 줄여서 신고하는 것을 막을 수 있었다.

지금은 초류와 후류를 제거하고 중류를 골라내는 데 사용하며, 증류소를 방문하는 사람들에게 좋은 볼거리가 되기도 한다.

1983년 이전에는 스코틀랜드의 세관원만 스피릿 세이프의 열쇠를 갖고 있었지만, 지금은 증류소 책임자도 열쇠를 갖고 있다.

어떻게 작동할까?

로켓 발사를 앞둔 미항공우주국(NASA)의 관제실을 상상하면 된다. 다만 스피릿 세이프는 전통적인 그것도 매우 전통적인 장치로, 전혀 전기를 사용하지 않는다.

액체 비중계로 증류액의 알코올 도수를 측정하고, 또 물을 섞었을 때 탁해지거나 파란색으로 변하는지 확인한다. 그 결과에 따라 스틸맨은 손잡이를 돌려서 증류액을 적절한 용기로 보낸다.

이 과정에서는 스틸맨의 역할이 무엇보다 중요하다. 잘못하면 그야말로 비참한 결말을 맞게 된다.

À LA DISTILLERIE

오크통에 담기

오크통은 엄마처럼 위스키가 잘 성장할 수 있도록 돌봐준다.
위스키가 다양한 향과 아름다운 색깔을 갖도록 보호하고 숙성시키는 것이 오크통의 역할이다.

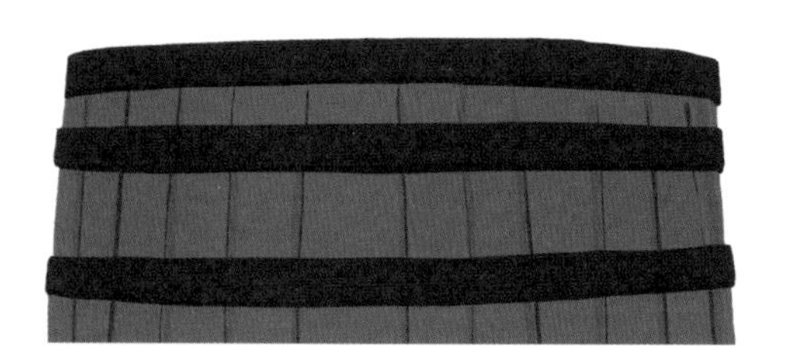

참나무

쉽게 구할 수 있고 위스키 숙성에 필요한 특징을 모두 갖고 있기 때문에, 참나무를 가장 많이 사용한다.
미국산과 유럽산 참나무를 주로 사용하며 일본산 참나무는 드물게 사용한다.

왜 오크통을 사용할까?

오크통은 15세기부터 술을 운송할 목적으로 사용되었지만, 오크통 숙성의 중요성에 대한 최초의 기록은 1818년에야 나타난다.
영국과 미국에서 위스키 소비가 비약적으로 늘어나면서 증류소들은 항구에 방치되어 있던 럼이나 와인, 셰리와인을 담았던 오크통을 위스키 운송에 사용하기 시작했다. 그리고 그 덕분에 오크통의 종류에 따라 위스키의 아로마가 달라진다는 사실을 알게 되었다.

- 미국산 흰 참나무. 오늘날 위스키 생산업체에서 사용하는 오크통의 90%가 미국산 참나무로 만든 것이다.

- 유럽산 참나무는 표면이 부드러워서 아로마가 더 많이 추출된다. 위스키 숙성에 사용되는 유럽산 참나무 오크통은 대부분 예전에 셰리와인을 담았던 것이다.

- 일본에서 사용하는 물참나무(Mizunara)는 바닐라 향이 매우 강하지만, 지나치게 부드럽고 미세한 구멍이 많아서 내용물이 새어 나오거나 손상되기 쉽다.

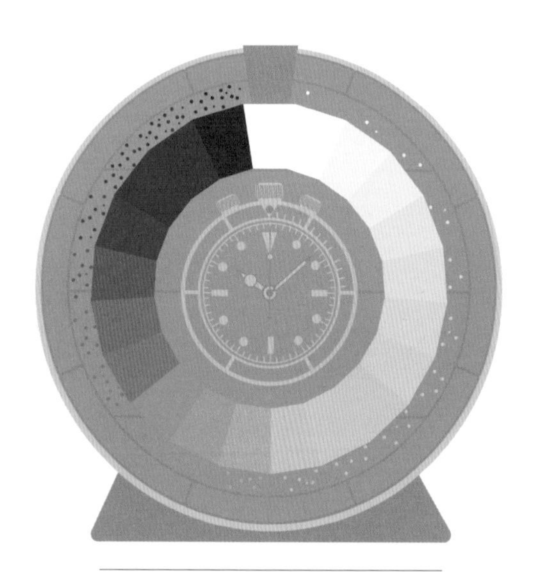

위스키의 색깔 변화
오크통의 종류와 숙성 연수에 따라
위스키의 색깔이 달라진다.

어떻게 채울까?

차에 기름을 넣을 때처럼 주유건 모양의 도구로 오크통에 위스키 원액을 채운다.
증류소의 주유건은 호스가 더 굵어서 좀 더 빨리 채울 수 있다.
오크통이 다 채워지면 마개를 꽂고 나무 망치로 두드려서 잘 막는다.

통 안에서 색깔이 변한다고?

숙성 중인 위스키 원액에 색깔을 입히는 것도 오크통의 역할이다. 오크통에 들어가는 위스키 원액은 무색투명하지만, 숙성이 끝나면 밝은 노란색부터 진한 갈색까지 다양하고 아름다운 색깔로 변한다.

나무 종류와 아로마

오크통이 위스키의 최종적인 풍미를 결정한다고 해도 과언이 아니다. 위스키 아로마의 90%는 오크통의 영향이라고 말하는 사람도 있다.

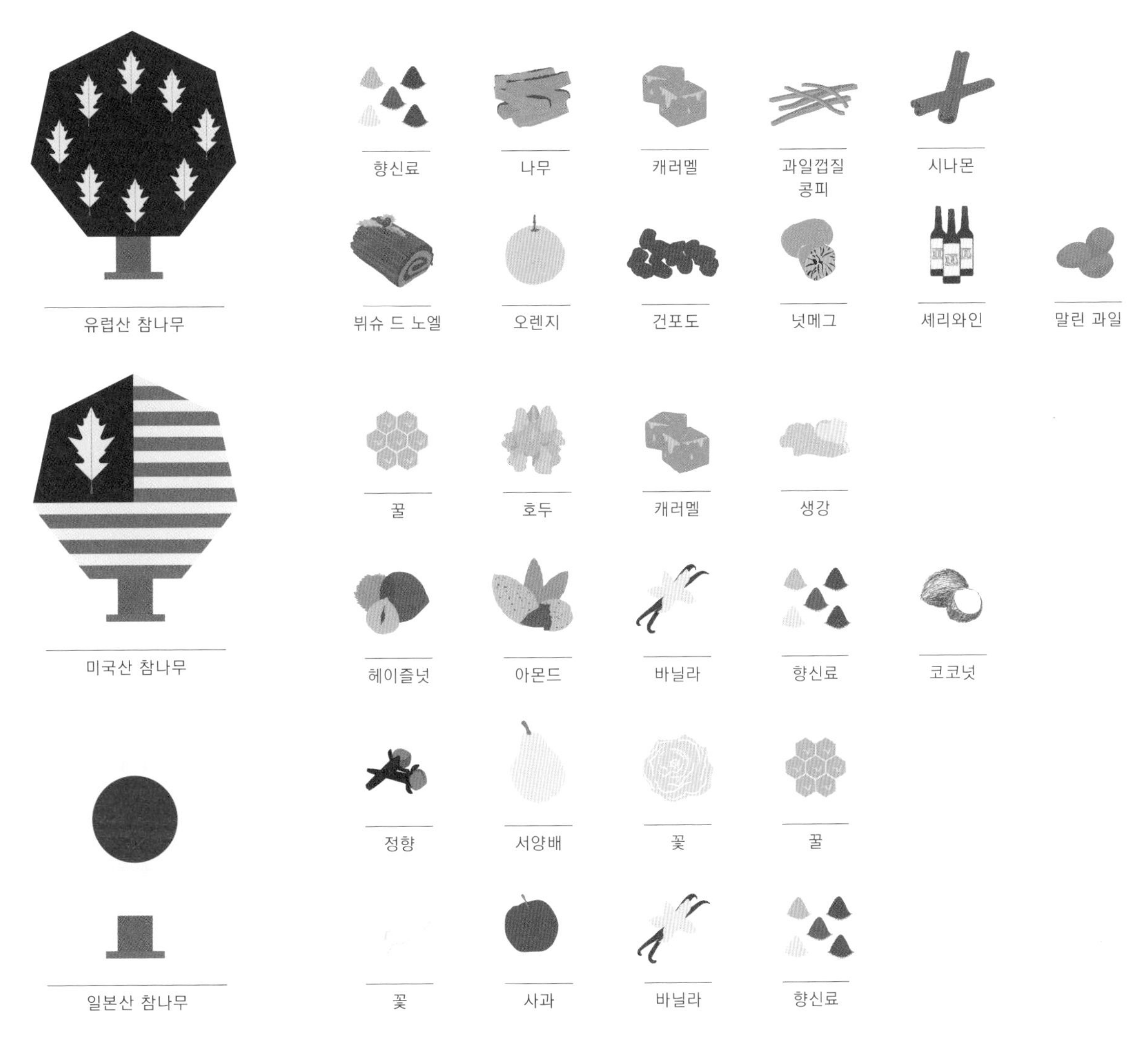

다양한 아로마

위스키의 아로마를 만들기 위해서는 증류기에서 추출한 증류액과 리그닌, 타닌, 락톤, 글리세롤, 지방산 등 나무의 여러 성분 사이에 화학반응이 일어나야 한다. 여기서 중요한 것은 시간이다. 가장 먼저 반응을 하는 성분은 리그닌으로 바닐린이라는 유기화합물을 생성한다. 그래서 버번이나 숙성기간이 짧은 어린 위스키는 바닐라향이 강하다. 반대로 락톤은 위스키에 스며드는 데 시간이 오래 걸리기 때문에, 미세한 코코넛 밀크의 향을 느끼려면 20년 이상 숙성시켜야 한다.

시즈닝(Seasoning)

위스키의 아로마를 풍부하게 만들기 위해 점점 더 많은 증류소들이 스페인의 셰리 와이너리에 오크통을 빌려주어 셰리를 숙성시킨 뒤, 그 통을 회수해서 위스키를 숙성시킨다. 이 과정을 '시즈닝'이라고 한다.

À LA DISTILLERIE

오크통 만들기

오크통을 만드는 과정은 예술에 가깝다. 인내심, 훈련, 정확한 손기술이 필요하다.
오크통을 제대로 만들려면 최소한 5년 정도 배워야 한다.
시간이 좋은 위스키를 만들 듯이 좋은 오크통을 만드는 데도 시간이 필요하다.

오래된 전통 기술

옛날에는 맥주나 사워크라우트(독일식 양배추 절임)까지 오크통을 이용해 운송했다. 오크통 제작기술은 매우 오래된 기술로 첨단기술이 발달한 지금도 크게 변한 것이 없다. 최고의 오크통을 만들기 위해 대부분의 작업을 숙련된 장인이 직접 수작업으로 하고 있다.

세계 최대의 오크통 제작 회사

잭 대니얼스 그룹에 속해 있는 미국의 '브라운 포맨 쿠퍼리지(Brown-Forman Cooperage)' 는 오크통을 하루에 1,500개까지 생산할 수 있다.

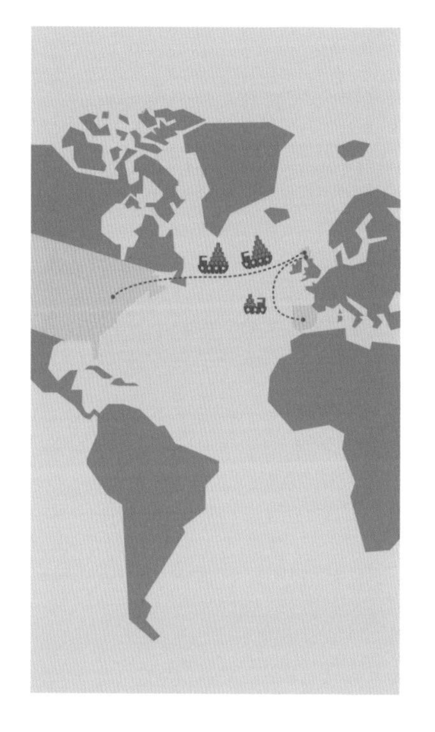

버번오크통을 많이 쓰는 이유는?

1930년대에 스페인 내전으로 셰리오크통의 확보가 어려워지자, 이 문제를 해결하기 위해 스코틀랜드는 미국에서 사용을 마친 버번오크통으로 눈을 돌렸다. 이것은 양쪽 모두를 만족시킨 해결책이었다. 미국은 오크통을 재활용할 수 있는 판로를 찾았고(버번 위스키는 새 오크통 사용하도록 법으로 정해져 있다), 스코틀랜드는 위스키를 문제없이 숙성시킬 수 있었다.
현재 스코틀랜드에서는 대략 셰리오크통 1개당 버번오크통 20개의 비율로 오크통을 사용한다.

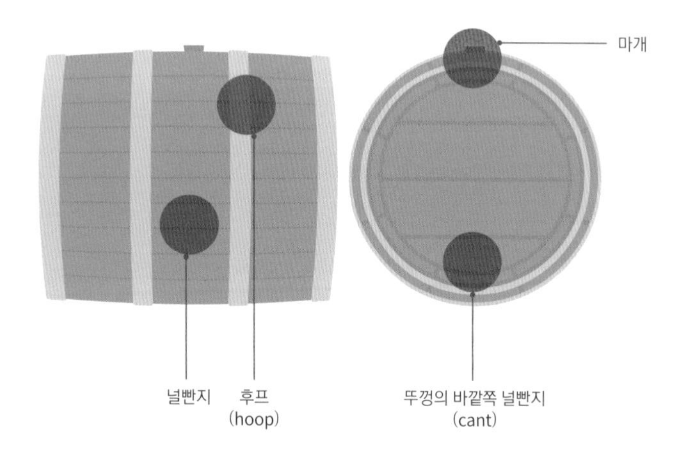

왜 이런 모양일까?

나무통에 액체를 보관해도 새지 않는 것은 바로 오크통의 모양 때문이다. 통의 지름이 가장 큰 부분의 양쪽에 쇠로 만든 후프를 둘러 널빤지 전체를 단단하게 조여서 고정하면 위스키가 새지 않는다.
이 모양의 또 다른 장점은 무거운 통을 쉽게 움직일 수 있다는 것이다(물론 약간의 연습이 필요하다). 세로나 가로로 쌓기도 편해서 운반하거나 보관할 때 좋다.

오크통 만드는 과정

첫 단계는 나무 선택이다. 매우 중요한 과정으로 해마다 나무를 벨 시기가 되면 전문가가 직접 벌목장을 찾아 오크통에 가장 적합한 나무를 선택한다. 이때 선택한 나무의 재질이 오크통의 품질을 좌우한다.
나무는 벌목하기 전과 벌목한 후에 점검하고 선택하는데, 나무의 모양, 성장조건 등 여러 기준을 바탕으로 선택한다. 이러한 기준이 나무 섬유질의 질감, 결의 섬세함, 타닌 함유량을 결정한다.

토스팅(Toasting) vs 차링(Charring)

위스키를 숙성시키는 데 쓰이는 셰리오크통은 내부를 불에 살짝 구운(토스팅) 것이지만, 버번오크통은 까맣게 태운(차링) 것이다.
버번오크통 내부를 태우는 광경은 매우 인상적이다. 통 위로 불꽃이 1m도 넘게 솟구쳐 오른다. 숯처럼 새까맣게 탄 통 내부는 여과작용으로 황화합물을 제거하고 위스키에 윤기를 더해준다. 뿐만 아니라 위스키의 색깔도 더 진해지고 연기, 캐러멜, 꿀 그리고 향신료의 아로마가 더해진다.
차링한 오크통에 버번을 넣고 몇 년 동안 숙성시켜서 숙성이 끝나면, 그 오크통은 더 이상 버번을 숙성시키는 데 사용하지 않고 스코틀랜드나 아일랜드의 증류소로 보내 새로운 삶을 살게 한다. 오크통의 수명은 50~60년이고, 그 이후에는 다른 용도로 사용된다.

방수가 잘 되는 오크통을 만들기 위해서는 나뭇결이 손상되지 않도록, 통나무를 수작업으로 쪼개서 표면을 연마한 뒤 야외에서 건조시킨다. 나무는 공기와 비에 노출되어 수년 동안 자연적으로 숙성된다. 이 과정이 진행되는 동안 당과 산의 생성을 관리한다.

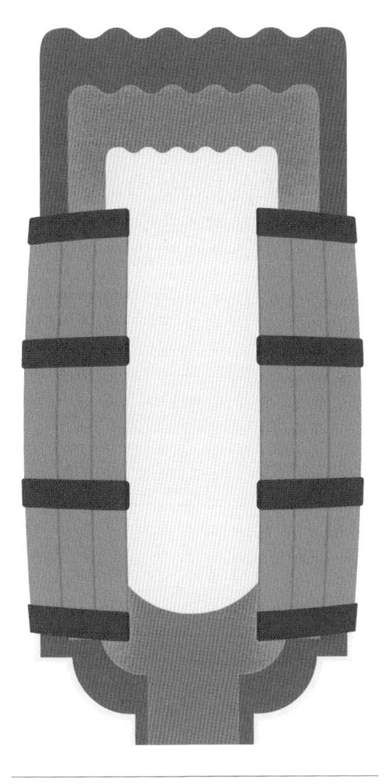

버번오크통
미국에서 버번 위스키 숙성에 사용하는 버번오크통은 반드시 새것으로 내부를 태운 통이어야 한다. 내부를 약 5㎜ 정도 태운 통을 사용한다.

숙성이 끝나면 기계로 널빤지를 자른다. 일단 원하는 길이로 자른 뒤, 양끝으로 갈수록 좁아지게 자르고 끝은 비스듬하게 마무리한다. 그러고 나서 정밀한 기계로 바깥쪽 표면은 볼록하게 대패질을 하고, 안쪽은 둥글게 파내서 널빤지를 휘게 만든다.

검사 후 선택된 널빤지를 '쿠퍼(Cooper)'라고 불리는 숙련된 오크통 장인이 조립한다. 오크통 제작과정에서 매우 중요한 단계이다. 오크통 장인은 누구도 흉내낼 수 없는 경험을 바탕으로, 널빤지를 선택한다. 그리고 모양을 잡아주는 틀 역할을 하는 금속 후프 안에 널빤지를 넣고 조립해서 모양을 만든다. 엄청난 속도와 고도의 정확성이 요구되는 이 작업을 'Mise En Rose(장미꽃 만들기)'라고 부른다.

견고하게 모양을 잡은 오크통은 작업실에서 물과 불 테스트를 거친 뒤 최종적인 모양으로 완성된다.

마지막으로 소량의 뜨거운 물을 오크통 안에 강하게 분사해서 누수검사를 한다. 이렇게 하면 물이 새는지, 습기가 배어나온 흔적이 있는지, 제조상의 결함은 없는지 등을 바로 확인할 수 있다.

À LA DISTILLERIE

오크통의 종류

위스키의 숙성과 운송에 쓰이는 오크통 종류를 소개한다.

180ℓ

버번 베럴(Bourbon barrel)

가장 널리 쓰이는 통으로 미국의 버번 증류소에서 사용한 것이다. 위스키에 바닐라와 향신료 향이 생긴다.

480~520ℓ

셰리 버트(Sherry Butt)

오크통 중에서 가장 비싸고 큰 셰리 버트는 스페인에서 생산된다. 셰리와인을 담았던 통으로 위스키에 말린 과일과 향신료 향이 생긴다.

250ℓ

혹스헤드(Hogshead)

버번 배럴에 새 널빤지나 사용한 널빤지 몇 개를 추가해서 다시 만들면 혹스헤드가 된다. 혹스헤드는 예전에 사용하던 질량 단위로 63갤런에 해당된다.

40ℓ

퍼킨(Firkin)

증류소에서 사용하는 오크통 중 가장 작은 통. 요즘은 보기 힘들며, 원래 맥주, 생선, 비누 등을 운반할 때 사용되었다.

미즈나라 캐스크

2차 세계대전 동안 오크통 공급이 원활하지 않자, 일본의 위스키회사는 일본산 참나무 눈을 돌렸다. 일본산 참나무 미즈나라로 만든 이 오크통은 매우 귀해서 생산량이 1년에 100개가 안 된다.

오크통의 가격은?

오크통에 드는 비용은 위스키 생산 비용의 10~20%를 차지한다. 현재 셰리 생산량은 감소하고 버번오크통의 수요는 늘고 있어, 오크통 가격이 가파르게 상승하고 있다. 참고로 버번 오크통은 500~600유로, 셰리 버트는 700~900유로이다. 1개에 2000유로가 훌쩍 넘는 오크통도 있다. 이런 가격을 알면 증류소에서 왜 오크통을 마지막까지 계속 다시 사용하는지 이해할 수 있을 것이다.

※ 1유로 = 1,287.98원(2018년 6월 기준)

À LA DISTILLERIE

오크통의 일생

오크통은 몇 번이나 사용할까? 증류소의 스타일이나 원하는 아로마에 따라 다르지만, 3~4번 정도 사용하는 것이 일반적이다.

퍼스트 필(First Fill)

증류소와 위스키 애호가들은 처음으로 위스키를 채워서 숙성하는 '퍼스트 필'에 관심이 많다. 퍼스트 필은 새 오크통이라는 뜻이 아니라, 이미 버번이나 셰리를 담았던 오크통에 스카치 싱글몰트 위스키를 처음 담는다는 뜻이다. 퍼스트 필에 위스키를 담아 숙성시키면 나무의 아로마가 매우 강하게 나타난다.

오크통을 위한 긴급처치

오크통을 50년 동안 사용하려면 적절히 수리를 해야 한다. 수리 방식은 다음과 같다.

- 낡은 부분 수리.
- 망가진 널빤지 교체.
- 널빤지를 추가해서 버번 베럴을 혹스헤드로 만든다.

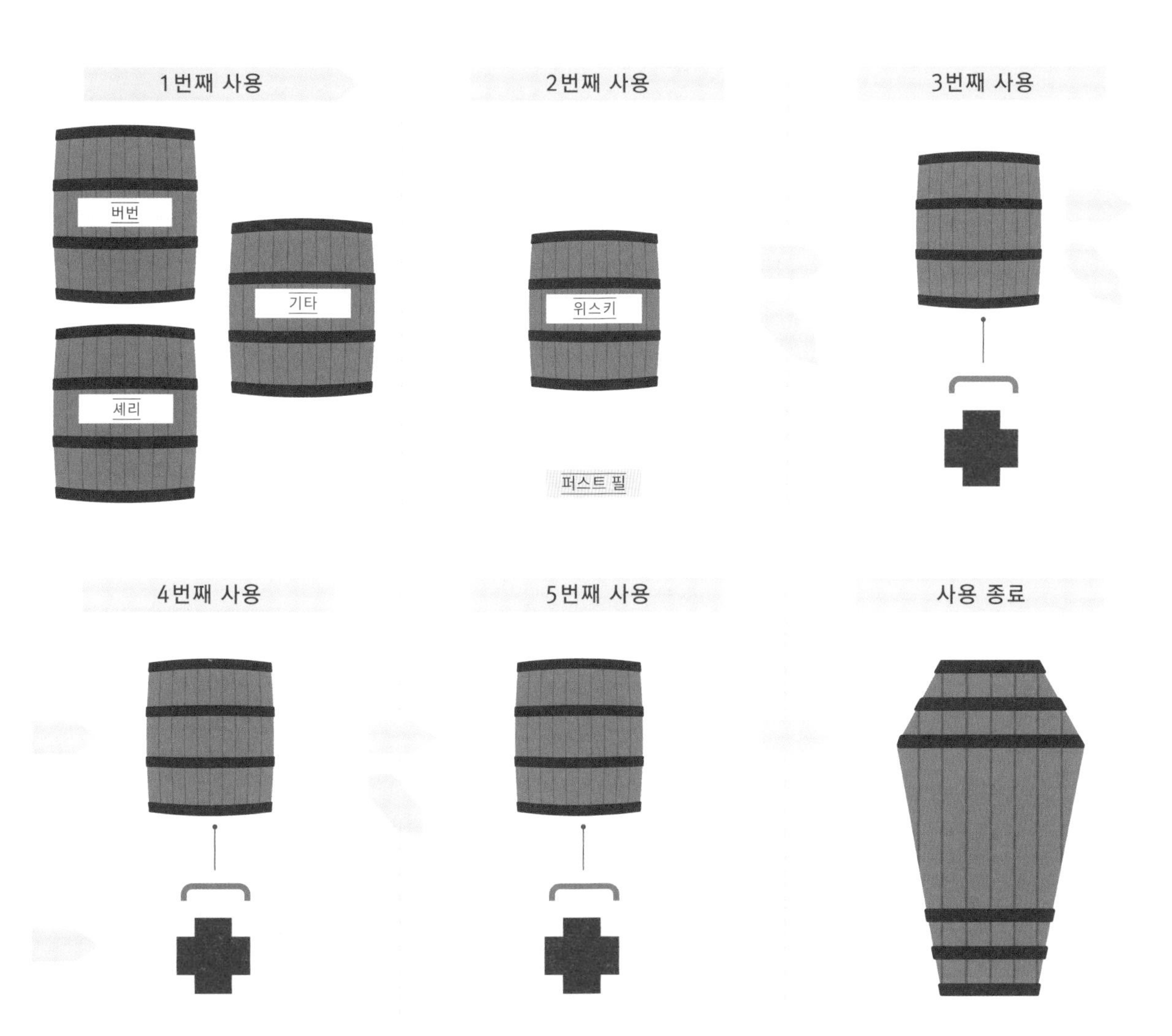

À LA DISTILLERIE

아메리칸 위스키

오랫동안 가죽 부츠를 신은 카우보이들의 전유물이자 싸구려 독주로 취급되던 아메리칸 위스키가,
기분 좋은 놀라움을 선사하며 황금기를 맞이하고 있다.

아메리칸 위스키는 한 종류가 아니다

'아메리칸 위스키'는 포괄적인 명칭이다. 위스키류에 속하는 모든 제품, 다시 말해 미국 내에서 발효시킨 맥아즙을 증류하여 만든, 도수가 매우 높은 곡물 증류주를 가리킨다. 그러나 더 자세히 살펴보면, 아메리칸 위스키 안에는 여러 가지 하위분류들이 모여 있다.

어디에서 만들까?

아메리칸 위스키는 미국 전역에서 생산할 수 있다. 다만 테네시 위스키의 경우 해당 명칭을 사용하기 위해서는 테네시주에서 생산되어야 한다.

- 버번의 95%는 켄터키주에서 생산된다.
- 아메리칸 위스키의 95%는 켄터키주와 테네시주에서 생산된다.

아메리칸 위스키란?

미국에서는 곡물 매시(물과 맥아의 혼합물)를 발효시킨 것으로 만들어야 위스키로 인정한다. 또한 아메리칸 위스키라는 명칭을 사용하기 위해서는 다음의 조건을 충족해야 한다(몇 가지 예외는 제외).

- 알코올 도수 95% 이하로 증류.
- 병입할 때의 알코올 도수는 40% 이상.
- 일반적인 위스키의 맛, 향, 특징이 있어야 한다.
- 미국 영토 내에서 증류해야 한다.

최소 2년 이상 숙성시킨 위스키에만 '스트레이트 위스키'라는 이름을 붙일 수 있다.

'사워 매시(Sour Mash)' 테크닉

미국에서도 일부 지역에서만 찾아볼 수 있는 기술인 사워 매시는, 발효를 시작할 때 기존에 발효시킨 매시의 일부를 사용하여 발효를 촉진시키는 방법으로, 빵을 만들 때 르뱅을 사용하는 것과 같다.

링컨 카운티 프로세스(Lincoln County Process)의 특징

미국에서도 테네시 위스키에만 사용되는 방법이다. 오크통에 담기 전, 약 3m 높이로 사탕단풍나무숯을 쌓아놓은 통에서 여과 과정을 거친다. 이 과정은 위스키에 독특한 맛과 특별한 부드러움을 선사한다.

버번이 전부는 아니다!

버번 위스키가 워낙 유명하고 아메리칸 위스키 판매량의 대부분을 차지하기는 하지만,
아메리칸 위스키에는 다양한 종류가 있다.

버번 (BOURBON)

미국에서 생산.

옥수수 사용 비율이 최소 51% 이상.

증류할 때의 알코올 도수는 80% 이하.

내부를 태운 새 오크통에서 숙성.

최소 2년 이상 숙성.

병입할 때의 알코올 도수는 최소 40% 이상.

숙성 연수가 4년 미만인 경우 라벨에 숙성 연수를 표시.

향료나 색소를 사용하면 안 된다.

켄터키 버번 (KENTUCKY BOURBON)

버번의 제조조건과 같지만 '켄터키 버번'이라고 표시하려면 최소 1년 이상 켄터키에서 숙성.

몰트 (MALT)

버번의 제조조건과 같지만 보리 맥아 사용 비율이 최소 51% 이상.

'스트레이트'라고 표시하려면 최소 2년 이상 숙성하고, 향료와 색소를 사용하면 안 된다.

함께 병입한 위스키는 모두 같은 주에서 생산된 것이어야 한다.

테네시 (TENNESSE)

테네시주에서 생산.

옥수수 사용 비율이 최소 51% 이상.

병입할 때의 알코올 도수는 최소 40% 이상.

내부를 태운 새 오크통에서 숙성.

최소 2년 이상 숙성.

링컨 카운티 프로세스로 여과.

라이 (RYE)

버번의 제조조건과 같지만 호밀 사용 비율이 최소 51% 이상.

'스트레이트'라고 표시하지 않는다면 색소나 향료를 사용할 수 있다.

위트 (WHEAT)

버번의 제조조건과 같지만 밀 사용 비율이 최소 51% 이상.

'스트레이트'라고 표시하려면 최소 2년 이상 숙성해야 하고, 향료나 색소를 사용하면 안 된다.

함께 병입한 위스키는 모두 같은 주에서 생산된 것이어야 한다.

스트레이트 라이 (STRAIGHT RYE)

라이 위스키의 제조조건과 같지만 최소 2년 이상 숙성해야 하고, 향료나 색소를 사용하면 안 된다.

함께 병입한 위스키는 모두 같은 주에서 생산된 것이어야 한다.

가장 오래된 버번은?

올드 포레스터(Old Forester)는 오늘날 시장에서 공식적으로 인정받는 가장 오래된 버번이다(2021년이 150주년). 또한 고급스럽게 봉인된 유리병으로 판매하는 최초의 버번이기도 하다. 1870년 원래 의약품 판매원이었던 조지 가빈 브라운(George Garvin Brown)이 주류 회사 브라운 포맨을 설립하고, 처음으로 병입하여 판매하기 시작하였다.

잭 대니얼

JACK DANIEL
(1849~1911)

위스키 업계에서 가장 수수께끼 같은 인물이 세계적인 위스키 회사 잭 대니얼스를 창립한 잭 대니얼이다.

잭 대니얼의 인생이 처음부터 순조로웠던 것은 아니다. 태어난 지 얼마 안 되어 어머니는 세상을 떠났고 아버지는 6살의 어린 잭을 이웃집에 맡겼다. 하지만 잭은 그곳에서 도망쳐 댄 콜(Dan Call)이라는 루터파 목사에게로 갔다. 목사는 여유 시간에 술을 만들었는데, 전해지는 이야기에 따르면 목사가 잭에게 증류기술을 가르쳤다고 한다. 최근 목사가 아니라 목사의 노예였던 니어리스 그린(Nearis Green)이 가르친 것으로 밝혀졌다.

목사가 더 많은 시간을 신에게 바치기로 결정하자, 잭은 증류소를 인수하고 1866년에 정식으로 등록했다. 미국 최초의 정부 공인 증류소가 탄생한 순간이다. 그 당시에 잭 대니얼스 위스키는 둥근 병을 사용했는데 1895년 한 영업사원이 네모난 병을 제안했고, 네모난 병은 현재 잭 대니얼스의 상징이 되었다. 한편 잭 대니얼스의 병을 본 사람이라면 '왜 병에 Old No.7이라고 적혀 있는 거지?'라고 생각한 적이 있을 것이다. 그런데 이 의문은 여전히 미스테리로 남아서 잭 대니얼스 위스키의 명성에 한몫을 하고 있다.

잭 대니얼은 결혼도 하지 않았고 아이도 없었기 때문에, 증류소가 한창 번창할 때 조카에게 경리를 맡겼다. 그 조카의 제안으로 잭 대니얼은 돈을 금고에 넣어 보관하고, 비밀번호는 두 사람만 알고 있었다. 그런데 몇 년 후 비밀번호를 잊어버린 잭 대니얼이 화가 나 금고를 발로 차는 바람에 엄지발가락에 금이 가는 사건이 생겼다. 불행히도 이때의 상처가 악화된 잭 대니얼은 5년 뒤 세상을 떠났다.

찰스 도이그

CHARLES DOIG
(1855~1918)

동양적인 느낌의 전통 맥아 건조 가마가 없는 스코틀랜드를 상상할 수 있을까?

1855년 스코틀랜드 앵거스(Angus)주의 농가에서 태어난 찰스 도이그는 어려서부터 수학 경시 대회에서 우승할 정도로 비상한 머리로 유명했다. 15살 때는 고향의 건축가 눈에 띄어 같이 일하면서 측량과 설계 분야에서도 놀라운 능력을 발휘했다.

당시 스페이사이드의 증류소들은 번창일로에 있었는데, 도이그는 그 모든 일을 가까이서 지켜봤다. 그는 새 증류소를 짓고 기존 증류소를 확장, 보수하는 데 참여했다. 또한 큰 문제였던 잦은 화재를 해결하기 위해 증류소를 따라 소화장치를 설치한 혁신적인 소방 시스템을 개발하기도 했다.

하지만 그의 이름이 후대에 남게 된 것은 탑 형태의 지붕(파고다 루프)이 있는 증류소 가마(kiln) 덕분이다. 그 전에는 증류소 가마의 지붕이 원뿔모양으로 보기 좋지 않았다. 그런데 도이그가 공기의 흐름을 개선하여 보기에도 좋고 성능도 좋은 가마로 탈바꿈시킨 것이다.

도이그는 아벨라워(Abelour)에서 몇 킬로미터 떨어진 달유인(Dailuaine)에 처음으로 탑 형태의 지붕이 있는 가마를 만든 뒤, 세상을 떠나기 전까지 56개 이상의 증류소를 설계했다.

오늘날 도이그가 개발한 가마를 계속 사용하는 증류소는 많지 않다(몰팅을 외부에 맡기기 때문이다). 하지만 탑 형태의 가마 지붕은 여전히 위스키 왕국 스코틀랜드의 상징으로 남아 있다.

À LA DISTILLERIE

저장고

천사의 몫은 하늘로 올라가고 하늘의 공기는 오크통 안으로 들어온다.
저장고에서 술이 익어가는 동안 아무 일도 일어나지 않는다고 생각하는가?
위스키가 조용히 숙성되고 있는 저장고에서는 마법이 펼쳐진다.

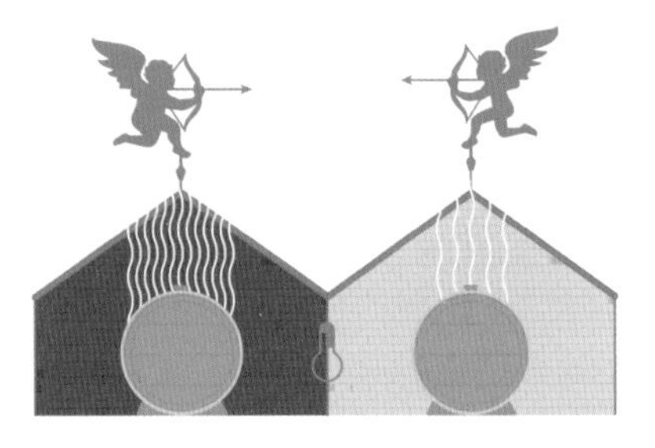

천사의 몫(Angels' Share)

오크통에서 숙성을 하는 동안 알코올이 조금씩 증발하는 물리적인 현상을 시적으로 표현한 말. 덥고 건조할수록 천사의 몫이 많아지고, 시원하고 습기가 많을수록 천사의 몫은 적어진다.

저장고는 매우 중요한 시설이다. 시간이 마법을 부리는 곳이기 때문이다. 위스키 원액을 안전하게 보관하는 것이 저장고의 첫 번째 역할이지만, 동시에 주변 지역의 기후특성이 저장고 안으로 스며들어 위스키에 흔적을 남기게 만드는 것도 저장고의 역할이다.

다른 증류소의 오크통이 우리 증류소에?

호의와 협조는 위스키 업계를 지배하는 키워드이다. 경쟁사의 오크통들이 같은 저장고에 있는 모습도 심심치 않게 볼 수 있다. 여기에는 여러 가지 이유가 있다. 경쟁사의 증류소에 기술적으로 문제가 생겨서 정상가동될 때까지 오크통을 맡아두는 것일 수도 있고, 경쟁사의 저장고가 기후적으로 흥미로운 곳에 있어서 오크통을 빌려온 것일 수도 있다.

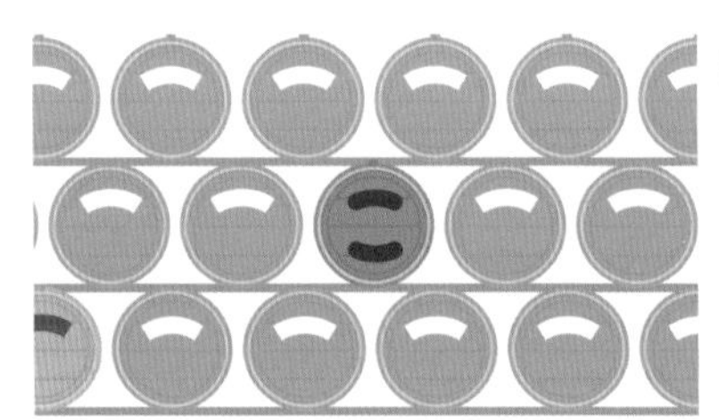

와인 오크통까지?

보르도의 유명한 '샤토', '스위트와인 샤토' 등 프랑스나 외국 와이너리의 오크통도 위스키 저장고에서 쉽게 볼 수 있다. 와인 오크통은 위스키에 새로운 아로마를 더해준다.

잊지 못할 체험

전통 저장고에서 시음을 허락해주는 증류소는 많지 않다. 하지만 끈질기게 부탁하면 자랑스럽게 저장고 문을 열어줄 수도 있다. 게다가 운이 좋으면 오크통에서 바로 따른 술을 시음하는 행운을 누릴 수 있을지도 모른다. 저장고 책임자가 오크통 사이로 사라졌다가 위스키가 들어 있는 피펫을 들고 나타나는 모습은 잊을 수 없는 체험이 될 것이다.

저장고 산책

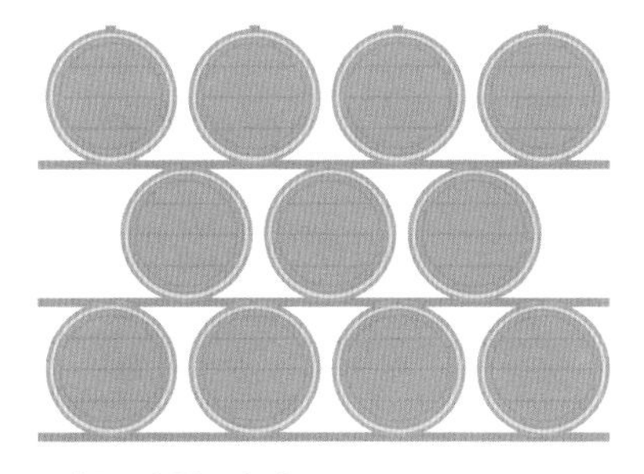

전통적인 저장고

스코틀랜드 사람들은 '던니지 웨어하우스(Dunnage Warehouse)'에 대해 열정적으로 이야기한다. 돌로 지은 건물에 흙으로 만든 바닥, 회색돌 지붕……. 첫눈에는 그리 따뜻해 보이지 않는다.

안으로 들어서면 곰팡이가 새까맣게 벽을 덮고 있다. 정확히 말하면 그냥 곰팡이가 아니라 알코올 증기를 먹고 사는 '*Baudoinia Compniacensis*'이다. 저장고의 돌벽을 까맣게 덮고 있는 이 곰팡이는 습도를 조절하는 역할을 한다. 이런 환경에서 '천사의 몫'은 매년 2% 정도이다.

팔레트형 저장고

팔레트형 저장고는 팔레트 위에 오크통을 세워서 보관한다. 지게차를 사용할 수 있기 때문에 보관과 운반이 간편하다는 것이 팔레트형 저장고의 장점이다. 하지만 전통 저장고의 모습과는 거리가 멀고 공장 분위기가 난다는 단점이 있다.

랙형 저장고

1950년대에 만들어진 랙형 저장고에 들어가면 난쟁이가 된 느낌이 든다. 오크통이 12층이나 쌓여 있는 곳도 있다. 전통적인 저장고의 모습과 달리 바닥은 콘크리트, 천장은 함석판, 벽은 시멘트 블록으로 되어 있다. 랙형 저장고에서는 지붕 바로 밑에 있는 오크통의 증발량이 가장 많다.

위스키는 오크통 속에서도 저장고 주변 환경의 영향을 받는다

블렌딩

위스키가 저장고에서 평화롭게 숙성되고 있다. 이제 블렌딩 단계로 넘어가기 위해 잠들어 있는 위스키를 깨워야 할 때이다.

역사

위스키 블렌딩은 위스키의 품질이 안정되지 않았던 19세기 중반에 시작되었다. 1840년대에 스코틀랜드 글렌리벳(Glenlivet) 증류소에서 일했던 앤드류 어셔(Andrew Usher)는 이 문제를 해결하기 위해 여러 가지 위스키를 섞어서 잘 조화되고 마시기 쉬운 위스키를 만들었다. 이렇게 해서 블렌디드 위스키가 탄생한 것이다. 현재 전 세계에서 판매되는 위스키의 90%가 블렌디드 위스키이다.

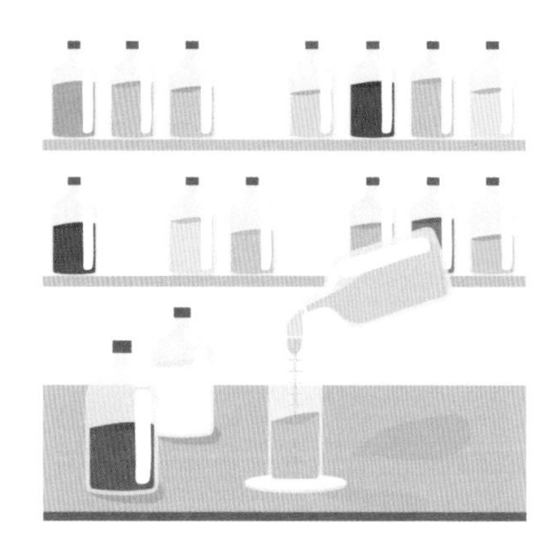

왜 블렌딩을 할까?

블렌딩 기술은 증류소의 생존과 관계가 있다. 한 증류기에서 증류한 위스키를 동시에 오크통에 채운 뒤 한 저장고에서 숙성시켰다 하더라도, 각각의 오크통에 들어 있는 위스키는 서로 다른 모습으로 숙성된다. 색깔, 풍미, 알코올 도수까지 통마다 달라서, 항상 일정한 맛의 위스키를 생산하는 것은 결코 쉬운 일이 아니다. 이것이 블렌딩을 하는 이유이다.

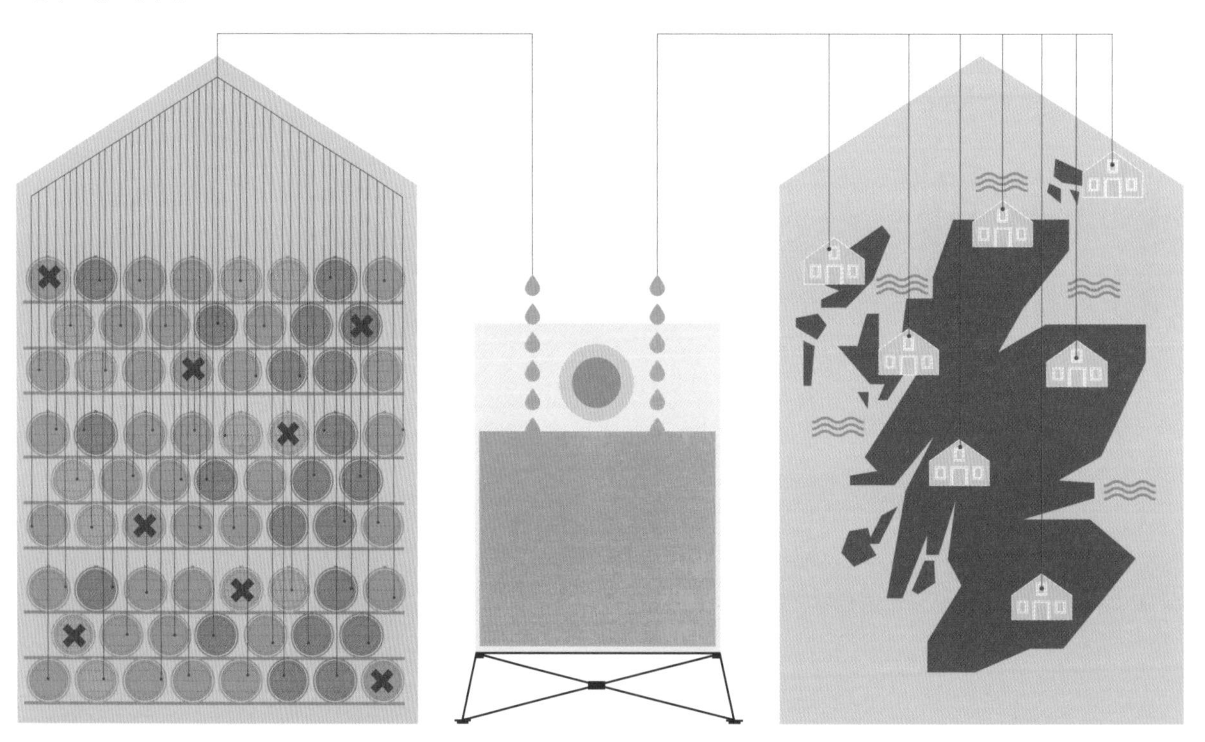

어떻게 할까?

저장고 책임자가 오크통을 엄선(2통~수백 통)한다. 선택된 오크통에 들어 있는 원액을 대형 스테인리스 스틸 통에 옮겨서 골고루 잘 섞는다. 블렌딩한 위스키를 다시 오크통에 담고 균일한 맛과 최상의 아로마를 얻기 위해 몇 주 또는 몇 달 더 숙성시킨다.

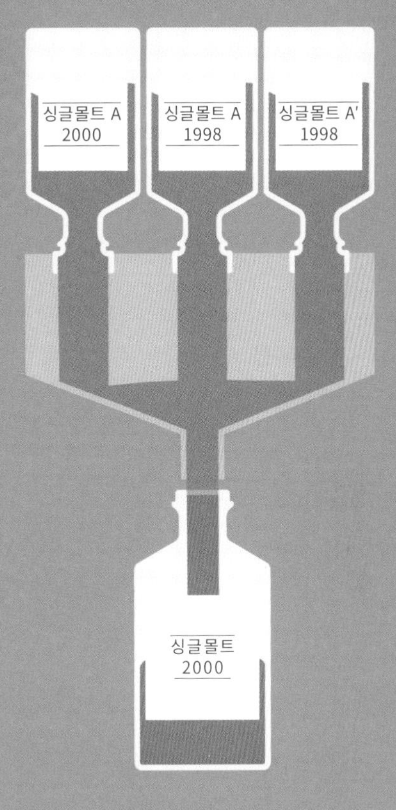

블렌디드 위스키

블렌딩은 악보이고 각각의 오크통은 음표라고 하면, 작곡가는 이 음표로 아름다운 노래를 만든다. 그런데 문제는 이 음표가 해마다 변하는 데다 수천 개나 존재한다는 것이다. 그래서 마스터 블렌더는 각각의 오크통에 담겨 있는 위스키의 변화를 일일이 확인하는, 많은 시간과 노력이 필요한 작업을 반복한다. 그리고 매년 변함없는 맛과 향을 자랑하는 위스키를 만들어낸다.

싱글몰트 위스키

싱글몰트 위스키는 블렌디드 위스키가 아니라는 생각이 틀린 것은 아니다. 그러나 각각의 증류소 스타일에 맞는 맛과 향을 가진 위스키를 매년 안정적으로 만들기 위해서는, 숙성 연수가 다른 싱글몰트 또는 다른 오크통에서 숙성시킨 싱글몰트를 배팅(Vatting)하는 과정이 필요하다. 그래야 맛과 아로마의 차이를 최소화할 수 있다.

숙성 연수의 문제

라벨에 15년이라고 표시된 위스키를 구입했다면 15년 동안 숙성한 것이라고 생각할 것이다. 그러나 실제로는 그렇지 않다. 법적으로는 블렌딩한 위스키 중에서 가장 어린 위스키의 숙성 연수를 라벨에 표시하도록 되어 있다. 그래서 대부분의 경우 1병의 위스키 안에는 표시된 연수보다 훨씬 오래 숙성한 위스키가 품질 유지를 위해 섞여 있다. 라벨에 표시된 연수보다 2배나 오래된 위스키를 블렌딩한 경우도 있다.

병입

위스키 제조의 마지막 과정이다. 몇 년에 걸쳐 위스키를 만든 증류소와 위스키 병이 놓여 있는 소비자의 홈바를 이어주는 단계이기도 하다. 마지막 과정에도 세심한 주의가 필요하다.

희석과 여과

물은 왜 넣을까?

저장고에서 숙성이 끝나면 위스키의 알코올 도수는 64% 정도가 된다. 일반 소비자가 마시기에는 너무 높기 때문에 위스키 제조과정에서 사용한 것과 같은 물을 섞어서 40~46%로 낮춘다. 그런데 물을 첨가하면 지방산이 침전되어 위스키가 탁해지므로, 이런 현상을 피하기 위해 냉각여과를 한다.

냉각여과 (Chill Filtering)

냉각여과를 하려면 먼저 위스키의 온도를 0°C까지 떨어뜨린 다음, 2개의 셀룰로오스 판 사이로 위스키를 통과시켜 지방산을 걸러낸다. 이렇게 하면 위스키가 투명해지는데, 그 대신 지방산에 포함된 방향성분도 함께 제거되어 일부 향을 잃는다는 단점이 있다.

비냉각여과 (Unchill Filtering)

냉각여과를 하면 방향성분이 함께 제거되는 것을 피하기 위해, 상온에서 2개의 셀룰로오스 판 사이로 위스키를 통과시켜 여과하는 방법이다. 이렇게 하면 지방산이 많이 남아 풍미가 강해지고 알코올 도수는 대부분 45%가 넘는다.

캐스크 스트렝스 (Cask Strength)

캐스크 스트렝스를 시음하려면 마음의 준비를 해야 한다. 캐스크 스트렝스는 물을 섞지 않고 오크통에 있는 원액을 그대로 병에 담은 것으로, 알코올 도수가 60% 이상이다. 화려한 아로마의 향연을 즐길 수 있는 캐스크 스트렝스는 일반 소비자보다는 전문가를 위한 위스키라고 할 수 있다. 마실 때는 물을 넣어 희석시켜서 마셔도 관계없다.

싱글 캐스크

위스키 병 라벨에 '싱글 캐스크(Single Cask)'라고 표시되어 있으면 다른 것을 섞지 않고 한 오크통에서 숙성된 위스키로만 만들었다는 뜻이다.

+ 싱글 캐스크는 원료 선택부터 병입까지 위스키가 지나온 여정을 고스란히 담고 있다.
− 쉽게 구할 수 없기 때문에 싱글 캐스크에 너무 집착하면 안 된다. 오크통 1개로 100병 정도 밖에 만들지 못한다.

원래 싱글 캐스크 위스키는 스코틀랜드의 독립병입자(인디펜던트 보틀러)가 대형 위스키 회사에 맞서기 위해 가장 좋은 오크통을 골라서 만들기 시작한 것에서 비롯되었다. 지금은 일반화되어 대형 위스키 회사에서도 싱글 캐스크 위스키를 만든다.

공식병입 vs 독립병입

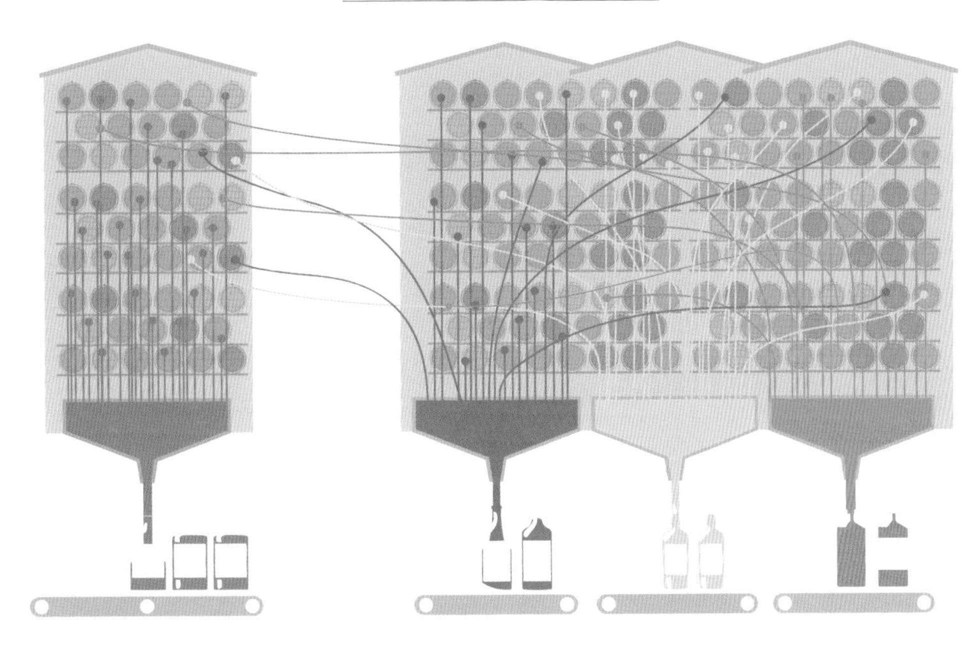

독립병입 위스키를 확인하는 방법
'시그너토리 빈티지(Signatory Vintage)', '더 글라스 레잉(Douglas Laing)', '고든 앤 맥페일(Gordon & McPahil)' 같은 독립병입 위스키의 병은 공식병입 위스키의 병보다 매우 심플하다. 그 대신 라벨에 위스키에 대한 기술적인 정보가 자세히 적혀 있다.

어떻게 다를까?

공식병입(OB, Official Bottling) 위스키는 그 위스키를 만든 증류소에서 직접 병입한 것을 말한다. 그래서 그 증류소의 철학과 스타일이 담겨 있다.

하지만 다른 증류소에서 만든 오크통을 사서 개별적으로 병입하는 경우도 있는데, 이것이 독립병입(IB, Independant Bottling) 위스키이다. 일반적으로 증류소에서는 자신들의 스타일과 맞지 않는 위스키를 독립병입자에게 판매하는데, 독립병입자는 구입한 위스키 원액을 좀 더 숙성시키기도 하고 오크통을 교체하거나 또는 블렌딩해서 독립병입 위스키를 완성한다.

한편 독립병입자는 스코틀랜드에만 존재하는 것이 아니다. 실제로 벨기에, 프랑스, 독일 등에서도 독립병입자들이 활동하고 있다. 그렇지만 위스키 병에는 반드시 '스코틀랜드에서 증류한 위스키'라고 표시한다.

와인의 나라에 살고 있는 독립병입자

프랑스 부르고뉴 지방에서 스코틀랜드에서 증류한 위스키를 숙성시키는 벨기에 사람이 있다. 미셸 쿠브뢰르(Michel Couvreur)라는 사람인데, 그가 엄선한 오크통은 와인으로 유명한 본(Beaune) 마을에서 몇 킬로미터 떨어지지 않은 부즈 레 본(Bouze-Lès-Beaun) 마을의 지하 저장고에 잠들어 있다.

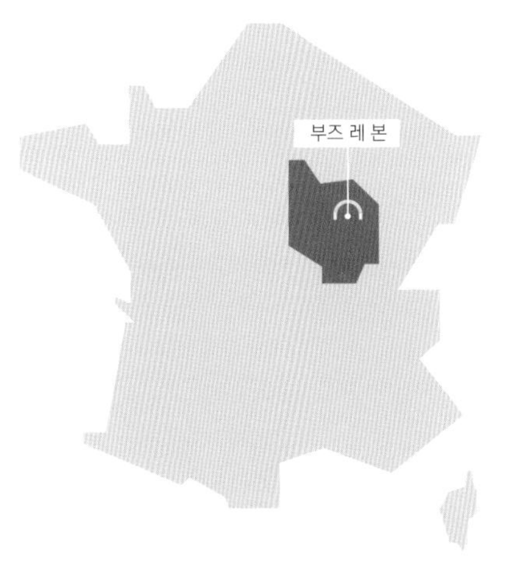

마스터 디스틸러

마스터 디스틸러는 증류소의 얼굴이다. 누구보다 열정적이며, 다른 사람들의 열정을 불러일으키기도 한다. 마스터 디스틸러를 말하지 않고 증류소를 말할 수 없다.

끈기가 필요한 직업

마스터 디스틸러가 되기 위해 다니던 직장을 그만 두기로 결심했다면, 꿈을 이루기 위해서는 시간이 오래 걸린다는 것을 알아야 한다. 그것도 매우 오래 걸린다. 하루아침에 마스터 디스틸러가 될 수는 없다. 증류소 일을 시작해서 마스터 디스틸러가 되기까지 보통 10년 이상 걸린다. 날마다 시음하고 , 배우고, 이해해야 한다. 위스키가 만들어지는 연금술의 마법을 이해하기 위해, 증류소의 모든 업무를 두루 거치며 경험을 쌓아야 마침내 성배를 얻게 되는 것이다.

마스터 디스틸러는 위스키 제조에 대해 수많은 지식을 갖고 있지만 매우 겸손하다. 아무리 공부해도 위스키에 대해 완전히 이해할 수 없다는 것을 알기 때문이다.

또한 마스터 디스틸러가 되기 위해서는 몇 가지 자격이 필요하다. 과학을 잘 알고, 커뮤니케이션에 능숙해야 하며, 열정적이고, 뛰어난 '코'를 갖고 있어야 한다.

마스터 디스틸러를 만나면 무슨 이야기를 할까?

눈앞에 마스터 디스틸러가 서 있어도 당황하지 말자! 아래의 질문으로 대화를 시작하면 '거의 전문가'처럼 보일 수 있다.

- 어떤 증류기를 사용하시나요?
- 최근 시음한 위스키 중에 마음에 드는 것이 있나요?
- (바깥 날씨를 보며) 오늘은 어떤 위스키를 권해주실 건가요?

세 가지 질문을 다 할 필요도 없다. 한 가지만 질문하면 보통 나머지는 그가 알아서 끊임없이 이야기할 것이다. 열정적인 사람과 대화를 하면 그것이 문제다.

마스터 디스틸러 vs 마스터 블렌더

마스터 디스틸러는 증류 책임자로, 싱글몰트 위스키 제조의 열쇠를 쥐고 있는 핵심 인물이다. 블렌디드 위스키의 경우 마스터 블렌더가 그렇다. 두 사람의 업무는 상호보완적이다.

마스터 디스틸러의 하루

마스터 디스틸러는 하루 종일 증류기 앞에 앉아 있을 것이라고 생각하면 오해이다.
그들의 업무는 다양하고, 또 24시간이 모자랄 정도로 바쁘다.

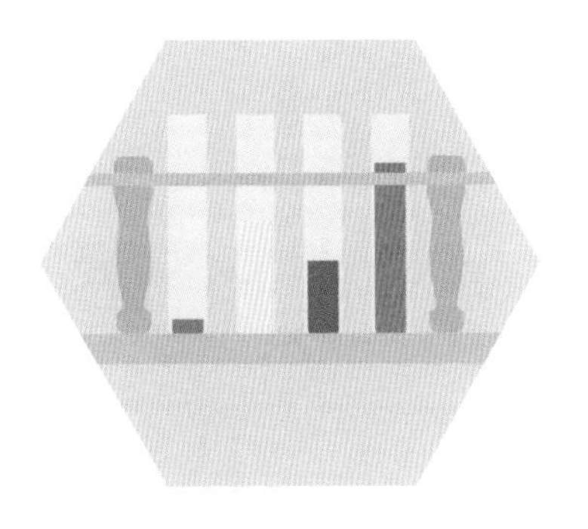

신상품 개발

첫 목적지는 연구실이다. 기존의 성공에 안주하는 브랜드는 오래가지 못한다. 그 증류소 고유의 스타일이 소비자들에게 인기가 많다고 해도 항상 새로운 상품을 개발해야 한다. 블렌딩을 테스트하고 새 오크통에 담긴 원액을 확인하는 것도 그 때문이다. 혁신만이 살 길이다.

증류소 관리

마스터 디스틸러는 증류소의 관리 책임자이다. 증류소가 365일 잘 굴러가도록 관리하고, 위스키 제조과정을 최적화하는 것 모두 그의 업무이다.

오크통 시음

시음이 마스터 디스틸러의 업무 중 가장 매력적인 업무라는 데 이의를 제기하는 사람은 없을 것이다. 오크통에 있는 위스키를 1방울이라도 시음하지 않는 날은 없다. 마스터 디스틸러는 저장고에 있는 모든 오크통에 담긴 위스키가 어떻게 변하고 있는지 알아야 한다. 물론 위스키를 매일 마시는 것은 직업정신이 투철하기 때문이다.

증류소의 살아 있는 역사

'증류 마스터가 된 것으로 만족하지 말고, 계속 마스터 디스틸러로 존재하기 위해 노력해야 한다.' 이것이 바로 증류소의 역사를 이해하고 미래를 설계하는 마스터 디스틸러의 사명이다.

브랜드를 대표하는 얼굴

마스터 디스틸러는 어깨에 거미줄이 붙어 있는 옷을 입고 일할 것이라고 생각했다면 오산이다. 위스키 홍보 행사에서 마스터 디스틸러를 본 적이 있는가? 공식적인 자리에서는 쓰리 피스 양복을 차려입은 클래식한 모습, 편안한 자리에서는 청바지에 셔츠를 받쳐 입은 캐주얼한 모습을 볼 수 있다. 마스터 디스틸러는 브랜드를 대표하는 얼굴이다. 그들보다 자신이 만든 위스키에 대해 잘 설명할 수 있는 사람이 또 있을까.

À LA DISTILLERIE

증류소에서 일하는 사람들

곡물로 위스키를 만드는 증류소에는 다양한 사람들이 일하고 있다.

스틸맨(Stillman)

증류 책임자. 새로운 위스키가 될 중류와 제거해야 할 초류와 후류를 구분하는 '컷 포인트(Cut Points)'를 결정하는 기술자이다.

매시맨(Mashman)

매시턴에서 보리에 함유된 전분을 발효당으로 전환시키고, 워시백에서 효모의 작용으로 당을 알코올로 전환시키는 작업의 책임자.

웨어하우스맨 (Warehouse Man)

저장고를 관리하고, 오크통을 채우고, 비우고, 갈아주는 일을 담당한다.

디스틸러리 매니저(Distillery Manager)

증류소의 책임자. 안전하고 효율적인 관리운영이 그의 업무이다. 증류소 직원과 오크통도 그의 책임 하에 있다.

비지터 센터 매니저(Visitor Center Manager)

증류소는 위스키를 만드는 곳이지만 동시에 인기 있는 관광지이기도 하다. 2015년 한 해에만 150만 명 이상의 관광객이 스코틀랜드의 증류소를 방문했다. 비지터 센터 매니저의 업무는 증류소 방문객이 안전하게 증류소를 돌아보고 기억에 남는 추억을 가지고 돌아갈 수 있게 하는 것이다. 방문객이 증류소의 작업에 방해되지 않도록 계획을 짜는 것도 그의 업무이다.

소규모 증류소 vs 대규모 증류소

소규모 증류소에서는 대개 한 사람이 많은 일을 하며, 적은 인원이 모든 작업을 해낸다. 스코틀랜드의 에드라듀어(Edradour) 증류소는 최근까지 직원이 3명이었다. 반면 규모가 큰 잭 대니얼스 증류소에서는 500명의 직원이 증류, 병입, 선적 등을 담당하고 있다.

타 우 저

TOWSER
(1964~1987)

글렌터렛(Glenturret) 증류소 입구에는 놀라운 동상이 서 있다. 타우저는 28,899명을 살해한 연쇄살인마인데, 증류소에서 곡물을 지키는 일을 담당했다. 특이하게도 자신이 죽인 시체를 증류기 아래에 가져다 놓았는데, 그 수가 엄청나서 기네스북에 오르기도 했다.

두려워할 필요는 없다. 타우저는 고양이다. 전해지는 이야기에 따르면 타우저는 매일 밤 위스키를 조금 탄 우유를 먹고 쥐를 잡으러 나갔다고 한다. 23년 동안 놀라운 사냥 실력을 보여준 것은 위스키 덕분이었을 것이라는 것이 사람들의 추측이다. 글렌터렛은 유명인사인 타우저의 모습을 담은 라벨을 붙인 위스키 병을 만들기도 했다.

타우저가 스코틀랜드에서 가장 유명한 증류소 고양이이긴 하지만, 스코틀랜드에서는 지금도 증류소마다 마스코트처럼 키우는 고양이가 있다. 1987년 타우저가 세상을 떠나자 앙브르라는 고양이가 그의 뒤를 이었는데, 앙브르는 전임자와 달리 22년 동안 쥐를 한 마리도 잡지 못했다.

그 후 글렌터렛은 영국 고양이 보호단체인 캣츠 프로텍션 스코틀랜드 지부와 공동으로 타우저의 후계자를 선정하는 행사를 열고 있는데, 이 행사는 언론을 통해 전국에 보도될 정도로 인기가 높다. 연간 12만 명의 방문객을 맞아야 하고 쥐도 잡아야 하는 힘든 업무를 수행할 수 있는 훌륭한 후계자를 고르기 위해, 고양이 심리학자가 후계자 선정 행사에 참석한 적도 있다고 한다. 위스키 캣은 아무나 할 수 있는 일이 아니다.

À LA DISTILLERIE

증류소 투어의 황금법칙

위스키 애호가들에게 증류소 투어는 흥미로운 경험이고 잊을 수 없는 추억이다.
단, 그러기 위해서는 미리 준비를 철저히 해야 한다.

코스를 잘 짜야 한다

예
배
에
기
항
도
또
민
많

운전할 사람을 확보한다

…을 못한다면 말
…씩 위스키를 마
…맡아 할 사람이

…올 농도가 0.8g
…는데, 2014년 이
…다.

…고 싶을 것이다.

…을 들여올 수 있는

…당하는 경우가 많다. 영국이나 미국에서는

03 관광객이 너무 많은 증류소는 피한다

물론 본인의 취향이 중요하다. 하지만 그것은 조르주 할아버지가 생각하는 증류소 방문이 아니다. 박물관 같은 대형 증류소보다는 소규모 증류소를 방문할 것을 권한다. 그래야 위스키 제조에 대해 열정적으로 의견을 교환할 수 있는 사람을 만나게 될 확률이 높아진다. 물론 영어를 할 수 있어야 한다는 것이 전제조건이다.

면세점 위스키 코너

면세점에 가면 위스키 코너를 꼼꼼하게 둘러보기 바란다. 위스키 생산국에 가지 않더라도 좋은 위스키를 구할 수 있다. 대형 증류소는 모두 면세점용 위스키를 생산한다.

C-2 시음

LA DÉGUSTATION

시음은 어렵고 복잡한 일일까? 몇 가지 간단한 순서를 익히고 약간의 훈련만 하면, 누구나 지금까지 상상하지 못했던 술잔 속 세계를 발견하는 즐거움을 맛볼 수 있다. 위스키 글라스를 한 손에 들고 오감의 세계로 여행을 떠나보자.

LA DÉGUSTATION

시음 준비

드디어 시음의 순간이 왔다! 하지만 서두르지 말자.
성공적인 시음을 위해서는 준비할 것이 많다.

어떤 환경이 좋을까?

최대한 중립적인 환경을 만들어야 한다. 흡연실에 사람들을 초대해서 놀라게 할 생각은 하지 않는 것이 좋다. 담배연기는 감각을 둔화시킨다. 마찬가지 이유로 시음이 끝날 때까지는 담배를 피우지 않는 것이 좋다. 또한 조용한 장소를 고르는 것도 중요하다. 음악소리나 말소리가 들리고 TV에서 축구경기가 방송되면 시음에 집중할 수 없다.

01 손님 초대

시음은 자신을 위한 것이지만 교류의 시간이기도 하다. 친구, 가족 또는 이웃을 초대해서 함께 시음해보기 바란다. 여럿이 함께 시음하면 느낌을 교환하고, 다른 생각을 들어볼 수 있으며, 자신이 찾지 못했던 아로마를 발견할 수도 있다. 단, 함께 시음할 사람을 잘 고르는 것이 중요하다. 위스키에 대해 많이 아는 사람이라면 전문용어를 남발하여 다른 사람들을 불쾌하고 피곤하게 만들 수 있다. 반대로 지나치게 모르는 초보자일 경우에도 아무것도 느끼지 못해 사람들을 실망시킬 수 있다.

02 위스키의 선택과 시음 순서

시음할 때는 어떤 위스키를 골라도 관계없지만, 겨우 두 잔 시음하고 아무 것도 느끼지 못하게 되는 사태를 만들고 싶지 않다면 순서 없이 되는대로 시음해서는 안 된다.

주제별 시음

- 국가별
- 지역별 (예를 들어 스페이사이드 지역의 위스키)
- 특성별(이탄을 사용한 위스키, 버번, 블렌디드 등)
- 버티컬 테이스팅 (한 증류소에서 생산된 것 중에서 숙성 연수나 피니시 또는 스타일이 다른 위스키를 비교한다.)

시음 순서를 정하는 규칙

- 가벼운 것부터 강한 것으로.
- 이탄향이 약한 것부터 강한 것으로.
- 숙성 연수가 짧은 것부터 오래된 것으로.

금강산도 식후경?

초보자가 종종 저지르는 실수 중 하나가 빈속에 시음을 하는 것이다. 빈속에 위스키를 한 잔 마시면 허기를 느끼게 된다. '볶은 보리', '동물향', '과일 풍미' 등의 단어를 말하다보면 허기는 더욱 심해진다. 어쩌면 음식 생각에 정신이 몽롱해질지도 모른다. 배가 든든하면 알코올에 더 잘 견딜 수 있고, 두 번째 잔을 시음하고 어지러움을 느끼는 일도 없다. 물론 그렇다고 폭식을 하라는 이야기는 아니다.

03 나침반 위스키를 정한다

'나침반 위스키'는 평가의 기준이 되는 위스키를 말한다. 시음할 때는 나침반 위스키부터 시음해서 평소에 느꼈던 맛인지 확인한다. 만약 평소와 다르게 느껴진다면 시음을 다음으로 미루는 것이 좋다. 위스키를 정확하게 평가할만큼 정상적인 컨디션이 아니기 때문이다.

04 물! 물! 물!

시음 테이블 위에는 항상 물(볼빅 생수나 스코틀랜드 샘물 등)을 준비해두어야 한다. 시음하는 동안 가장 많이 마시는 것은 술이 아니라 물이다.

05 시음노트

사실 시음노트를 작성하는 것은 귀찮은 일이다. 하지만 실력을 키우고 다음 번 시음이 좀 더 즐겁기를 바란다면, 귀찮더라도 꼭 시음노트를 작성하는 것이 좋다. 시음노트에 대해서는 p.84~86 참조.

06 화룡점정

가능하다면(또는 금전적 여유가 있다면) 시음회의 마지막을 장식할 아주 좋은 위스키를 한 병 준비해보자. 예를 들어 이제는 더 이상 구하기 힘든 오래된 증류소의 위스키나, 특이한 방식으로 병입한 위스키, 또는 전설적인 빈티지의 위스키 등. 이처럼 특별한 위스키를 준비해서 열심히 공부한 다음 손님들 앞에서 최선을 다해 설명하면, 참가한 사람들 모두 당신이 준비한 시음회를 오래도록 기억할 것이다.

LA DÉGUSTATION

알코올이 인체에 미치는 영향

알코올 섭취는 인체에 부담을 준다.
여기서는 우리가 마신 위스키가 몸속을 누비는 놀라운 인체 여행을 소개한다.

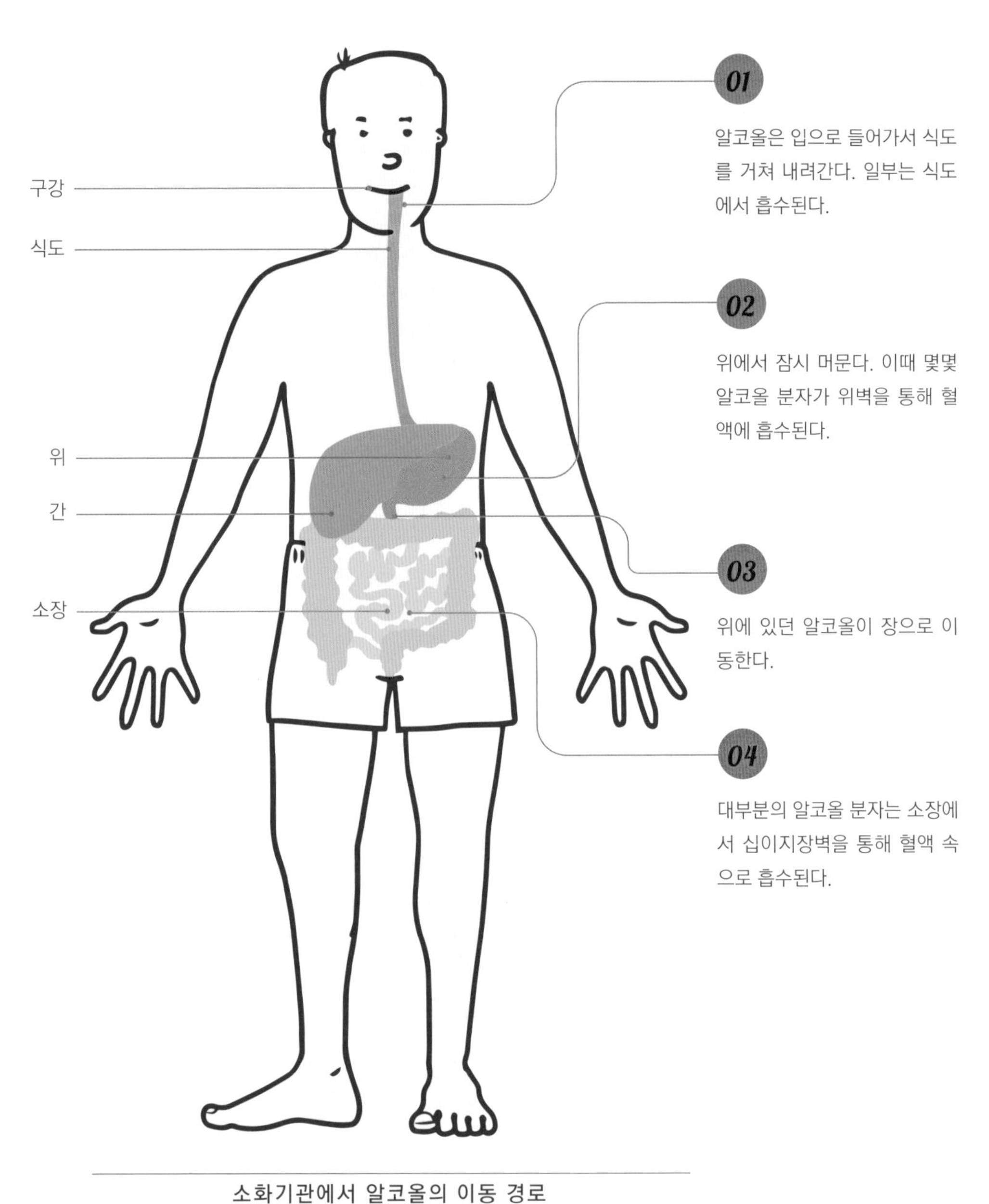

소화기관에서 알코올의 이동 경로

알코올이 지나가는 길

알코올 분자는 미세해서 물과 기름에 쉽게 녹기 때문에 몸속의 여러 기관으로 빠르게 퍼져나간다.

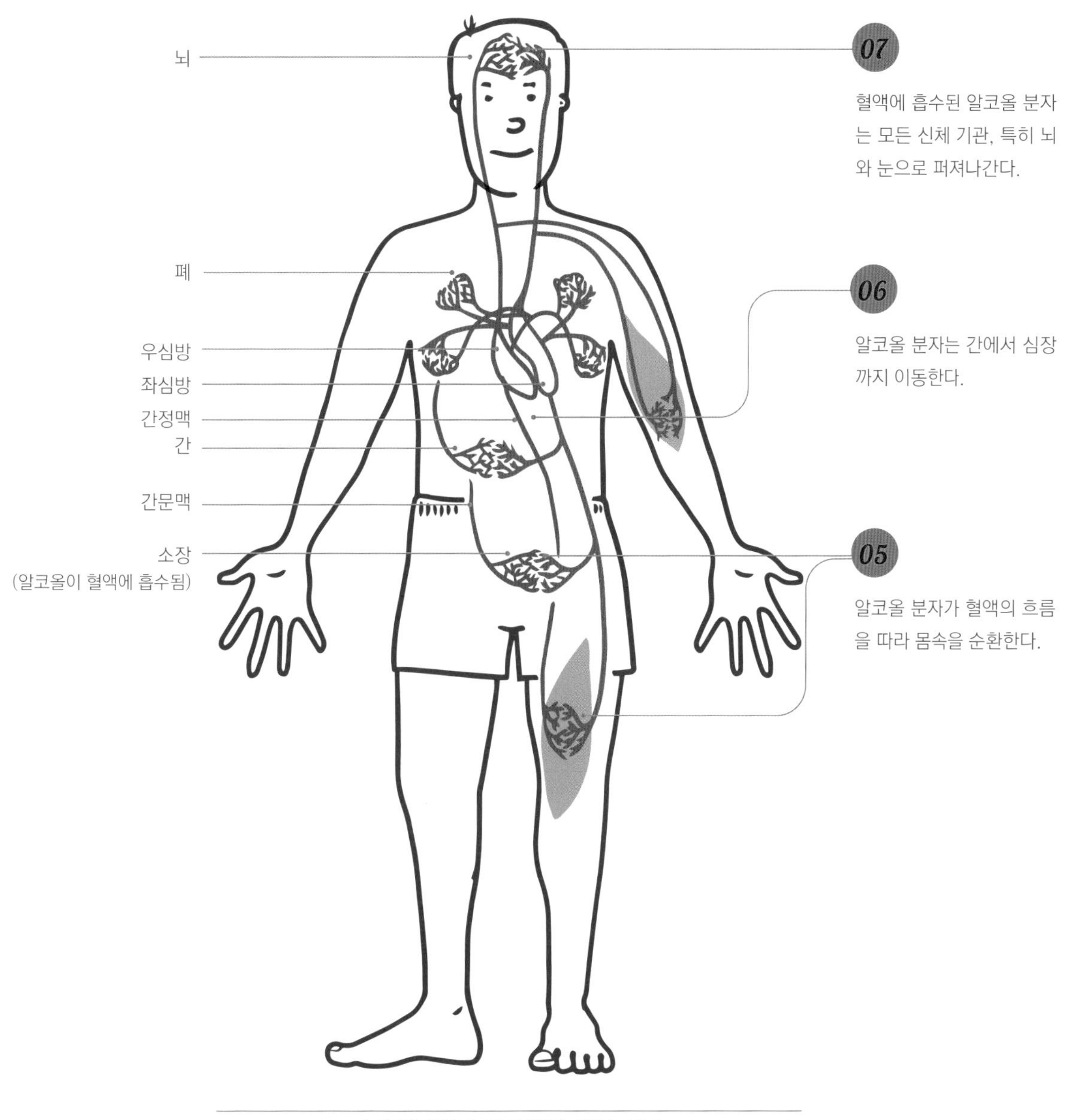

순환기관에서 알코올의 이동 경로

술을 마시면 몸속에서 일어나는 현상

알코올 분해능력

알코올 분해능력은 사람마다 다르다. 간은 시간당 일정량(15~17㎎)의 알코올밖에 분해하지 못하며, 간에 있는 대사효소의 수는 유전적인 영향이 크다.

빈속 vs 가득 찬 속

빈속에 술을 마시면 알코올이 혈액 속에 빨리 흡수된다. 빈속에서는 술을 마시고 30분이면 알코올이 혈액에 흡수되고, 위와 장이 가득 찼을 때는 90분 정도 걸린다.

위스키는 왜 맥주나 와인보다 천천히 흡수될까?

위스키의 알코올 도수는 20% 이상이다. 알코올 도수가 높으면 위벽이 자극을 받아, 위와 십이지장을 연결하는 유문관이 늦게 열린다. 그래서 위스키는 여러 잔 마신 뒤에야 알코올의 효과를 느낄 수 있다.

숙취의 원인

알코올이 혈액에 흡수되면 수분이 많은 기관에 먼저 퍼진다. 그래서 혈관이 많이 분포된 뇌가 가장 먼저 영향을 받으며, 술을 마신 뒤에 머리가 아픈 것도 그 때문이다.

알코올의 효과

알코올이 흡수되면 몸 여러 곳에서 즉각적으로 반응이 나타난다.

- **심장 박동과 혈압 :** 조금 마시면 심장 박동이 빨라지고 혈압이 올라간다. 반대로 과하게 마시면 느려진다.
- **신장 :** 술을 마시면 소변을 많이 배출하기 때문에 신장에 큰 부담을 준다.
- **피부 :** 일반적인 생각과 달리 술을 마셔도 체온은 올라가지 않는다. 단지 피부에 열이 나는 것이고 체온은 오히려 내려간다.
- **뇌 :** 알코올은 판단력과 반응, 운동기능 등 뇌의 여러 기능에 영향을 미친다.
- **갈증 :** 알코올은 인체의 수분 조절을 담당하는 뇌하수체에 영향을 미쳐 탈수현상을 일으킨다. 그 결과 피로, 목과 등의 통증, 두통 등이 발생한다.

캐 리 네 이 션

CARRY NATION
(1846~1911)

캐리 네이션은 미국 위스키 업계를 뒤흔든 여성이다. 뿐만 아니라 증류소, 술집 주인, 술꾼들의 무릎을 꿇게 만들었다.

알코올 중독으로 남편을 잃은 캐리 네이션은 남편을 보낸 뒤 금주운동에 나섰다. 목표는 술 판매 금지였고 무기로 성경을 들었다. 금주운동의 여전사인 '상복을 입은 거대한 여인'은 술뿐 아니라 젊은이, 남자, 섹스, 담배와도 정력적으로 전쟁을 벌였다. 얼마 지나지 않아 그녀의 주위로 여자들이 몰려들어 진정한 군대가 만들어졌다. 그들의 전략은 30여 명의 여자들이 술집 앞에 모여서 밤낮으로 계속 시편을 낭송하는 것이었다. 적들이 쉴 틈을 주지 않기 위해 계속 교대하며 공격을 가했다.

처음에는 술집 주인이나 술집에 드나드는 남자들이 그녀들을 비웃었지만, 차츰 지역 신문에 자신의 이름이 언급될까 두려워 술집에 발길을 끊기 시작했다. 술집 주인들은 더 이상 버티지 못하고 길 한가운데에 술 재고를 쌓아 놓고 패배를 인정했다.

캐리 네이션의 또 다른 무기는 도끼였다. 술꾼들의 머리를 내리치기 위한 것이 아니라, 싸움에서 승리한 뒤 술통과 술병을 깨부수기 위해서이다. 그녀의 두 번째 남편이 "더 많은 손해를 입히려면 도끼를 휘두르지 그래?"라고 그녀를 놀렸는데, 그녀는 "결혼하고 당신에게 들은 것 중 가장 쓸만한 이야기군요"라고 답했다고 한다. 이렇게 해서 캐리 네이션의 전설이 탄생했다. 1874년 '기독교여성절제협회(WCTU)'가 창설되면서 캐리 네이션은 50,000명의 든든한 후계자를 갖게 되었다.

LA DÉGUSTATION

시음 이해하기

시음을 통해 받는 느낌은 사람마다 다르다. 그것이 시음의 매력이다. 시음은 익숙해지는 데 시간이 필요한 섬세한 예술이지만, 일단 그 즐거움을 맛보면 누구도 헤어날 수 없다.

시음(Tasting)이란?

시음(테이스팅)은 쾌락적이고 창조적인 행위이다. 익숙한 틀에서 벗어나 새로운 것을 느끼고, 각자의 기억에 새겨져 있는 맛과 향, 감정을 더욱 풍부하게 만들어주는 개인적인 모험이다. 가장 어려운 것은 내가 느낀 감각을 말로 표현하는 것이다. 시음을 하면 내 안에서 상상할 수 없을 정도로 많은 일이 벌어지며, 그래서 나의 시음과 다른 사람의 시음은 다르다. 각각의 시음에는 이야기가 있다. 그 이야기에 귀를 기울이는 것은 우리의 몫이다.

뇌와의 관계

위스키와 신경과학은 어울리지 않는 조합일까? 그런데 과학자와 위스키 회사가 손을 잡고 소비자가 새로운 향을 어떻게 느끼는지, 포장과 위스키의 색깔, 그리고 그 밖의 다른 요소들이 소비자가 위스키의 향과 맛을 느끼는 데 어떤 영향을 미치는지 연구하고 있다. 우습게 생각해서는 안 된다. 과학자들은 매우 진지하다.

훈련의 문제

맥주나 커피처럼 위스키도 처음 마셨을 때 대부분 안 좋은 경험을 한다. 그런데 결국 위스키의 매력에 빠지게 되는 것은 왜일까? 오랜 시간을 두고 시음을 반복하면서 위스키의 스타일과 풍미, 좋아하는 것과 싫어하는 것에 대한 기억이 차곡차곡 쌓이고, 이러한 훈련을 통해 감각이 발달되기 때문이다.

인지신경과학이란?

인지신경과학은 뇌, 행동, 인지의 관계를 연구하는 분야로 지각, 행동, 언어, 기억, 이성 나아가 감정까지 연구대상이 된다.
이를 위해 과학자들은 인지심리학, 뇌영상, 모델링, 신경심리학을 활용한다.

오감의 예술

01

뛰어난 후각

화이트 앤 맥케이(Whyte & Mackay)의 마스터 블렌더인 리처드 패터슨(Richard Paterson)처럼 뛰어난 후각으로 '더 노즈(The Nose)'라고 불리는 사람들은 향만 맡고도 그 위스키가 스코틀랜드의 어느 지역에서 생산된 것인지 알 수 있다. 특별한 능력일까? 전문가들은 그렇지 않다고 말한다. 연습하면 누구나 가능하다는 것이다. 하지만 그러기 위해서는 여러 가지 향을 맡아보며 꾸준히 연습해야 한다.

02

시각의 영향

후각은 단독으로 작용하지 않는다. 시각 역시 위스키의 향과 맛을 느끼는 데 중요한 작용을 하기 때문에, 거의 모든 위스키 회사가 위스키에 색소를 첨가한다. 마찬가지로 언어도 후각 자극에 반응하는 뇌의 활동에 영향을 준다.

03

무게와 모양

병의 무게, 포장, 만졌을 때의 느낌(차거나 따뜻한), 손으로 느끼는 글라스의 모양(납작한지, 둥근지, 타원형인지, 길쭉한지, 굴곡이 있는지) 등, 이 모든 것이 시음에 영향을 준다.

시음에는 새로운 것을 발견하는 재미가 있어야 한다. 시음 조건을 나름대로 바꿔보고 자신의 느낌에 집중해보자. 누가 시음이 너무 진지하고 지루한 것이라고 했는가?

LA DÉGUSTATION

글라스 선택

위스키를 잘 고르는 것만큼 글라스를 잘 고르는 것도 중요하다. 잔을 잘못 고르면 모든 것이 틀어진다. 턱시도에 스파이크가 달린 신발을 신고 파티에 나타나는 것과 다를 바 없다.

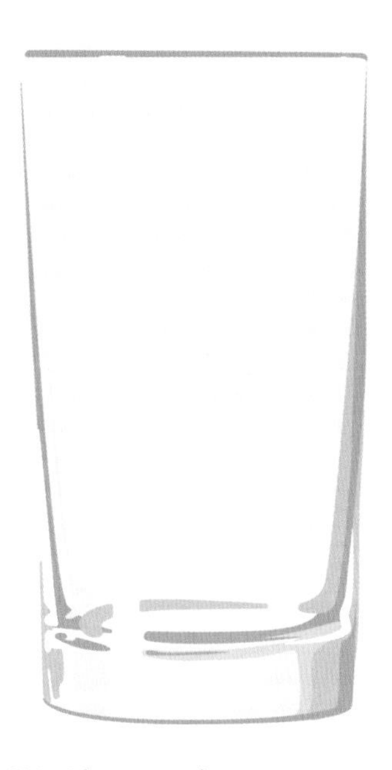

텀블러(Tumbler)

영화나 TV 드라마에 자주 등장하는 잔이지만 향을 음미하기에 최적의 잔이라고는 할 수 없다. 그보다는 얼음을 넣은 칵테일을 즐기기에 좋은 잔이다. 얼음이 잔에 부딪치면서 나는 부드러운 멜로디를 감상할 수 있다.

코피타(Copita)

'카타비노(Catavino)'라고도 불리며, 종종 와인잔으로 오해 받는다. 실제로 셰리와인을 시음할 때 사용하기도 한다. 튤립모양으로 폭이 좁은 이 잔은 향을 잡아두기 좋고, 스템(다리)이 있어 손으로 잔을 잡았을 때 위스키의 온도가 올라가지 않는다.

글렌케언(Glencairn)

처음 위스키 전용으로 만들어진 잔. 전문가가 된 것 같은 기분을 느낄 수 있다. 튼튼해서 잘 깨지지 않는 것이 가장 큰 장점이다. 베이스 부분은 넓어서 아로마가 잘 퍼지고 입구 부분은 좁아서 아로마를 모아준다.

글라스가 위스키의 풍미에 미치는 영향

글라스는 위스키를 마시기 위한 도구이지만 코로 향을 맡을 때도 사용한다.
어떤 잔을 사용하느냐에 따라 위스키의 풍미가 달라지기 때문에 잘 선택해야 한다. 잔 속에서 향이 잘 퍼지도록 충분한 공간이 있는 잔이 좋지만, 그렇다고 잔이 너무 크면 향이 한꺼번에 날아갈 위험이 있다. 잔 입구는 좁아야 코에서 복합적인 향을 더 잘 느낄 수 있다.
또한 잔을 잡고 있는 손도 코와 동시에 뇌에 신호를 보내기 때문에 같은 위스키라도 조각된 무늬가 있는 잔에 마시는 위스키와 매끈한 잔에 마시는 위스키는 맛이 다르게 느껴진다. 손으로 느끼는 촉감도 풍미에 영향을 미치는 것이다.

어떤 글라스가 좋을까?

여러 가지 글라스로 위스키를 마셔보고 그중에서 가장 맛있게 느낀 잔을 선택하면 된다. 평범한 물 잔으로 마셨을 때 가장 좋았다면 물 잔으로 마시면 된다. 꼭 위스키 전용 글라스를 고집할 필요는 없다.

올드 패션드 글라스 (Old Fashioned Glass)

유명한 올드 패션드 칵테일에서 따온 이름이다. 일반적으로 크리스털로 만들며, 코냑, 소다, 얼음을 섞어서 만드는 유명한 올드 패션드 칵테일을 마시기 위해 1840년대에 만들어진 잔이다.

퀘익(Quaich)

흔히 볼 수 없는 잔이지만, 옛날 스코틀랜드 사람처럼 위스키를 마셔보고 싶다면 한 번쯤 퀘익 잔을 사용해보는 것도 좋다. 모양은 가리비 모양이고 처음에는 나무로 만들었지만 지금은 은이나 주석으로 만든다.

시계 접시(Watch Glass)

시음할 때 위스키의 향을 잡아두기 위해 잔 위에 올려놓는 유리접시. 스코틀랜드의 위스키 회사 글렌모렌지(Glenmorangie)가 처음 디자인했다는 이야기도 있다. 모양이 보기 좋아서 시각적인 효과도 있다.

마케팅에 활용하기

위스키와 잔을 세트로 판매하는 경우도 많다. 우주에서도 위스키를 마실 수 있는 '반중력 글라스'를 내놓은 밸런타인처럼, 마케팅의 한 방법으로 위스키 글라스를 활용하는 브랜드도 있다.

색깔 있는 글라스는?

색깔이 있는 잔은 절대 피해야 한다. 시각으로도 맛을 보기 때문에 위스키를 마실 때는 투명하고 깨끗한 잔을 고르는 것이 좋다. 색깔이 있는 글라스는 아무것도 모르는 사람에게 주자.

LA DÉGUSTATION

병? 또는 카라프?

영화나 드라마에서 위스키를 카라프에 담아 서빙하는 것을 자주 볼 수 있다.
카라프에 담아서 마시면 맛이 다를까? 아니면 시각적 효과일 뿐일까?

와인의 디캔팅과 브리딩

디캔팅(Decanting)과 브리딩(Breathing)은 같은 것이 아니다. 브리딩은 와인을 카라프(유리병)에 옮겨 담아 공기와 접촉시켜서 와인이 숨을 쉬게 해주는 작업이다. 어린 와인을 카라프에 담고 흔들어서 공기와 잘 섞어주면 부드러워져서 마시기 편하다. 반면 디켄팅은 오래된 와인에 하는 것으로, 와인에서 침전물을 분리하는 것이 목적이다.

위스키는 완제품이다

위스키의 특성 중 하나가 일단 병입한 위스키는 완제품으로 본다는 것이다. 이를테면 12년 숙성 위스키를 사서 집에 있는 저장고에 두고 완벽한 조건으로 몇 년 더 숙성시킨다고 해도 그 위스키는 여전히 12년 숙성 위스키이다.

카라프는 필요없다

위스키는 침전물이 없기 때문에(필터링을 하지 않는 몇몇 위스키를 제외하고) 디캔팅을 할 필요가 없다. 또한 위스키는 잔에 따르는 것만으로도 충분히 브리딩이 되기 때문에 카라프에 옮겨 담아도 그다지 큰 영향을 받지 않는다. 유일한 장점이라면 카라프에는 라벨이 없기 때문에 시음할 때 영향을 줄 수 있는 정보가 제거된다는 것이다.

그래도 카라프를 사용하고 싶다면?

영화 〈킹스 스피치〉의 조지 6세처럼 우아하게 위스키를 마시고 싶은가?
그렇다면 카라프를 선택하는 데 필요한 몇 가지 조언을 해보겠다.

디자인

아름다운 카라프를 선택하는 것이 좋다. 카라프를 사용하는 유일한 이유는 아름다움 때문이므로 보기 좋고, 들기 편하며, 위스키가 잔으로 떨어지는 부드러운 소리를 음미할 수 있는 카라프를 선택한다.

밀폐성

병입구에 공기가 통하지 않게 막아주는 부분이 있는지 확인한다. 귀한 위스키가 증발해버린다면 카라프를 사용할 이유가 없다.

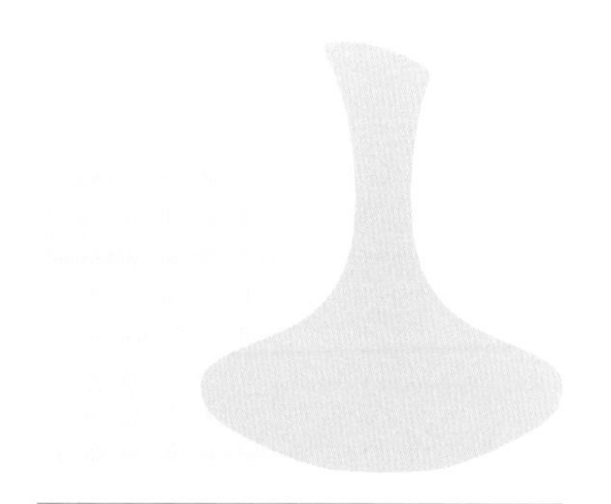

용량

위스키 1병의 용량은 750㎖ 정도라는 것을 명심하자. 작은 카라프도 많으니 큰 것을 살 필요는 없다.

자랑하고 싶은 카라프

테일러 더블 올드 패션드 - 레이븐스크로프트 크리스털
Taylor Double Old Fashioned-Ravenscroft Crystal

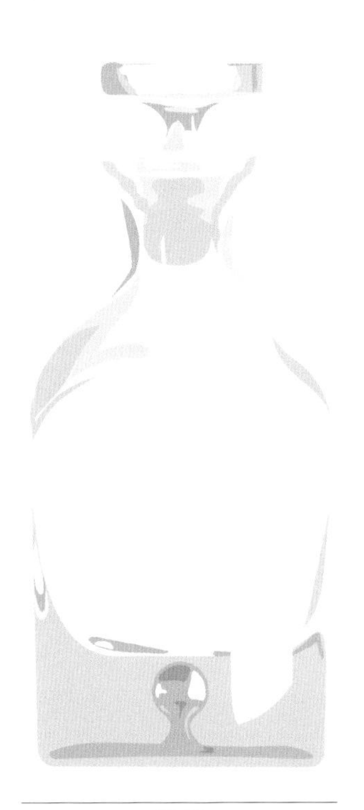

렉싱턴
Lexington

글로벌 뷰즈
Global Views

크리스털 카라프를 조심하자!

드디어 꿈에 그리던 카라프를 그것도 크리스털 카라프를 손에 넣었다. 당장 아껴둔 위스키병을 열어 카라프에 옮겨 담고 싶을 것이다. 하지만 잠깐! 크리스털에는 납이 함유되어 있어 바로 사용하면 건강에 해롭다. 아무리 아름다운 카라프라도 처음 사용하기 전에 7일 동안 알코올 용액에 담가두어 납성분이 최대한 빠져나오게 하고, 그렇게 한 뒤에도 위스키를 보관하는 데 사용하기 보다는 서빙할 때만 사용하는 것이 좋다. 크리스털이 위스키와 몇 주 동안 접촉하면 건강을 해칠 정도로 납성분이 녹아나온다는 것이 밝혀졌다. 대신 크리스털린(Crystalline) 카라프를 사용하면 고급스러운 느낌은 덜하지만 납 함유량이 20% 이하여서 바로 사용할 수 있다.

LA DÉGUSTATION

물 선택

위스키에 물이나 얼음을 꼭 넣어야 할까? 이것은 오랫동안 계속된 질문이다.
가장 좋은 방법은 하고 싶은 대로 하는 것이다.

위스키 제조에서 물의 중요성

지금 시음하고 있는 위스키의 맛이 훌륭하다면 물과 여러 번 접촉했기 때문이다. 처음으로 물과 접촉하는 것은 매싱 단계에서 그리스트(맥아가루)를 뜨거운 물과 섞을 때이다. 또한 위스키의 알코올 도수가 40~46%인 것은 병입할 때 물을 넣었기 때문이다. 물을 첨가해서 마시기 좋은 도수로 낮춘 것이다.

내 위스키에 물을 탄다고? 말도 안 돼!

순수주의자들은 위스키에 무언가 첨가하는 것을 끔찍하게 생각한다. 그들은 위스키 회사가 권장하는 최적의 조건에서 '순수한' 위스키를 마셔야 오크통 본래의 모든 아로마를 느낄 수 있다고 생각한다.
이런 사람들은 대개 자신이 옳다는 것을 증명하기 위해 수많은 이유를 댄다. 하지만 이제 그런 생각은 더 이상 인정받지 못한다.

물을 타면 어떻게 될까?

위스키를 시음할 때 물을 첨가하면 흥미로운 일이 일어난다. 물과 위스키의 화학작용으로 위스키가 활짝 열려서 향과 맛에 변화가 생기는 것이다. 그래서 시음할 때는 물을 타기 전에 먼저 향과 맛을 느낀 뒤에 물을 타서 그 차이를 확인할 것을 권한다.

어떤 물을 넣을까?

위스키에는 아무 물이나 넣으면 안 된다. 특히 수돗물은 절대 금물이다. 염소 냄새가 위스키의 향을 변형시키거나 가리기 때문이다.
스코틀랜드 스페이사이드의 글렌리벳 생수는 매우 순수한 물로 위스키를 만들 때 사용되기도 하는데, 문제는 쉽게 구할 수 없고 가격도 비싸다는 것이다. 그래서 위스키 애호가들이 찾아낸 해결책은 동네 슈퍼마켓에서 쉽게 구할 수 있는 볼빅 생수이다.

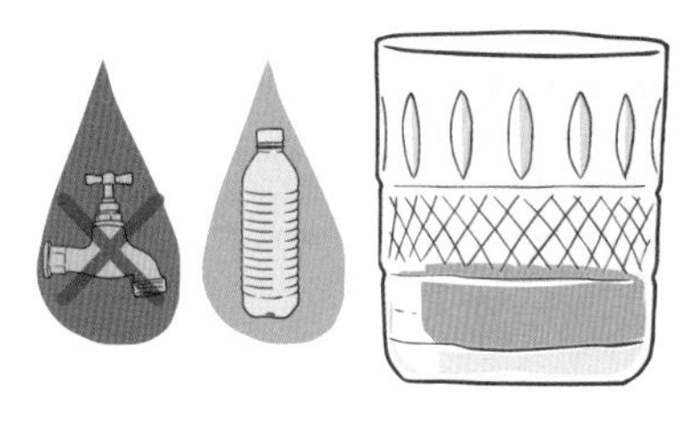

얼음을 넣으면 어떻게 될까?

물과 달리 얼음은 위스키를 닫히게 만들어서 향과 맛을 잘 느끼지 못하게 된다. 영화나 TV 드라마를 보면 올드 패션드 글라스에 얼음 두 개를 넣고 그 위에 위스키를 따르는 장면이 자주 나오는데, 보기에는 근사하지만 좋은 화이트 와인을 냉장고에 너무 오래 넣어두었을 때와 같은 결과를 얻게 된다. 시원하게 마실 수 있고 입안이 타는 듯한 느낌은 덜하지만, 위스키의 향과 맛을 제대로 느낄 수 없다. 위스키의 풍미는 온도가 높을 때 더 잘 느껴진다.
가격이 싼 미국의 블렌디드 위스키나 버번 위스키는 얼음을 넣어도 큰 문제가 없다. 이 위스키들은 그런 목적으로 만들어지기도 한다.

물을 얼마나 넣을까?

물을 얼마나 넣어야 하는지 정해진 규칙은 없다. 먼저 몇 방울을 넣고 글라스를 가끔씩 흔들어주면서 몇 분 정도 기다린다. 그리고 향을 맡은 뒤 맛을 본다. 코에서 느껴지는 향과 입에서 느껴지는 맛이 가장 풍부하게 느껴질 때까지 이 과정을 여러 번 반복한다. 사람마다 후각과 미각이 다르므로 옆 사람보다 물을 두 배 더 넣었다고 해도 걱정할 필요 없다. 전문가들은 위스키를 시음할 때 알코올 도수가 35%가 될 때까지 물을 넣는다. 평균적으로 가장 많은 아로마가 느껴지는 알코올 도수이다.

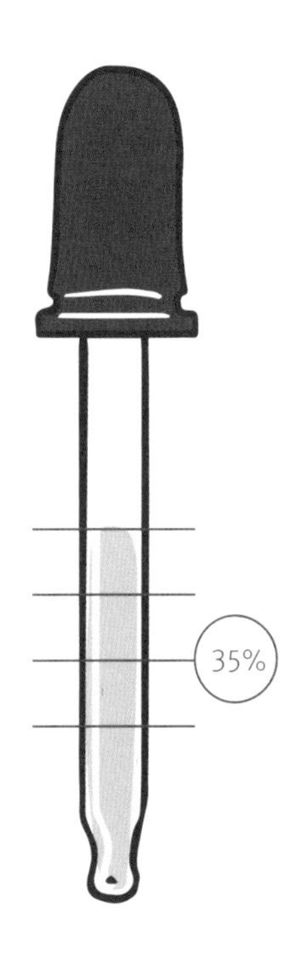

아이스 스톤(Ice Stone)이란?

위스키를 마시는 또 다른 방법은 아이스 스톤을 위스키에 넣는 것이다. '순수한 흙으로 만든 수천 년 된 돌'이라고 선전하지만, 아이스 스톤의 장점은 사실 특별한 것이 없다. 정말 위스키를 시원하게 마시고 싶다면 병째로 냉장고에 넣어두는 것이 더 좋은 방법이다.

위스키 시음의 3단계

장소

편한 장소를 찾는 것이 중요하다. 너무 덥거나 춥지 않고 또 너무 시끄럽지도 않은 곳이어야 한다. 자리를 잡았으면 이제 시작해보자.

방법

위스키는 시음을 시작하기 직전에 따른다. 너무 일찍 따라놓으면 휘발성이 강한 아로마를 놓칠 수 있다. 위스키를 따른 뒤 뚜껑을 덮어놓는 경우도 있는데, 시각적으로는 보기 좋을 수도 있지만 별다른 효과는 없다.

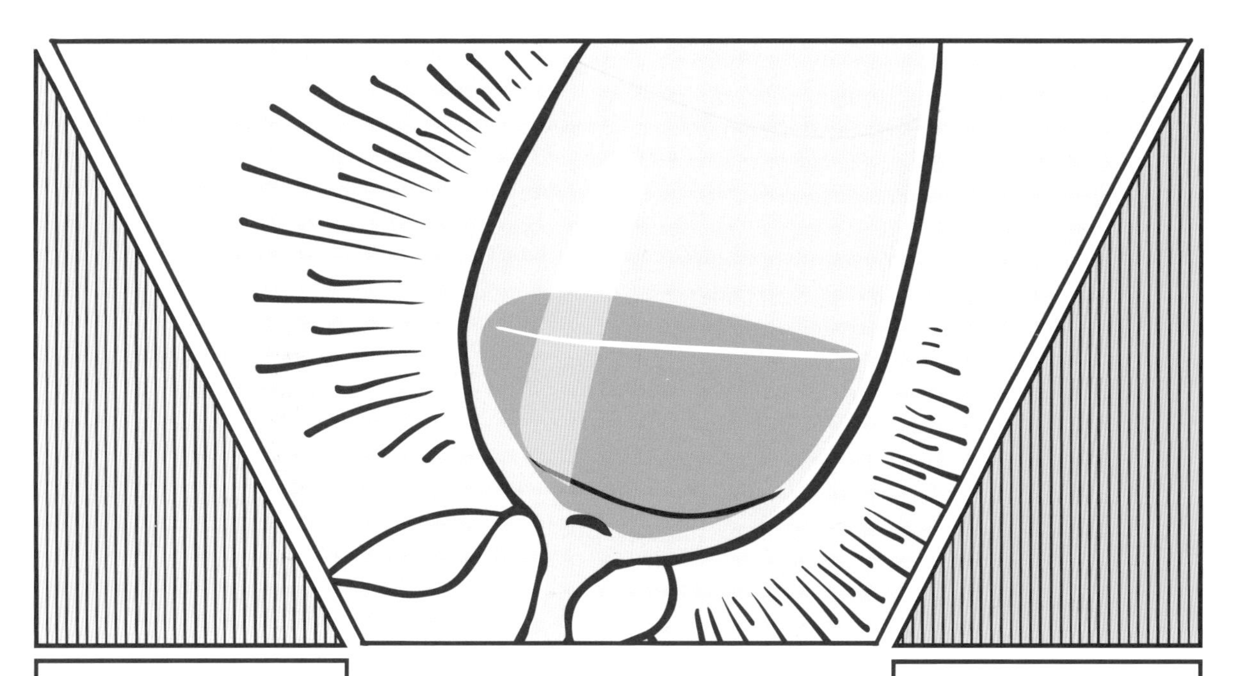

색깔

위스키와 처음 만나는 것은 눈이다. 하지만 색깔에 너무 현혹되면 안 된다. 위스키의 색깔은 오크통에서 숙성할 때도 조금씩 생기지만, 대부분 병입할 때 첨가하는 색소에 의한 것이기 때문이다(증류 직후의 원액은 무색이다). 마케팅 전략이라고 할 수 있다.

겉모습

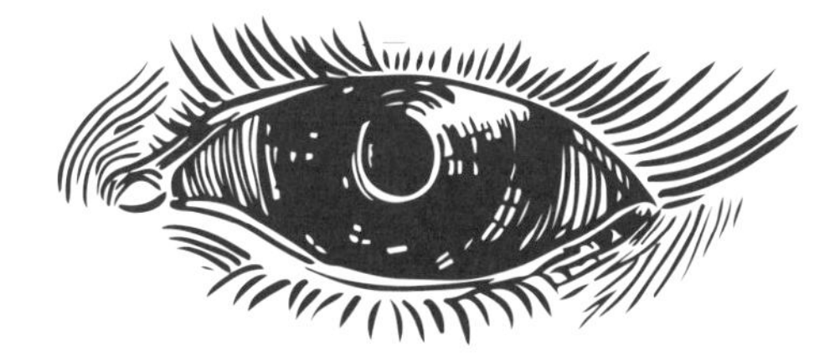

눈물

잔을 천천히 돌려 위스키가 벽을 타고 올라갔다 흘러내리게 한다. 이 때 흘러내리는 것이 '위스키의 눈물'인데, 눈물의 농도와 간격으로 숙성 연수 등을 짐작할 수 있다. 가늘면 어리고 가벼운 위스키이고, 두껍고 느리게 내려오면 진하고 오래된 위스키이다.

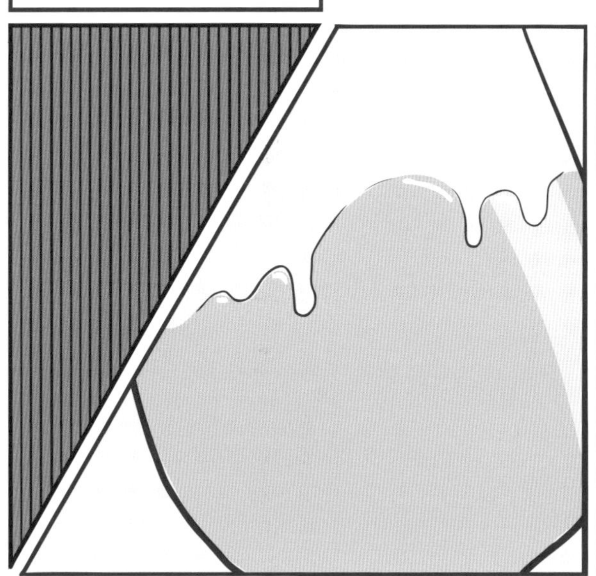

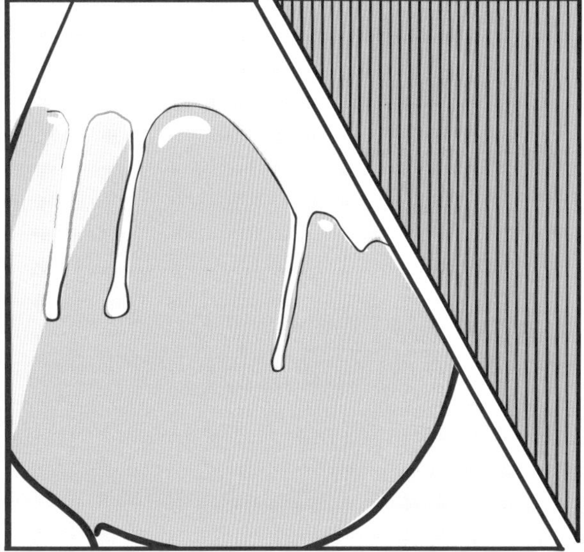

향

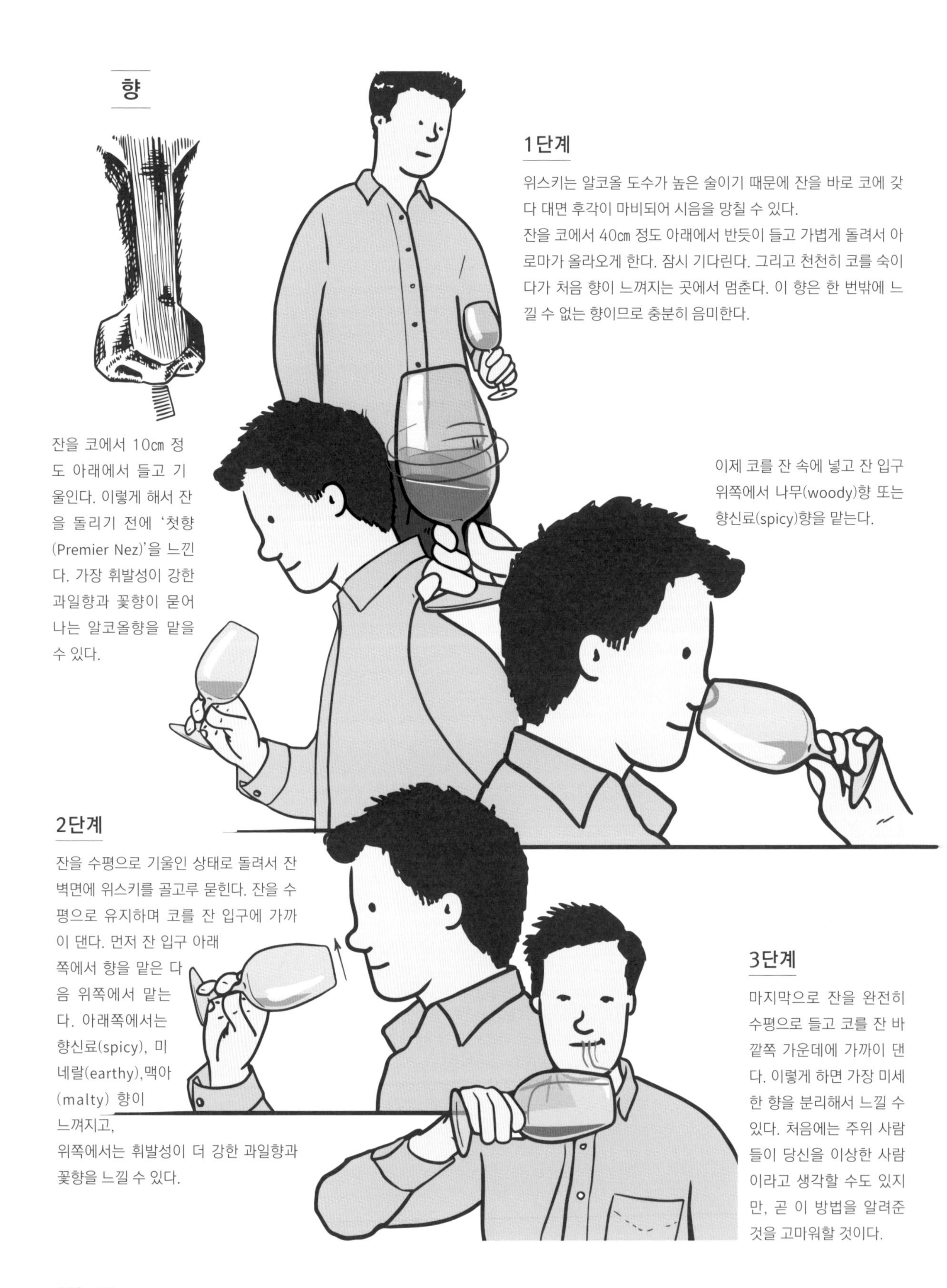

1단계

위스키는 알코올 도수가 높은 술이기 때문에 잔을 바로 코에 갖다 대면 후각이 마비되어 시음을 망칠 수 있다.
잔을 코에서 40㎝ 정도 아래에서 반듯이 들고 가볍게 돌려서 아로마가 올라오게 한다. 잠시 기다린다. 그리고 천천히 코를 숙이다가 처음 향이 느껴지는 곳에서 멈춘다. 이 향은 한 번밖에 느낄 수 없는 향이므로 충분히 음미한다.

잔을 코에서 10㎝ 정도 아래에서 들고 기울인다. 이렇게 해서 잔을 돌리기 전에 '첫향(Premier Nez)'을 느낀다. 가장 휘발성이 강한 과일향과 꽃향이 묻어나는 알코올향을 맡을 수 있다.

이제 코를 잔 속에 넣고 잔 입구 위쪽에서 나무(woody)향 또는 향신료(spicy)향을 맡는다.

2단계

잔을 수평으로 기울인 상태로 돌려서 잔 벽면에 위스키를 골고루 묻힌다. 잔을 수평으로 유지하며 코를 잔 입구에 가까이 댄다. 먼저 잔 입구 아래쪽에서 향을 맡은 다음 위쪽에서 맡는다. 아래쪽에서는 향신료(spicy), 미네랄(earthy),맥아(malty) 향이 느껴지고,
위쪽에서는 휘발성이 더 강한 과일향과 꽃향을 느낄 수 있다.

3단계

마지막으로 잔을 완전히 수평으로 들고 코를 잔 바깥쪽 가운데에 가까이 댄다. 이렇게 하면 가장 미세한 향을 분리해서 느낄 수 있다. 처음에는 주위 사람들이 당신을 이상한 사람이라고 생각할 수도 있지만, 곧 이 방법을 알려준 것을 고마워할 것이다.

맛

향을 맡으면 입안에 침이 돌고 위스키를 마시고 싶어진다. 그렇다고 바로 마시는 것은 금물이다. 급하게 마시면 더 이상 아무것도 느끼지 못하고 시음을 망칠 수 있다.

입안에 묻힌다

먼저 위스키를 조금 입안에 머금고 혀에 골고루 묻혀 입안을 쓸며 입안 전체에 위스키를 묻힌다. 이렇게 하면서 동시에 말을 해본다. 여기서 혀는 매우 중요한 역할을 한다. 위스키가 어디(앞, 중간, 뒤)에 있느냐에 따라 맛이 다르게 느껴지기 때문이다.

비후방 후각(Retronasal-Olfaction)

위스키를 삼키면 입안의 향이 비강을 통해 코에서 느껴지는 현상이 생긴다. 조금 야만적으로 들리지만 향이 입에서 코로 거꾸로 올라가는 것을 말한다. 이때 잔을 다시 코로 가져가면 위스키의 아로마가 다르게 느껴진다. 마술같지 않은가!

피니시(Finish)

이제는 피니시(여운)에 집중할 때이다. 피니시는 위스키를 목으로 넘긴 뒤 입안에 남아 있는 향을 느낄 수 있는 시간을 말한다. 피니시는 짧거나 중간이거나 길 수 있으며, 판단은 시음자가 한다.

물은 언제 넣을까?

물을 넣지 않은 위스키의 향을 맡고 맛을 느끼고 난 뒤에는, 위스키에 물을 몇 방울 첨가하고 향을 맡는 것부터 다시 시작한다. 물을 넣기 전에는 미세하게 느껴지거나 잘 느껴지지 않았던 향이 코와 입에서 폭발적으로 퍼져 나갈 수 있다. 이 과정을 반복하다 보면 보다 많은 아로마를 느낄 수 있다. 그렇다고 위스키 맛이 느껴지지 않을 정도로 물을 많이 넣으라는 뜻은 아니다.

향이 구분이 안 되면 잠깐 시음을 멈추고 바람을 쐬거나 시원한 물을 몇 모금 마신다. 그러면 다시 제대로 시음을 할 수 있다.

마지막으로 다른 위스키로 넘어갈 때는 입안에 남아 있는 향을 없애야 하므로, 물을 몇 모금 마시거나 한 컵 정도 마셔서 입안을 헹군다.

침샘의 역할

위스키 향을 맡거나 조금 입에 넣었을 때 입에서 침이 나오는 경우가 있는데, 당황할 필요없다. 정상적인 현상이고 오히려 시음하는 데 도움이 된다. 위스키의 알코올이 침과 섞여서 당으로 변하기 때문에 위스키 맛이 더 부드러워진다.

시음할 때는 위스키를 뱉어야 할까?

논란이 많은 주제이다. 위스키를 삼키지 않으면 불완전한 시음이라고 하는 사람도 있다. 한 가지 확실한 것은 하고 싶은 대로 하면 된다는 것이다. 단, 위스키를 삼키려면 술병 수를 제한해야 한다. 시음이 끝나고 기어서 돌아가지 않으려면 말이다.

LA DÉGUSTATION

위스키 아로마

위스키의 향과 맛은 사람에 따라 다르게 느끼기 때문에 열렬한 토론과 새로운 발견의 소재가 되는 흥미진진한 세계이다. 백여 개가 넘는 풍미가 계통별로 분류되어 있으며, 위스키는 알코올 음료 중에서도 가장 풍부한 아로마를 자랑한다.

어려운 향 분류

향을 묘사하는 공인된 용어도 없고, 측정해서 정의할 수 있는 기본적인 향도 없다. 거기에 문화의 차이까지 고려한다면 향을 분류하는 작업은 그야말로 악몽에 가깝다. 향은 우리가 사물을 인식할 때처럼 느끼고 습득하고 기억해야 하는 것으로, 특정 이미지나 소리 나아가 감정이나 추억 등과 연결되어 있다. 시각이나 청각과 달리 후각은 뇌가 무의식적으로 인지하는 것이어서 미세한 부분을 포착하기 어렵다.

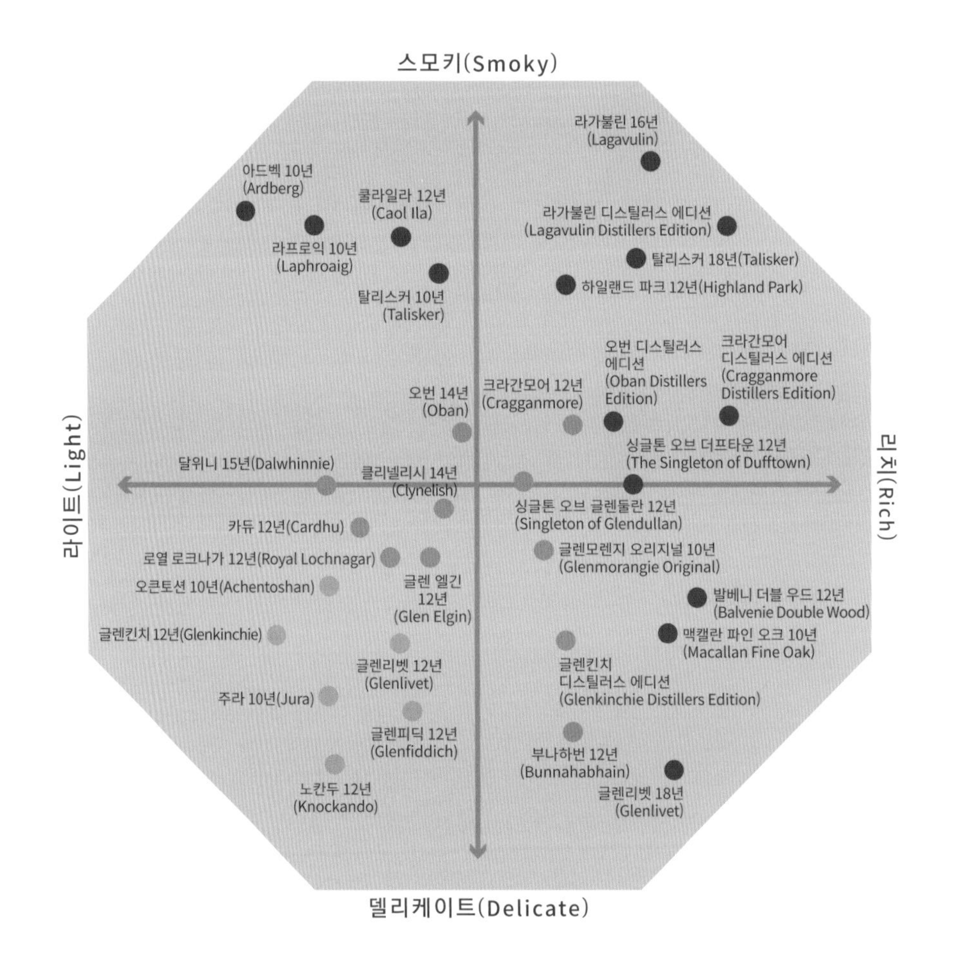

위스키 지도

영국의 디아지오(Diageo)사가 개발한 위스키 풍미 지도. '스모키 vs 델리케이트', '라이트 vs 리치'의 4가지 기본 감각을 축으로 분류했다. 위스키 정글에서 길을 찾을 수 있도록 좋은 나침반이 되어줄 것이다.

아로마 휠

100가지가 넘는 아로마 중에 특정 아로마를 찾는 것은 쉬운 일이 아니다. 다행히 1970년대에 스카치 위스키 생산자들이 공통된 지표를 만드는 것에 합의하고, 1978년 스카치 위스키 연구센터에 위스키 아로마 휠 제작을 의뢰했다. 2명의 마스터 블렌더와 2명의 화학자가 1년 넘게 작업하여 위스키 아로마 휠을 완성하였다.

© Scotch Whisky Research Institute

아로마 휠 활용법

스카치 위스키 아로마 휠은 3개의 판으로 이루어져 있다. 가장 간단한 방법은 잔에서 직접적으로 느껴지는 아로마를 표시한 가장 큰 판인 세 번째 판부터 시작해서 가운데로 거슬러 올라가는 것이다. 2000년대에 위스키 아로마 휠의 다른 버전 2가지가 만들어졌는데, 그중 하나는 첫 번째 향이 10개이고 각 향의 강도를 1~3으로 표시한 도표 형태이다. 아로마 휠을 잘 활용하여 시음 전문가가 되어 보자.

다른 위스키의 경우

5가지 주요 아로마를 기본으로 만든 버번 위스키 아로마 휠도 있다.

LA DÉGUSTATION

여러 가지 위스키

스카치, 버번, 라이 위스키는 서로 다른 방식으로 만들기 때문에 개성도 다르고 맛도 다르다.
가장 좋은 위스키는 존재하지 않는다. 개인의 취향에 따라 다를 뿐이다.

BOURBON 버번

아로마

부드럽고
바닐라가 느껴지는 나무향

의무규정

생산지 : 미국 / 옥수수 배합 비율 : 51% 이상
오크통 숙성 : 최소 2년
속을 태운 미국산 새 오크통 사용.
숙성 전 알코올 도수 62.5% 이하

숙성 연수

2~8년.
최소 2년 이상
새 오크통에서 숙성

대표 브랜드

메이커스 마크
(Makers's Mark)

TENNESSEE 테네시

아로마

부드럽고
숯향이 느껴진다.

의무규정

생산지 : 미국 테네시 주 / 옥수수 배합 비율 : 51% 이상
오크통 숙성 : 최소 2년
속을 태운 미국산 새 오크통 사용.
'링컨 카운티 프로세스'로 여과

숙성 연수

2~4년.
최소 2년 이상 숙성 후
사탕단풍나무숯 필터로 여과.

대표 브랜드

잭 대니얼스
(Jack Daniel's)

링컨 카운티 프로세스(Lincoln County Process)

위스키 여과방식으로, 미국의 '링컨 카운티' 지역에서 따온 이름이다. 하지만 어디에서 시작되었는지는 명확하지 않다. 큰 통에 잘게 자른 사탕단풍나무숯을 3m 높이로 쌓은 뒤 위스키를 천천히 며칠 동안 여과시킨다. 이렇게 얻어진 위스키는 맛이 독특하고 훨씬 부드럽다. 테네시 위스키와 버번 위스키의 차이는 이 여과 방식에 있다.

SCOTCH 스카치

아로마

이탄향, 과일향

의무규정

증류 : 스코틀랜드 증류소 / 오크통 숙성 : 최소 3년

알코올 도수 40% 이상에서 병입

숙성 연수

3~30년

최소 2회 이상 증류,

버번 또는 와인 오크통에서

3년 이상 숙성

대표 브랜드

조니 워커

(Johnnie Walker)

RYE 라이

아로마

가벼운 맛과 향신료향. 약간의 쓴맛

의무규정

생산지 : 미국 / 호밀 배합 비율: 51% 이상

오크통 숙성 : 최소 2년 / 알코올 도수 80% 이하로 증류

숙성 연수

2~10년

최소 2년 이상 새 오크통이나

사용한 오크통에서 숙성

대표 브랜드

노브크릭

(Knob creek)

CANADIAN 캐나디안

아로마

가벼운 것부터 강한 것까지 다양하다.

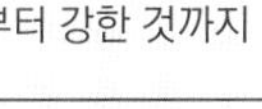

의무규정

생산지 : 캐나다 / 오크통 숙성 : 최소 3년

알코올 도수 40% 이상에서 병입

숙성 연수

3~6년

최소 3년 이상 새 오크통이나

사용한 오크통에서 숙성

대표 브랜드

캐나디안 클럽

(Canadian Club)

IRISH 아이리시

아로마

부드러운 맛과 익힌 꿀향

의무규정

증류 : 아일랜드 증류소 / 오크통 숙성 : 최소 3년

알코올 도수 47.4% 이하로 증류

숙성 연수

3~12년

최소 3년 이상 버번이나

와인 오크통에서 숙성

대표 브랜드

제임슨(Jameson)

LA DÉGUSTATION

시음노트

맛있는 음식을 먹거나 음료를 마시면서 더할 나위 없는 즐거움을 느낀 적이 있을 것이다. 그런데 그 느낌을 나중에 다시 느끼려고 하면 잘 안 되어 낙담하기도 한다. 시음노트를 작성하는 이유는 바로 그 즐거움을 잡아두기 위해서다. 만만치 않은 노력이 필요한 일이지만, 시음노트를 작성하면 즐거움이 훨씬 커진다는 것을 명심하자.

초보자용

시음 자체가 정신적, 감정적으로 집중해야 되는 작업인데, 초보자에게 시음노트까지 자세하게 적으라고 하는 것은 무리한 요구이다. 초보자는 시음이 끝난 뒤 바로 좋았던 것과 싫었던 것을 간단하게 적는 정도면 된다. 예를 들어 '너무 강한 스모키향', '입에서 섬세함이 느껴진다', '매우 밝은 색깔' 등이면 충분하다.

나중에 다시 읽을 때 이해하지 못할 정도로 복잡하게 쓸 필요는 없다. 짧고 분명하게 쓰면 된다. 또한 다른 사람의 시음 평가에 영향을 받지 않도록 주의한다. 친구가 '복숭아와 익힌 사과향'이 난다고 해도 자신이 느끼지 못했다면 적지 않는다. 1~10점으로 점수를 매기거나 별점을 주는 등 간단한 평가 시스템을 만들어도 좋다.

/ /

증류소/브랜드/기타 정보 :

위스키 이름 :

구입장소 :

좋은 점 :

싫은 점 :

점수 : /10

초보자용 시음노트의 예

초보자가 많이 하는 실수

- 증류소 이름만 적는다 : 한 증류소에서 평균 10여 개의 위스키가 생산되는데, 증류소 이름만 적으면 어떤 위스키인지 알 수 없다.
- 빠른 속도로 흘려 쓴다 : 글씨를 엉망으로 쓰면 나중에 알아보지 못할 수 있다.
- 시음노트 작성을 나중으로 미룬다 : 정보가 뒤섞일 위험이 있으며, 아예 적지 못할 수도 있다.
- 구입장소를 적지 않는다 : 시음한 위스키를 다시 구하고 싶을 때 도시 전체를 뒤져야 할 위험이 있다.
- 지나치게 서둘러서 적는다 : 천천히 생각하면서 적으면 아로마를 좀 더 많이 찾아낼 수 있고, 느낀 점을 표현하기도 쉬워진다.
- 시음노트를 다시 읽지 않는다 : 읽지 않으려면 적을 이유가 없다.

서프라이즈를 즐기자!

같은 위스키라도 다른 날 시음하면 시음노트에 다른 내용이 적혀 있을 수 있다. 당황할 필요 없다. 그날의 기분, 몸의 컨디션, 상황에 따라 시음 결과는 달라진다. 시음에서 가장 중요한 것은 글라스 안에 있는 위스키가 우리에게 들려주는 이야기를 천천히 세심하게 듣는 것이다.

중급자용

시음에 조금 익숙해졌다면 이제는 좀 더 세부적인 것에 신경을 쓰고, 더 많은 것을 발견하며,
시음의 즐거움을 더 깊이 느낄 때이다. 여기서는 간단하지만 풍부한 정보를 담을 수 있는 시음노트를 소개한다.

색깔

/ /

증류소/브랜드

위스키 이름 :

구입장소 :

숙성 연수 :

알코올 도수 :

코에서 느낀 향 :

입에서 느낀 향과 맛 :

피니시:

아로마

향신료

1 2 3 4

요오드

1 2 3 4

이탄

1 2 3 4

나무

1 2 3 4

꽃

1 2 3 4

과일

1 2 3 4

작성을 마친 시음노트는 어떻게 보관할까?

잘 분류해서 보관해야 한다. 분류방법은 다음을 참고한다.

생산지별	위스키 종류별	알파벳 순서	시음 순서	좋은 순서
	블렌디드는 블렌디드끼리, 싱글몰트는 싱글몰트끼리 분류.	증류소 이름 (또는 블렌디드 위스키의 브랜드 이름)으로 분류.	이 경우에는 기억력이 좋아야 나중에 다시 찾아 볼 수 있다.	'매우 좋음', '조금 좋음', '싫음' 등으로 분류. 내가 어떤 위스키를 좋아하고, 왜 좋아하는지 알 수 있다.

지금까지 시음한 위스키들에 대해 전체적으로 정리해두는 것도 많은 도움이 된다.

전문가용

전문가용에 가까운 시음노트이다. 완벽주의자라면 모든 것을 분석하고 싶을 것이다!

/ /

증류소/ 브랜드 :

알코올 도수 :

위스키 이름 :

가격 :

구입날짜와 장소 :

기타 정보 :

숙성 연수 :

증류날짜 :

글라스 :

색깔

향

첫향의 강도: /10 느낌:

■ 부드럽다 ■ 스모키 ■ 달다 ■ 셰리향 ■ 시다

곡물: ■ 퓌레 ■ 맥아 ■ 끓인 곡물 ■ 효모 ■ 밀가루

와인: ■ 와인 ■ 알코올 ■ 기름 ■ 초콜릿 ■ 호두 ■ 발효 안 된 와인

과일: ■ 말린 과일 ■ 익힌 과일 ■ 신선한 과일 ■ 레몬 ■ 용제

나무: ■ 오래된 나무 ■ 새로 자른 나무 ■ 토스트 ■ 향신료 ■ 바닐라

꽃: ■ 꽃향 ■ 풀 ■ 식물 ■ 건초

황: ■ 황 ■ 모래 ■ 고무 ■ 침전물

이탄: ■ 약품 ■ 소금물 ■ 이끼 ■ 훈제

곰팡이: ■ 플라스틱 ■ 가죽 ■ 꿀 ■ 담배 ■ 버터

향에 대한 코멘트:

맛

맛: ■ 짜다 ■ 달다 ■ 시다 ■ 쓰다

질감: ■ 드라이 ■ 크리미 ■ 라이트 ■ 라운드 ■ 오일리

느낌: ■ 기름진 ■ 풍부한 ■ 깔끔한 ■ 균형잡힌 ■ 단순한 ■ 복합적인

곡물: ■ 퓌레 ■ 맥아 ■ 끓인 곡물 ■ 효모 ■ 밀가루

와인: ■ 와인 ■ 초콜릿 ■ 알코올 ■ 호두 ■ 기름 ■ 발효 안 된 와인

과일: ■ 말린 과일 ■ 익힌 과일 ■ 신선한 과일 ■ 레몬 ■ 용제

나무: ■ 오래된 나무 ■ 새로 자른 나무 ■ 토스트 ■ 향신료 ■ 바닐라

꽃: ■ 꽃향 ■ 풀 ■ 식물 ■ 건초

황: ■ 황 ■ 모래 ■ 고무 ■ 침전물

이탄: ■ 약품 ■ 소금물 ■ 이끼 ■ 훈제

곰팡이: ■ 플라스틱 ■ 가죽 ■ 꿀 ■ 담배 ■ 버터

맛에 대한 코멘트:

피니시

입안에 남아 있는 맛의 시간

매우 짧다 | 짧다 | 중간 | 길다 | 매우 길다

비후방 후각

■ 드라이 ■ 맥아 ■ 스모키 ■ 와인 ■ 시럽 ■ 오일리

밸런스(향, 맛, 피니시의 밸런스를 적는다)

피니시에 대한 코멘트 :

월 리 엄 피 어 슨

WILLIAM PEARSON (1761~1844)

미국에 버번이나 테네시 위스키가 존재할 수 있었던 것은 윌리엄 빌리 피어슨이라는 남자 덕분이다.

윌리엄 피어슨의 어머니 티비타 제이콕스(Tibitha Jacoks)가 조상대대로 내려오는 옥수수 위스키의 제조 비법을 아들에게 알려주면서 모든 것이 시작되었다. 놀라운 맛의 비밀은 사탕단풍나무숯 여과와 오크통 숙성에 있었다.

이 레시피를 그의 가족들만 알고 있었다면 이 이야기는 여기서 끝날 수도 있었다. 그런데 윌리엄 피어슨이 말을 도둑맞는 사건이 발생했다. 그는 말도둑과 한판 붙기로 하고 총을 샀는데, 그것이 실수였다. 그의 행동은 폭력을 거부하는 퀘이커 교도들이 받아들일 수 없는 것이어서, 공동체에서 쫓겨나게 된 것이다(그는 퀘이커 교도였다).

피어슨은 부인과 아이들을 데리고 침례교 공동체로 들어갔다. 하지만 침례교도들도 피어슨이 위스키를 만드는 것을 좋지 않게 봤고 그만둘 것을 요구했다. 피어슨은 이를 거부했고 다시 쫓겨나게 되었다. 그는 테네시로 가기로 결정했지만 그의 아내가 남편을 따라가는 것을 거부해서 부부는 이혼을 했다. 아이들 중 위의 4명은 피어슨을 따라가고 아래 4명은 아내와 함께 남았다.

피어슨은 린치버그(Lynchburg) 근교의 빅 플랫 크리크(Big Flat Creek)에 정착했고, 그곳에서 자신의 위스키 제조 비법을 알프레드 이튼(Alfred Eaton)이라는 남자에게 팔았다. 그 남자는 비법을 종이에 받아 적은 다음 오늘날 세계적인 위스키 회사가 된 증류소에 팔았는데, 그 증류소가 바로 잭 대니얼스였다고 한다.

LA DÉGUSTATION

시음이 끝난 뒤

색깔을 확인하고, 첫향을 맡고, 잔을 돌려서 눈물을 관찰하고, 잔속에 코를 넣어 향을 맡고, 맛을 보고…….
시음이 끝났다. 그러나 글라스가 비었다고 바로 인사하고 집으로 돌아가면 안 된다.

시음에 대한 감상을 교환한다

여러 번 강조해도 지나침이 없다. 시음회는 의견교환의 자리여야 한다. 시음이 끝나면 좋았던 위스키는 무엇이었는지, 별로였던 위스키는 무엇이었는지, 그 이유는 무엇인지 함께 이야기한다. 시음한 위스키 병의 사진을 찍어두는 것도 마음에 든 위스키를 기억하는 좋은 방법이다.

빈 글라스의 향을 맡아본다

빈 잔을 바로 씻으면 안 된다. 잔 바닥에 묻어 있는 위스키는 여전히 아로마를 뿜어내고 있기 때문이다. 그것을 맡아보지 않는 것은 너무 아까운 일이다. 시음이 끝나고 몇 시간이 지난 뒤에 마지막으로 한 번 더 향을 맡아보자. 옥토모어(세계에서 가장 이탄향이 강한 위스키)의 경우, 시음이 끝나고 몇 달이 지난 후에도 글라스에 아로마가 남아 있을 수 있다. 보장한다.

글라스는 어떻게 씻을까?

세제 냄새가 잔에 배지 않도록 따뜻한 물로만 잔을 씻으라고 하는 사람도 있다. 이 방식은 어차피 알코올이 박테리아를 죽이기 때문에 위생에는 문제가 없지만, 오래되면 기름기나 다른 오염물이 잔에 남는다는 문제가 있다.
가장 좋은 방법은 세제를 손에 조금 묻혀서 손으로 잔을 씻은 뒤 깨끗한 물로 잘 헹구는 것이다. 그런 다음 바로 깨끗하고 마른 행주로 닦아서 얼룩이 남지 않게 한다. 젖은 행주로 닦으면 곰팡이 냄새가 날 위험이 있다.

글라스 정리

글라스를 찬장에 정리해서 넣을 때는 뒤집어 놓지 않고 똑바로 놓아야 한다. 뒤집어 놓으면 선반 냄새가 잔에 배서 다음 시음에 영향을 미칠 수 있다. 또한 박스에 넣는 것도 나쁜 냄새가 밸 수 있기 때문에 피한다.

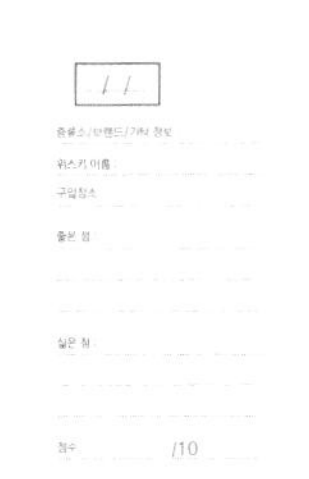

시음노트 정리 · 보관

'지금은 피곤하니까 나중에 하자'라는 생각은 실패로 가는 지름길이고 모든 것을 뒤죽박죽으로 만드는 최고의 방법이다. 그러니까 힘들더라도 반드시 시음노트를 정리한 뒤, 다음에 쉽게 찾을 수 있게 잘 보관해야 한다.

남은 위스키 양을 확인한다

다음 시음을 위해 위스키가 충분히 남아 있는지 한 병씩 확인한다. 모든 병을 확인한 뒤 1/3 이하로 남은 병은 앞쪽으로 옮겨서 빨리 비울 수 있게 하거나, 작은 병에 옮겨 담는다(작은 병이 공기가 더 적게 들어 있다).

물 1ℓ를 마신다

시음하고 난 뒤에는 물맛이 싱겁게 느껴진다. 또 입안에 남아 있는 위스키의 향을 오래 간직하고 싶을 수도 있다. 하지만 두통이나 다른 숙취증상을 예방하기 위해서는 물을 많이 마시는 것이 가장 좋은 방법이다.

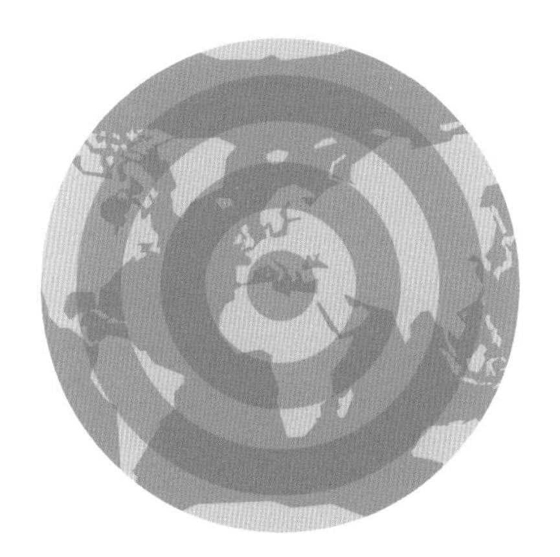

다음 시음회를 준비한다

시음이 끝나면 시음회 참가자들과 다음에 시음하고 싶은 위스키 산지에 대해 이야기를 나눈다. p.80에서 소개한 디아지오사가 개발한 지도는 스타일이 비슷한 위스키나 반대되는 위스키를 찾는 데 도움이 된다.

택시를 타고 돌아간다

마실 것인지 운전할 것인지, 답은 이미 정해져 있다. 택시를 타고 집으로 돌아오면 머릿속으로 스코틀랜드나 일본을 여행하면서 편안하게 올 수 있다.

LA DÉGUSTATION

숙취 예방과 치료

시음 뒤에는 항상 같은 문제에 부딪치게 된다. '어떻게 해야 숙취를 없앨 수 있을까?' 두통, 구토, 피로, 복통, 근육경련 등 여러 가지 증상을 동반하는 숙취의 원인은, 술은 액체지만 몸에 탈수증상을 일으키기 때문이다.

시음 중 : 술 한 잔+물 한 잔

다음날(술을 마신 당일) 숙취를 겪지 않기 위한 최고의 방법은 수분 공급이다. 위스키를 한 잔 마실 때마다 물을 한 잔씩 마시면 술에 의해 생기는 탈수현상을 어느 정도 막을 수 있다.

잠자리에 들기 전 : 1ℓ의 물을 마신다

술 마시는 사이사이 물을 마셨다고 해도, 자기 전에 수분을 좀 더 공급해야 한다. 술을 많이 마시고 자면 자다가 자주 깨기 때문에, 물 1병을 다 마시고 자도 좋다.

다음 날 아침 : 비타민과 아연을 섭취한다

과일과 채소를 섭취하면 술을 분해하느라 소비된 비타민을 보충할 수 있다. 또 굴을 좋아한다면 굴을 먹는 것도 도움이 된다. 풍부한 아연이 컨디션 회복을 도와주기 때문이다. 무도 간 회복에 도움이 된다.

조르주 할아버지의 비법 레시피

비타민 A와 C, 미네랄, 수분이 풍부한 과일 주스 레시피를 소개한다. 믹서나 블렌더에 아래의 재료를 넣고 갈아서, 얼음을 넣은 큰 컵에 따라 마신다.

- 오렌지 1개
- 파인애플 1/2개
- 멜론 1/2개 또는 수박 1/4개
- 키위 1개
- 라임 1/2개
- 오이 1/2개

세르주 갱스부르(Serge Gainsbourg)의 비법

프랑스의 유명한 가수이자 유명한 술꾼이기도 한 세르주 갱스부르는 보드카를 주재료로 만든 '블러디 메리(Bloody Mary)' 칵테일로 숙취를 다스렸다고 한다. 큰 컵에 보드카 1/3, 토마토주스 2/3, 그리고 약간의 레몬주스와 타바스코를 섞어서 만든다.

04

다음 날 : 수분을 자주 공급한다

다음 날도 하루 종일 물을 마신다. 더 이상 물을 못마시겠다면 수프나 차로 대신해도 좋다. 단, 커피는 피해야 한다. 바나나, 오렌지 같은 비타민이 풍부한 과일을 먹거나, 속이 쓰리다면 제산제를 먹는 것도 도움이 된다.

05

다음 날 저녁 : 용기 있는 사람들을 위한 조언

친구들과 식전주를 마신다. 불은 불로 다스려야 한다는 것인데, 하지만 다음 날을 생각해서 적당히 마시는 것이 좋다.

일본의 숙취 특효약

일본에서는 숙취해소를 위해 강황음료를 많이 마신다. 서양에서는 향신료로 사용하는 강황에는 항산화물질이 많고 소염작용이 있다. 일본에는 수박, 감초, 가리비 농축액 등으로 만든 여러 가지 특효약이 있으니, 관심이 있다면 시험해보는 것도 좋다.

LA DÉGUSTATION

위스키 클럽

'위스키 클럽'이라고 하면 킬트를 입은 노신사들이 위스키를 마시는 모습이 연상되지만, 위스키 클럽에 가입하면 많은 것을 배우고 시음 실력도 향상시킬 수 있다.

선택 방법

- **수준에 맞는 클럽을 선택한다** 집에서 가깝다는 이유로 아무 클럽이나 가면 안 된다. 자신의 수준에 맞는 클럽인지, 초보자도 받는지 등을 먼저 확인한다. 그렇지 않으면 의욕에 차서 클럽에 가입했지만 첫 시음회가 끝나기도 전에 실망하고 그만둘 수 있다.
- **시음하는 위스키 종류를 보고 선택한다** 구하기 힘든 희귀 위스키만 시음하는 것을 장점으로 내세우는 클럽도 있다. 또한 자신들이 직접 병입(보틀링)한 위스키를 시음하는 경우도 있으며, 가끔 회원들을 대상으로 판매하기도 한다.

위스키 라이브(Whisky Live)

위스키 라이브는 상하이, 뉴욕, 파리, 런던 등에서 개최되는 세계 최대의 위스키 관련 행사이다. 13년 동안 이어져온 이 행사에서는 버번부터 희귀 위스키까지 160종 이상의 위스키를 시음할 수 있으며, 시음, 마스터 클래스, 칵테일 바 등 다양한 프로그램을 즐길 수 있다. 위스키 애호가라면 이 행사를 놓칠 수 없다.

위스키 어 고고(Whisky A Go Go)

'위스키 어 고고'는 위스키 클럽이 아니라, 1964년 웨스트 헐리우드에 문을 연 나이트클럽이다. 클럽 이름은 2차 세계대전 후 미국 선원들이 자주 드나들던 파리의 동명의 바에서 따온 것으로, 캘리포니아주에 같은 콘셉트로 문을 연 것이다. 롤링스톤즈의 노래 'Going to a Go-Go'는 이 클럽에서 영감을 받아 만든 것이고, 짐 모리슨과 도어스는 이곳에서 공연을 했다. 당시에는 청년들에게 나쁜 영향을 준다고 경찰이 이름 변경을 요구하는 등 마찰을 빚기도 했다. 클럽은 지금도 존재하지만 과거의 영광은 찾아볼 수 없다.

지방의 위스키 클럽

찾기 쉽지는 않지만 지방의 도시에도 위스키 클럽이 있다. 클럽을 찾는 가장 좋은 방법은 주류판매점에 물어보는 것이다. 정보를 알고 있을 확률이 높다.

스카치 몰트 위스키 소사이어티 (Scotch Malt Whisky Soiciety)

스카치 몰트 위스키 소사이어티(SMWS)는 세계에서 가장 큰 위스키 애호가 클럽이다. 1983년 에든버러에서 시작되었고 전 세계적으로 3만 명의 회원이 있다. SMWS에서는 스코틀랜드의 거의 모든 증류소에서 생산되는 고급 위스키를 시음하고, 전문가가 증류소에서 직접 고른 오크통을 구매해서 병입한 뒤 'Scotch Malt Whisky Society'라는 라벨을 붙여 회원들에게만 판매하기도 한다. 재정적 어려움 때문에 글렌모렌지에 인수되었다가, 다시 개인 투자자 그룹에 팔렸다. 회원 가입은 기존 회원들의 추천으로만 가능했는데, 최근에는 문호를 개방해서 가입비 100유로를 내면 회원이 될 수 있다.

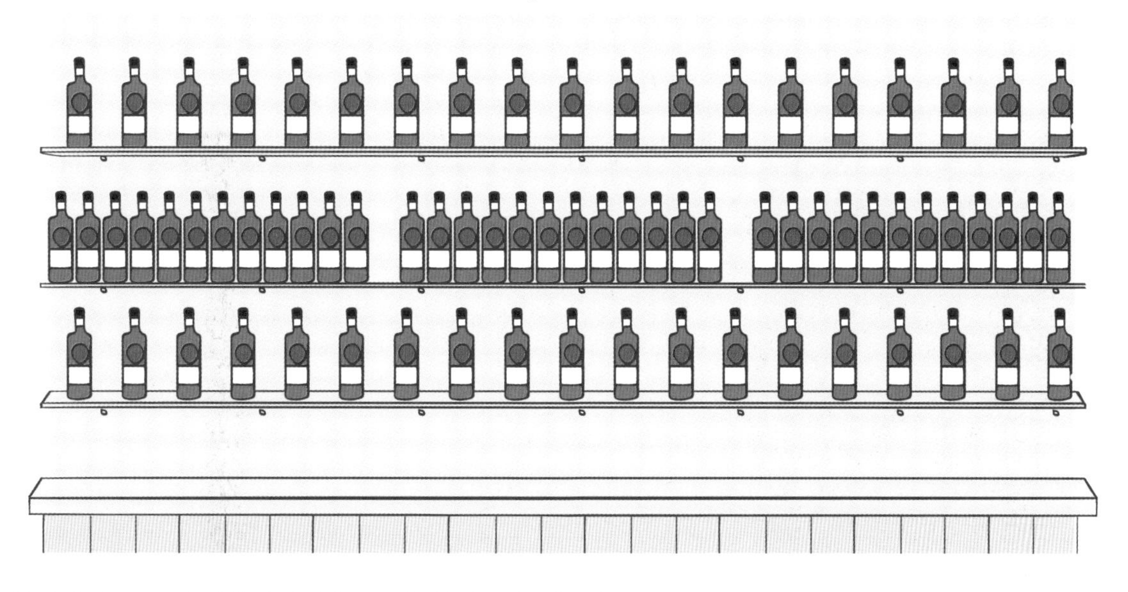

프라이빗 위스키 소사이어티(Private Whisky Society)

개인이 만드는 프라이빗 위스키 소사이어티는 위스키계에 새로운 바람을 일으킬 것이다. 2가지 방식으로 운영할 수 있다.

- 시음용 샘플(작은 병 5개)을 받아 집에서 혼자 편안하게 시음한다. 인터넷에서 위스키 사전이나 시음노트를 참고한다.
- 친구들과 모여 시음회를 연다. 경험이 많은 사람을 초청해서 시음회 진행을 맡기면 좋다.

프라이빗 위스키 소사이어티는 시음에 익숙해지는 좋은 방법이다. 스스로 시음을 준비하면서 많이 배울 수 있고, 더 나아가 직접 위스키 클럽을 만들 수도 있다.

LA DÉGUSTATION

한정판 하이엔드 위스키

100유로가 넘는 위스키를 구입하는 것은 정신 나간 짓이라고 생각하는가? 여기서는 특별한 한정판 하이엔드(High-End) 위스키를 소개한다. 그중에는 수만 유로가 훌쩍 넘는 것도 있다. 매우 높은 가격에도 불구하고, 한정판 하이엔드 위스키들은 날개 돋친 듯 팔려나간다.

한정판 하이엔드 위스키란?

모든 위스키는 평등하지 않다. 그렇다면 어떤 위스키가 특별한 '하이엔드 위스키'로 인정받는 것일까? 그중 일부는 문을 닫거나 수십 년 동안 위스키를 생산하지 않은 '유령' 증류소에서 생산된 위스키이다. 그러나 여전히 생산 중인 일부 증류소에서도 하이엔드 위스키를 선보이기도 한다. 이 위스키들은 그 증류소만의 고유한 특성과, 숙성 단계에서 오크통이 미치는 영향이 훌륭하게 조화를 이룬 덕분에 하이엔드 위스키로 인정받고 있다. 그러한 요소들은 위스키의 아로마 프로필에 희소성과 특별함을 부여한다. 한정판 하이엔드 위스키가 수집가는 물론 전문가들한테도 큰 인기를 누리는 데에는 그럴 만한 충분한 이유가 있다.

한정판 하이엔드 위스키를 사려면?

한정판 하이엔드 위스키는 희소성 때문에 쉽게 구할 수 없다. 어떤 경우에는 오직 1개의 오크통만 선택해서 병입하기도 하는데, 숙성 연수가 길어질수록 천사의 몫(Angles's Share)으로 증발하는 양도 늘어나기 때문에 병입 가능한 양은 더 줄어든다. 보통 전 세계적으로 구입할 수 있는 한정판 하이엔드 위스키는 몇백 병 정도라고 한다. 그럼에도 불구하고 그런 특별한 위스키를 손에 넣고 싶다면, 필요한 비용 등을 미리 마련한 뒤 거래하는 주류 전문점에 할당량을 구할 수 있는지 문의하는 것이 좋다. 다른 방법으로는 국제 경매 사이트에서 찾아보는 방법이 있는데(예: www.whiskyauctioneer.com), 보통 더 높은 가격을 지불해야 한다. 유능한 투자자들은 위스키를 구입 가격의 2배 이상을 받고 되팔기도 한다. 올드 빈티지를 판매하는 사이트 (www.thewhiskyexchange.com)를 찾아보아도 좋다.

초고가 위스키 컬렉션

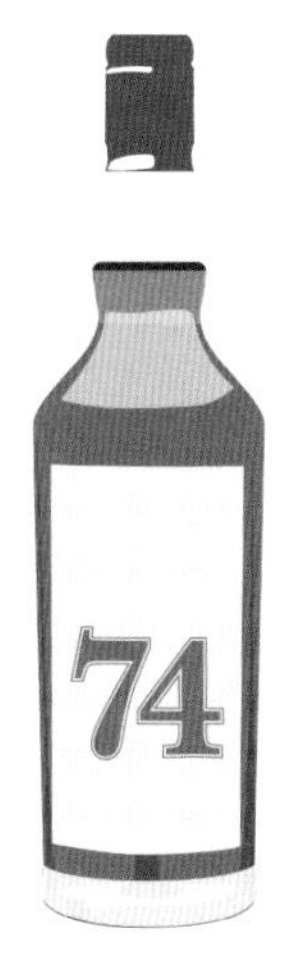

더 맥켈란 레드 컬렉션
(The Macallan Red Collection)

가격: 975,756달러

2020년 11월 런던 소더비 경매에 더 맥켈란 레드 컬렉션이 등장했을 때, 판매 예상가는 200,000파운드였다. 그러나 이 가격은 전 세계의 구매자들이 이 위스키를 손에 넣기 위해 벌일 쟁탈전을 예상하지 못한 가격이었다. 낙찰가는 756,400파운드(975,756달러)였고, 수익금은 자선단체 '시티 하비스트 런던'에 기부되었다. 더 맥켈란 레드 컬렉션에는 매우 오래된 맥켈란 위스키 6종이 포함되어 있으며, 맥켈란 증류소에서 한 번도 출시한 적 없는, 가장 오래된 74년과 78년도 포함된다.

더 맥켈란 파인 앤 레어 60년
(The Macallan Fine and Rare 60-Year-Old)

가격: 1,900,000달러

캐스크 No. 263. 위스키 전문가들을 미치게 만드는 번호이다. 1926년에 증류하여 1986년에 병입한 위스키로, 해당 캐스크의 원액으로 만든 40병 중 1병이다. 현재 14병 정도가 남아 있는 것으로 추정되며, 경매에 나올 때마다 새로운 최고 기록을 세우고 있다.

야마자키 55YO
(Yamazaki 55YO)

가격: 605,244파운드

가격은 높이 날아오를 만반의 준비가 되어 있었다. 2020년 8월 본햄 홍콩 경매에서는 일본 위스키의 경매 최고가가 깨졌다. 야마자키 55YO가 605,244파운드에 낙찰되며, 전 세계 일본 위스키 경매가의 최고 기록을 다시 쓴 것이다. 산토리에서 단 100병밖에 생산하지 않은 위스키로, 일본 국내 거주자를 대상으로 신청을 받아 추첨을 통해 판매되었다.

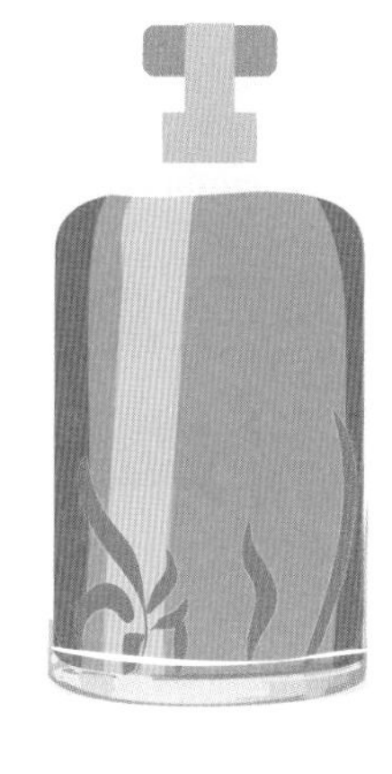

늑니안 아니르
(Nc'nean Ainnir)

가격: 41,004파운드

위스키 애호가들의 뜨거운 관심은 신생 위스키에도 미치고 있다. 그중에서도 젊다고 할 수 있는 이 위스키는, 2020년부터 위스키를 출시한 하일랜드 늑니안 증류소에서 처음으로 생산된 위스키이다. 늑니안의 첫 번째 보틀은 온라인 자선 경매 '위스키 옥셔니어 (Whisky Auctioneer)'에서 41,004파운드에 낙찰되었다. 이 가격은 틸링(Teeling) 증류소가 보유한, 최초 생산 보틀의 최고가 기록보다 4배나 더 높다.

위스키 투자 사기에 주의

몇 년 안에 수익을 낼 수 있을 것이라는 기대로, 값비싼 고급 위스키를 찾는 일에 뛰어드는 것은 위험하다. 사기꾼들이 불법 플랫폼을 통해 당신에게 투자를 권할 수도 있으며, 그런 제품을 구입하는 것은 매우 위험한 일이다. 금융당국이 주의를 당부할 정도로 위스키 투자 사기는 큰 문제가 되고 있다. 위스키의 가치에 경의를 표하는 가장 좋은 방법은 마시는 것이지 투기가 아니다. 만약 나중에 가격이 떨어지더라도 맛있는 위스키가 준 즐거움은 당신의 기억 속에 그대로 남아있을 것이다.

C-3 위스키 구입

ACHETER SON WHISKY

막상 위스키를 사려고 보니 위스키 종류와 브랜드가 너무 많아 당황했던 경험이 있을 것이다. 하지만 몇 가지 기준을 정해서 전략을 잘 짜면 큰 돈 들이지 않고도 어렵지 않게 나만의 홈바를 만들어 친구들의 부러움을 살 수 있다.

ACHETER SON WHISKY

상황에 맞는 위스키 선택 방법

언제 어디서 마시는지에 따라 어울리는 위스키 종류도 달라진다.
몇 가지 대표적인 예를 통해 알아보자.

클럽

나이트클럽에서 고급 스카치 싱글몰트 위스키를 마시는 것은 낭비다. 그곳에서는 위스키를 목을 축일 정도로만 마시면 된다. 켄터키 버번이나 블렌디드 스카치 위스키에 얼음을 넣어 마시는 정도면 충분하다. 이 경우 위스키 선택의 기준은 브랜드보다 가격이다. 사람들과 음악에 신경 쓰느라 글라스 안의 아로마에 신경 쓸 겨를이 없기 때문이다.

칵테일

칵테일을 만들 때 값싼 위스키를 사용해도 된다는 생각은 버리는 것이 좋다. 질이 떨어지는 재료로는 질이 떨어지는 칵테일밖에 만들지 못한다. 그렇다고 비싼 위스키면 다 된다는 것은 아니다. 위스키의 스타일에는 신경을 써야 한다. 이탄향이 강한 위스키는 다른 재료의 풍미를 가려버리고, 반대로 너무 약한 위스키는 칵테일의 밸런스를 무너뜨린다.
스코틀랜드나 일본의 블렌디드 위스키, 미국 메이커스 마크(Maker's Mark)의 버번 위스키, 라이 위스키 등을 추천한다. 4~5만원 정도의 위스키라면 적당하다.

퇴근 후

위스키를 좋아하는 사람이라면 누구나 특별히 좋아하는 위스키가 있기 마련이다. 그런데 위스키 소비가 폭발적으로 늘어나면서 가격이 너무 오르거나 더 이상 시판되지 않아 마실 수 없게 되는 경우가 종종 생긴다. 이런 문제를 피할 수 있는 두 가지 해결방법을 제시한다.

- 얼음을 넣어 시원하게 마실 수 있는 버번.
- 숙성 연수 표시가 없는 NAS(No Age Statement) 스카치 싱글몰트. NAS 위스키는 숙성 연수가 표시된 위스키와 달리 가격이 치솟아 시장에서 사라질 위험이 없다.

식전, 식중, 식후

위스키는 오랫동안 주로 식전주로 마셨지만 이제는 식전주로 마시는 것 외에 식사와 함께 또는 식후주로도 각광을 받고 있다. 또한 시가를 피운다면 위스키와 시가의 마리아주를 즐겨보기 바란다. 아직 럼과 시가의 마리아주보다는 덜 알려져 있지만, 시가와 위스키의 마리아주도 그에 못지 않게 훌륭하다.

적과의 동침

싫어하는 사람과 어쩔 수 없이 함께 마시는 경우라면, 3가지 선택이 가능하다. 먼저 캐스크 스트렝스(알코올 도수 65%)를 물 없이, 그리고 사전경고 없이 적에게 주는 방법이다. 높은 알코올 도수 때문에 적의 눈가에 눈물이 맺힐 것이다. 단, 상대방이 위스키 애호가라면 오히려 즐거워할 수도 있다.
두 번째 선택은 인도산 위스키이다. 물론 훌륭한 인도산 위스키도 많지만 여기서 말하는 것은 당밀을 증류해서 만든 '무늬만 위스키'이다.
마지막 선택은 슈퍼마켓에서 2만원 이하의 위스키를 사다주는 것이다. 이 가격대에서 좋은 위스키를 찾기는 힘들다.

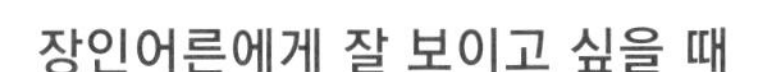

장인어른에게 잘 보이고 싶을 때

여러 가지 선택이 가능하다. 태즈메이니아, 타이완, 스웨덴 등과 같이 보기 드문 나라의 위스키를 고르면 새로운 맛으로 점수를 딸 수 있다. 두 번째 선택은 장인어른이 좋아하는 브랜드 중에서 쉽게 구하기 힘든 위스키를 구해오는 것이다. 하지만 이 경우에는 발품을 많이 팔거나, 인터넷 서핑에 시간을 투자하거나, 경매까지 알아보는 수고를 각오해야 한다.
장인어른을 별로 좋아하지 않는다면 적과의 동침을 참고하기 바란다.

여름 휴가를 떠올리고 싶을 때

뜨거운 태양을 만끽하며 칵테일을 홀짝이던 지난 여름 휴가의 기분을 다시 느끼고 싶다면? 만약 프랑스 해변에서 휴가를 보냈다면 좋은 소식이 있다. 프랑스 여러 지역에서 좋은 위스키가 생산되고 있기 때문이다(브르타뉴, 노르망디, 로렌, 샹파뉴 등). 다른 나라에서 휴가를 보냈다면 문제가 조금 복잡해지지만, 아쉬운 대로 지구 반대편 나라의 위스키가 해결책이 될 수 있다.

ACHETER SON WHISKY

라벨 보는 방법

포장박스에 위스키의 정보가 많이 있을 것이라고 생각하지만,
실제로 위스키를 구입할 때 신경 써서 보아야 하는 것은 라벨이다.

의무 표시 사항

버번 위스키는 프루프

버번의 경우 알코올 도수 단위로 '프루프(Proof)'를 사용한다. 계산은 어렵지 않다. 1프루프는 0.5%. 따라서 86프루프는 43%이다.

이름

싱글몰트의 경우 증류소 이름을 표시하고, 블렌디드는 브랜드 이름을 표시한다.

알코올 도수

술에 포함된 에틸알코올의 양을 백분율(퍼센트)로 표시한 것이다. 프랑스에서는 00%vol., 미국에서는 00%ABV, 그 밖의 나라에서는 00%로 표시한다.

용량

리터(ℓ), 센티리터(cℓ) 또는 밀리리터(mℓ)로 표시.

선택적 표시 사항

의무사항은 아니지만 위스키에 대한 이해를 돕기 위해 다양한 정보를 표시한다.

숙성 연수

표시된 숙성 연수는 병입한 위스키 중 가장 어린 위스키의 연수이다.
예를 들어 12년 위스키에는 12년 숙성된 위스키가 들어 있으며, 그보다 더 오래된 위스키도 들어 있을 가능성이 높다. 위스키에 힘을 더하고 증류소 스타일에 맞는 풍미를 만들기 위해 오래된 위스키를 블렌딩하기 때문이다.

지리적 표시

'스카치 위스키'는 스코틀랜드에서 증류하고 병입했다는 뜻이고, '테네시 위스키'는 미국 테네시주에서 만들었다는 뜻이다. 스카치 싱글몰트는 생산된 지역명을 의무적으로 표시해야 한다(스페이사이드, 하일랜드, 롤런드, 캠벨타운, 아일레이 등).

NAS(Non Age Statement, 무연산) 위스키의 성장

병 라벨에 숙성 연수 표시가 없는 경우가 있는데, 그것은 실수가 아니다. 숙성 연수를 표시하지 않는 NAS 위스키이기 때문이다. 세계적으로 위스키 소비가 늘어나면서 증류소에서는 재고부족으로 어린 위스키를 사용할 수밖에 없는 실정이다. 병에 든 위스키의 80%가 5년 이상 숙성한 것이어도 가장 어린 위스키의 숙성 연수가 5년일 경우 라벨에 5년이라고 표시해야 하는 것은 증류소 입장에서 안타까운 일이 아닐 수 없다.

위스키 가격이 큰 폭으로 오르면서 NAS 위스키도 많이 일반화되었다. 그 때문에 위스키 회사들은 오래 숙성한 위스키의 높은 가격을 정당화하기 위해 기존의 방식에서 벗어나 숙성 전문가들과 함께 작업하며 제품의 우수성을 강조하는 데 주력하고 있다.
연수가 표시된 위스키가 NAS 위스키보다 반드시 더 좋은 것은 아니다. 아일레이와 일본의 NAS는 오래 숙성한 위스키보다 더 좋은 반응을 얻고 있다. 단, 모든 NAS 위스키가 우수하다는 것은 아니다.

라벨에서 얻을 수 있는 그 밖의 정보

01 캐스크 스트렝스(Cask Strength)

위스키 원액을 병입할 때 알코올 도수를 낮추기 위해 물을 첨가하는데, 캐스크 스트렝스는 물을 첨가하지 않고 그대로 병입한 것이다. 캐스크 스트렝스의 알코올 도수는 50% 이상이며, 보통 오크통 번호를 함께 표시한다.

02 스몰 배치(Small Batch)

엄선된 소수의 오크통(약 10여 개)을 블렌딩한 위스키. 미국에서 많이 사용하는 방식이다.

03 싱글 캐스크(Single Cask)

단일 오크통의 원액만 병입한 위스키. 보통 오크통 번호와 병입 날짜를 라벨에 표시한다.

04 내추럴 컬러

색소를 첨가하지 않은 위스키.

05 피니싱에 사용한 오크통 종류

'Finish'라고 표시된 것은 숙성 마지막 단계에서 원액에 다른 느낌을 더하기 위해 다른 종류의 오크통(셰리 또는 버번 오크통)으로 바꿔서 마무리 숙성을 한 위스키라는 의미이다.

06 퍼스트 필(First Fill)

버번 위스키나 셰리와인 등을 한 번 숙성시킨 오크통(일반 오크통보다 비싸고 셰리오크통이 특히 비싸다)에 숙성시킨 위스키를 말한다. 이렇게 하면 오크통 특유의 아로마를 더 많이 추출할 수 있다.

ACHETER SON WHISKY

위스키는 어디에서 구입할까?

위스키를 구입하는 것은 어렵지 않다. 하지만 좋은 위스키를 좋은 가격에 구입하는 것은 상당히 어려운 일이다.

슈퍼마켓

위스키 병이 줄지어 있는 슈퍼마켓 주류코너를 그냥 지나치기는 힘들다. 문제는 대부분 블렌디드이고 잘 알려지지 않은 위스키가 많다는 것인데, 하지만 그중에서도 가격도 좋고 품질도 상당히 좋은 위스키를 발견할 수 있다.

슈퍼마켓에서 좋은 위스키를 싸게 파는 이유는, 남편이 위스키를 한 병 사면 부인도 남편에게 미안해하지 않고 자신을 위해 무언가를 산다는 연구 결과 때문이다. 그래서 위스키 가격을 일부러 낮게 책정하여 추가구매를 유도하는 것이다.

위스키 판촉행사

슈퍼마켓에서는 와인 판촉행사처럼 위스키를 중심으로 한 주류 판촉행사를 종종 연다. 좋아하는 위스키를 할인 가격에 살 수 있는 좋은 기회이지만, 앞뒤 재지 않고 샀다가는 낭패를 볼 수 있다. 몇몇 행사는 제품 판매보다는 마케팅을 위한 것이기 때문이다.

인터넷

이제는 인터넷에서 살 수 없는 것이 거의 없다. 위스키 역시 예외가 아니다. 마실 수 없을 정도로 품질이 나쁜 위스키부터 구하기 힘든 희귀 위스키까지 다양한 위스키를 구입할 수 있다. 시간적 여유가 있거나 특정 위스키를 찾고 있다면 웹사이트가 유용한 도구가 되어줄 것이다. 운이 좋으면 수년 전에 단종된 위스키를 찾을 수도 있다.

위스키 관련 사이트

CDISCOUNT.FR
위스키에 대한 조언을 구하고 싶다면 실망할 수 있지만, 좋은 가격으로 위스키를 구매할 수 있는 최고의 사이트이다(시중에서 70유로인 것을 20유로 이하로 구매할 수도 있다). 구하기 힘든 몇몇 위스키도 살 수 있다.

UISUKI.COM/FR
일본 위스키 전문 사이트. 일본과 일본 위스키 마니아들이 만든 사이트로, 일본 여행과 위스키에 대한 조언을 아낌없이 제공한다.

WHISKY.FR
프랑스의 위스키 수입 판매 회사인 '메종 뒤 위스키(Maison du Whisky)'가 운영하는 사이트. 판매하는 위스키 종류도 가장 많고, 취향에 맞는 위스키를 찾아주는 검색기능도 있다.

주류전문점

주류전문점에서 좋은 매니저를 만나면 위스키에 대한 생각이 완전히 달라질 수도 있다. 그는 열정과 지식이 가득한 좋은 선생님이 되어, 위스키라는 경이로운 세계에 더 깊숙이 들어갈 수 있도록 도와줄 것이다.

좋은 매니저란?

첫눈에 좋은 매니저를 구별하기는 쉽지 않다. 내 앞에 있는 사람의 능력을 확인할 수 있는 몇 가지 포인트를 소개한다.

손님한테 다음의 질문을 한다.

- 위스키를 선물할 것인지, 마실 것인지.
- 선물 받을 사람이 이탄향이 강한 위스키를 좋아하는지.
- 예산은 얼마를 생각하고 있는지.

손님이 시음할 수 있는 위스키를 준비해둔다. 마음에 드는 위스키를 구입하기 위해서는 미리 시음해보는 것이 가장 좋다.

좋은 매니저는 위스키와 증류소에 대해 열정적으로 이야기한다. 위스키에 대해 잘 모르는 사람은 입을 열지 않는다.

두 눈을 반짝이며 최근에 시음했던 위스키에 대해 말하지만, 구입하라고 강요하지 않는다.

매장 크기가 중요할까?

위스키 종류를 다양하게 갖추고 있는 매장은 많다. 하지만 수만 가지의 위스키가 있는 곳보다 가짓수는 적어도 다양한 개성의 품질 좋은 위스키가 있는 매장을 이용하는 것이 더 좋다.

ACHETER SON WHISKY

나만의 홈바 만들기

내 취향과 내 주머니 사정에 맞는 나만의 홈바를 만드는 것은 신나는 일이다. 위스키를 살 때 중요한 것은 매장에서든 바에서든 사기 전에 먼저 시음을 하는 것이다. 그래야 집에 돌아와 병을 열었을 때 실망하지 않는다.

전략을 짠다

당황하지 않아도 된다. 대단한 전략가가 될 필요는 없고 상식만 있으면 된다. 두 가지 방법 중에서 선택한다.
자신이 좋아하는 스타일의 위스키가 있고 그 위스키를 중심으로 홈바를 구성하고 싶다면, 복잡하게 생각하지 말고 좋아하는 위스키 종류를 종이에 적어서 매장 매니저의 도움을 받으면 된다.
만약 다양한 종류의 위스키를 구비하고 싶다면 오른쪽에 소개한 구성을 참고한다.

클래식 스페이사이드 1병

이탄향 위스키 1병

셰리오크통 숙성 위스키 1병

버번 위스키 1병

그리고 인도, 호주 등의 위스키도 1병 추가할 수 있다.

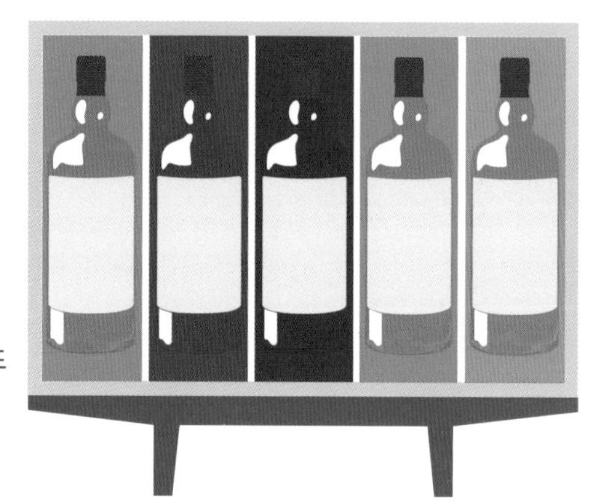

슈퍼마켓에서 고른다

구입하는 데 도움을 받고 구입 전에 시음을 하거나 또는 특별한 브랜드를 발견하게 될 가능성은 거의 없다. 하지만 잘 찾아보면 알맞은 가격의 품질 좋은 위스키를 찾을 수도 있다. 처음 홈바를 만드는 사람들을 위해 몇 가지 위스키를 추천한다.

싱글몰트

Macallan 맥켈란 12년 더블 캐스크 / Glenfiddich 글렌피딕 12년 / Highland Park 하일랜드 파크 12년 / Bowmore 보모어 12년

블렌디드

Johnnie Walker Black Label 조니 워커 블랙라벨 / Ballantine's 밸런타인 17년

주류전문점에서 고른다

마음에 드는 위스키를 구입하기 위해 적금을 깰 필요는 없지만, 그래도 1병당 평균 50유로(약 60,000원) 정도를 지불해야 한다. 글렌드로낙(Glendronach) 12년, 벤로막(Benromach) 10년, 라프로익 쿼터 캐스크(Laphroaig quarter cask) 등을 추천한다.

칵테일용 위스키

칵테일용 위스키도 한 병 준비해두는 것이 좋다. 그래야 아끼는 비싼 싱글몰트를 셰이커에 붓는 비극을 피할 수 있다. 그렇다고 아무 위스키나 고르면 안 되고, 품질이 좋은 것으로 블렌디드나 버번 정도면 충분하다.

마시기 끔찍한 위스키

선물을 받았거나 아니면 잘못 골라서 마시지도 못하고 버리지도 못하는 위스키가 누구에게나 한 병쯤 있을 것이다. 마실 생각만 해도 끔찍한 위스키라도 처리할 방법이 있으니 버리지 말자. 나만의 블렌디드 위스키를 만들어 볼 기회이다.

주의할 점은 직접 블렌딩했다고 호기롭게 친구들에게 내놓기 전에, 미리 여러 번 실험을 해봐야 한다는 것이다. 한번에 성공하는 블렌딩 공식은 없기 때문에, 아름다운 실패를 여러 번 반복해야 성공할 수 있다. 위에서 설명한 블렌딩 4단계를 여러 번 따라해보자.

시음키트

예산은 제한되어 있는데 위스키를 구입하기 전에 내 취향을 미리 확인하고 싶다면 방법이 있다. 샘플러 튜브 세트가 그것이다. 튜브 1개에 2잔 분량의 위스키

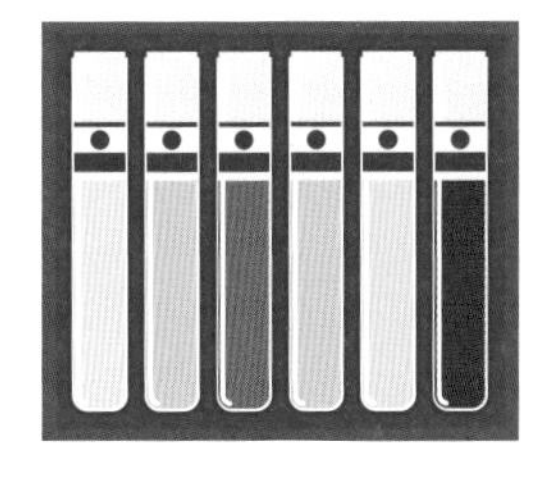

가 들어 있고 여러 브랜드에서 샘플러 튜브 세트를 시판하고 있으므로, 자신에게 맞는 위스키를 찾는 데 도움이 될 것이다.

ACHETER SON WHISKY

위스키의 보관

모든 술이 그렇듯이 위스키를 보관할 때도 지켜야 할 규칙이 있다.
규칙대로 보관하면 다음 시음이 즐거워진다.

와인처럼? 절대 아니다!

위스키를 와인처럼 보관하면 낭패를 본다. 와인은 옆으로 눕혀서 최대한 외부 자극 없이 오랫동안 보관하면 아로마가 더욱 풍부해진다. 또한 일단 마개를 연 뒤에는 24시간 안에 다 마시는 것이 좋다. 그러나 위스키는 다르다. 왜냐하면 우리가 구입한 위스키는 이미 완제품이기 때문이다. 15년 숙성은 영원히 15년 숙성이다. 집에 있는 저장고에서 10년을 더 보관해도 그 사실엔 변함이 없다.

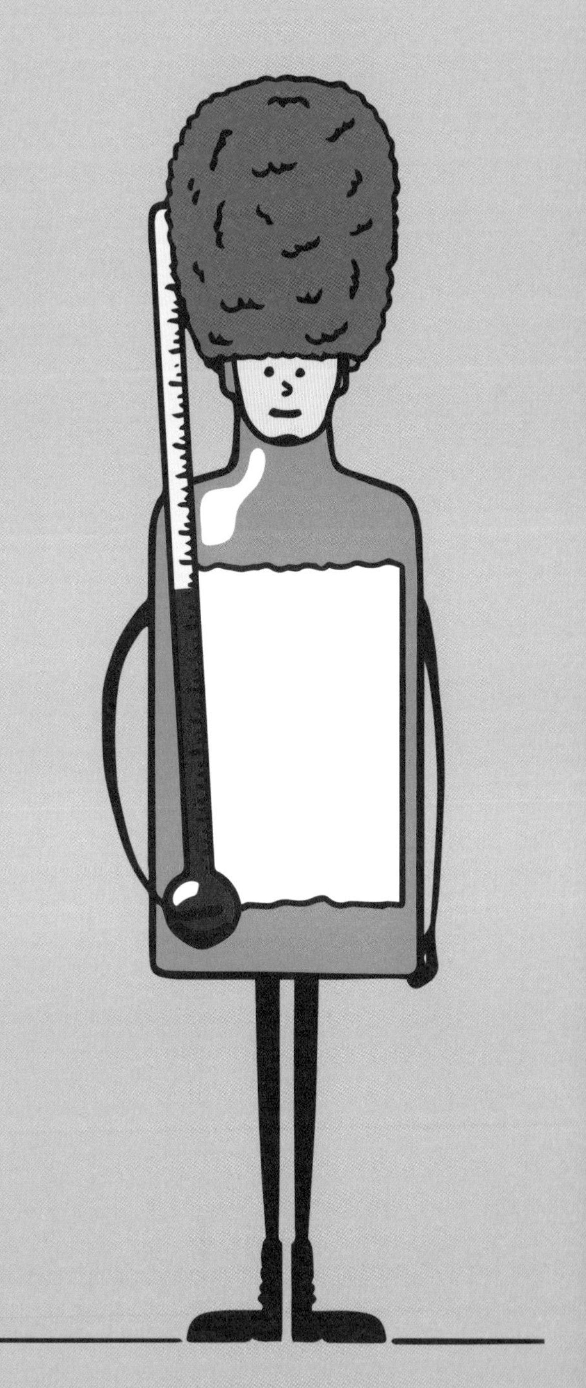

보관 온도

위스키는 저장고에 보관하지 않아도 된다. 마개를 열었든 열지 않았든 20℃ 정도의 상온에서 보관한다.

얼마 동안 보관할 수 있을까?

마개를 열지 않은 상태에서 조건이 맞는 곳에 보관하면 10년 정도는 충분히 보관할 수 있다. 그런데 문제는 코르크 마개이다. 알코올 도수가 높은 위스키일 경우(60% 이상) 코르크가 마를 수 있다.
따라서 마개를 연 지 오래되었다면 정기적으로 코르크 상태를 확인하는 것이 좋다. 코르크가 부서져 위스키 속에 들어가면 마실 때 불편하다. 필요하다면 빈 위스키 병 중에서 상태가 좋은 코르크 마개를 찾아 교환하는 것도 좋다.

개봉한 뒤에는 어떻게 보관할까?

마개를 열면 공기가 병 안에 들어가 위스키와 접촉하게 된다. 그러면 산화가 일어나고 위스키의 풍미가 변한다. 병 안에 공기가 많으면 많을수록 산화는 가속화된다. 병에 위스키가 1/3 이하로 남았다면 그 해 안에 다 마시거나, 작은 병에 옮겨 담는 것도 좋은 방법이다. 작은 병에 옮길 경우 라벨을 만들어 붙이는 것을 잊지 말자.

눕힐까 아니면 세울까?

항상 세워놓아야 한다. 마개를 열었든 열지 않았든 위스키 병은 세워 두는 것이 좋다. 눕혀놓으면 위스키가 코르크 마개와 접촉하기 때문이다.

빛을 피해 어둠 속으로

정품 위스키는 박스나 통 안에 넣어서 판매된다. 마케팅적인 이유도 있지만 빛으로부터 위스키를 보호하기 위한 목적도 있다. 만약 상자가 없다면 진열장 안에 보관하는 것이 좋다. 빛이 들어오지 않는 어두운 곳에 위스키를 보관하는 이유는 풍미와 색깔이 변하는 것을 막기 위해서이다.

ACHETER SON WHISKY

코르크 마개의 역할

마개의 역할은 병 입구를 막는 것이 전부라는 생각은 반만 맞다.
코르크 마개의 여러 가지 놀라운 기능을 살펴보자.

와인 vs 위스키

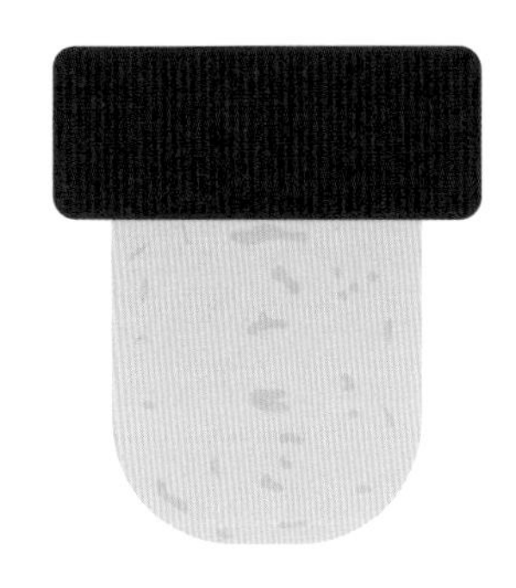

와인의 경우에는 병을 눕혀놓아서 코르크 마개가 항상 젖어 있게 하는 것이 중요하다. 그래야 코르크가 부풀어 공기가 들어가는 것을 막아준다. 알려진 사실과 달리 와인이 숨을 쉬는 데 공기는 필요 없다. 또한 일단 와인병을 열면 코르크 마개는 더 이상 필요하지 않다.
위스키의 경우에는 코르크 마개가 40~60%에 달하는 알코올 도수를 견뎌내야 한다. 또한 마개를 연 뒤에도 증발을 막으며 수십 년을 버텨야 한다. 실패하면 불쾌한 일을 당할 수도 있다.

코르크 냄새가 나는 위스키?

코르크 냄새가 와인에서만 난다고 생각하는가? 물론 자주 생기는 일은 아니지만 위스키에서도 코르크 냄새가 나는 일이 아주 없지는 않다. 위스키향을 맡아보면 알 수 있지만 입안에서 더욱 확실하게 느낄 수 있다. 썩은 헤이즐넛이나 젖은 종이박스 같은 맛이 난다. 가끔은 코르크에 곰팡이가 피어 있을 때도 있다.
그래도 당황할 필요는 없다. 위스키를 사서 처음 열었는데 위에서 말한 것처럼 이상한 냄새가 날 때는, 구입한 곳에 가져가 마개 냄새를 맡게 해주면 대부분 새 위스키로 교환해준다.

마개가 부서지면?

오랫동안 보관해둔 위스키 병을 열 때는 조심해야 한다. 잘못 다루거나 운이 나쁘면 비극이 발생한다.
중간에 코르크 마개가 부서져서 일부가 병목에 걸리는 사고에 대비하기 위해, 맥가이버처럼 쓸만한 도구를 미리 준비해 두는 것이 좋다.

- 깨끗이 씻어서 헹궈둔 빈 위스키 병과 너무 마르거나 너무 젖지 않은 상태가 좋은 코르크 마개.
- 위스키 속에 떨어진 코르크 조각을 걸러내기 위한 작은 체.
- 병목에 걸려 있는 코르크 조각을 빼내기 위한 와인오프너.

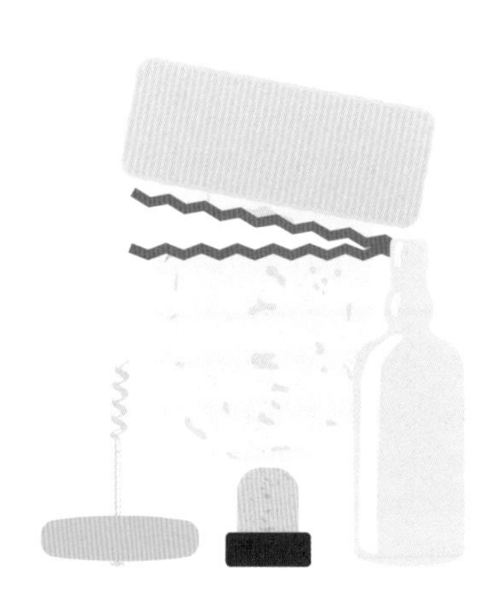

부서져서 병목에 걸린 코르크 마개를 뺄 때는 수직으로 확실하게 당겨야지 비스듬히 잡아당겨서는 안 된다. 코르크 마개와 병목에 힘이 가해져서 코르크가 더 부서질 수 있기 때문이다.

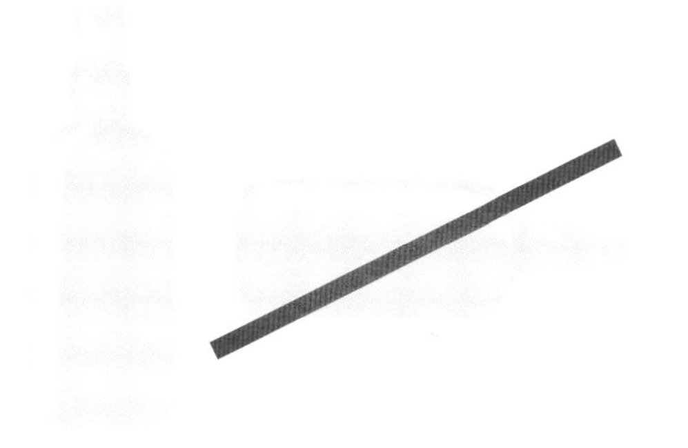

병은 항상 세워놓는다

코르크가 젖어 있으면 부서질 위험이 적으니 위스키 병을 눕혀서 보관하는 것이 좋다고 생각할 수도 있지만, 이것은 최악의 생각이다. 위스키는 알코올 도수가 매우 높아 알코올이 코르크의 성분을 흡수하여 위스키의 아로마가 변할 위험이 있기 때문이다.

젖은 코르크 마른 코르크

젖은 코르크 vs 마른 코르크

몇몇 전문가들은 코르크 마개가 마르지 않도록 병을 가끔 뒤집어주어야 한다고 주장한다. 하지만 이 이론에 모두가 동의하는 것은 아니다. 코르크가 위스키와 접촉하면 약해질 위험이 있기 때문에, 잘못하면 손해를 보게 된다.

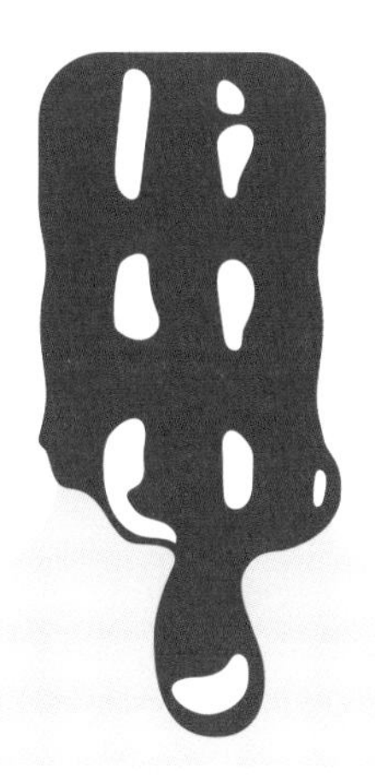

왁스 봉인 위스키

언젠가 한 번쯤은 왁스로 봉한 위스키 병을 만나게 될 날이 올 것이다. 보기에도 근사하고 전통이 느껴져서 좋지만, 기술이 없으면 이 병을 열기가 쉽지 않다. 여는 방법은 아래와 같다.

1. 와인 오프너로 왁스를 뚫고 코르크 마개에 오프너를 찔러넣는다.
2. 코르크 마개를 반쯤 잡아뺀다.
3. 칼로 왁스를 제거한다(꼼꼼히 제거하지 않으면 위스키에 왁스 가루가 떨어질 위험이 있다).
4. 코르크 마개를 완전히 잡아뺀다. 이때 초보자는 자신도 모르게 코르크 마개를 버리는 실수를 하는 경우가 있는데, 소중한 위스키 병을 다시 막아놓으려면 코르크 마개를 잘 간직해야 한다.

아일랜드의 코르크

'코르크'는 미들톤 증류소(Midleton Distillery)가 위치한 아일랜드 남쪽의 주 이름이기도 하다. 미들톤 증류소는 연간 1,900만 리터의 위스키를 생산하는 아일랜드에서 가장 큰 증류소로, 제임슨(Jameson), 패디(Paddy), 툴라모어 듀(Tullamore Dew) 등을 만든다.

ACHETER SON WHISKY

마케팅을 조심하라

위스키는 사람들의 손과 기술로 만들어진다.
하지만 감언이설로 우리를 속이는 사람도 있다.

너무 아름다운 이야기에 속지 말자

스토리텔링은 이야기를 만들어 고객에게 여러 가지 형태로 들려주는 기술이다. '에뱅법'에 의해 주류 광고를 제한하고 있는 프랑스에서는 스토리텔링을 더욱 선호한다. 그러나 이야기가 아름답다고 해서 위스키도 아름다운 것은 아니다.

과장된 라벨

몇몇 위스키 회사는 '근사한', '진귀한', '프리미엄', '가장 순수한' 등의 표현을 라벨에 사용하며 자사의 위스키에 대해 극찬을 아끼지 않는다. 하지만 실제로는 그 근처에도 가지 못하는 위스키들이 많다.

셀럽 마케팅

패션의 아이콘으로 은퇴한 영국의 유명한 축구선수가 광고하는 위스키나 유명 정치인이 마시는 위스키 등, 많은 위스키 회사들이 자신들의 위스키가 최고라는 것을 믿게 하려고 유명인을 마케팅 수단으로 활용한다. 그러나 여기에 휘둘려서 위스키를 선택하는 것은 금물이다. 반드시 직접 시음하고 골라야 한다.

BEST WI

디자이너의 고급 드레스에 버금가는 케이스

위스키 회사에서 가장 많이 사용하는 마케팅 수단 중 하나가 위스키 병을 담는 케이스이다. 케이스의 주된 역할은 위스키 병을 보호하는 것이다. 그런데 해마다 아버지의 날, 크리스마스, 브랜드 런칭 기념일 등 기회가 있을 때마다 고급스럽게 디자인한 새로운 케이스를 장착한 위스키를 선보인다. 위스키 케이스 수집가가 아니라면 부디 모른 척하길…….

에뱅법(Loi Evin)

프랑스에서 1991년에 제정된 에뱅법은 음주와 흡연 예방을 위한 법으로, 구체적인 내용은 다음과 같다.

- 청소년용 출판물에 술과 담배 광고 금지. 오후 5시부터 자정까지 라디오에서 술과 담배 광고 금지. 수요일은 하루종일 금지.
- TV와 영화에서 술과 담배 광고 금지.
- 청소년에게 술의 장점 등을 홍보하는 인쇄물이나 기념품 배포 금지.
- 스포츠 관련 시설에서 주류 판매와 유통 금지. 스포츠 행사에서 주류시음코너 운영은 요청에 따라 승인할 수 있다.

위스키 평점 가이드북

위스키에 점수를 매기는 가이드북이 점점 늘어나고 있다.
실제로 새로운 위스키에 대한 정보를 얻고 시음을 하는 데 큰 도움이 된다.
문제는 평점을 주는 방식이 분명하지 않고, 심지어는 단 한 명의 의견일 때도 많다는 것이다. 게다가 어떤 가이드북에서는 극찬을 받은 위스키가 다른 가이드북에서는 혹평을 받는 일도 드물지 않다. 다시 말하지만 시음은 매우 개인적인 행위이다.
가장 논란이 많은 가이드북은 짐 머레이(Jim Murray)의 『위스키 바이블(Whisky Bible)』일 것이다. 2016년판에는 베스트 5 위스키 중에 스카치 위스키가 하나도 포함되지 않았다.

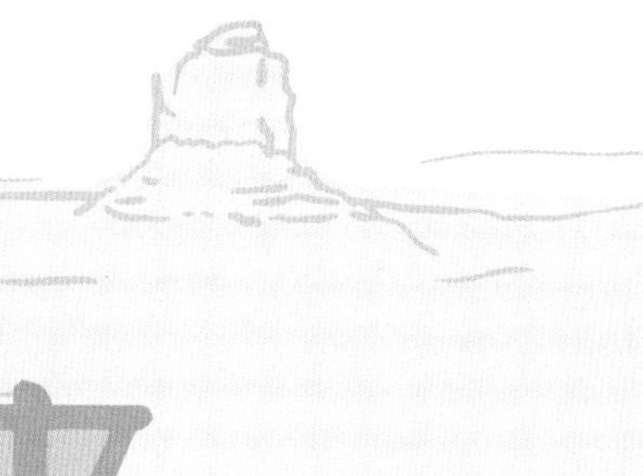

세계 최고의 위스키

세계 최고의 위스키는 어느 나라에서 만든 어떤 위스키인지 알려주는 기사가 한 달에도 몇 번씩 신문에 실리고 있다. 과연 그 결과에 권위가 있을까? 전혀 없다. 다음 주면 다른 나라의 위스키가 1위를 차지했다는 새로운 기사가 나올 것이기 때문이다. 또한 그 기사 옆에는 1위를 차지한 위스키의 전면 광고가 실려 있기 마련이다. 권위가 없는 이유를 짐작할 수 있을 것이다.

ACHETER SON WHISKY

위스키의 진화

위스키는 지난 수 세기 동안 풍요로운 역사를 써 왔지만, 또한 미래를 향해 거침없이 달려가고 있기도 하다. 기발한 아이디어들 사이로 종종 엉뚱한 시도도 찾아볼 수 있다.

연구실에서 만든 분자 위스키

지구 온난화는 전 세계 곡물 생산에 영향을 미치고 있고, 그 중에는 위스키 생산과 깊은 관계가 있는 보리도 포함되어 있다. 미국 미네소타 대학 환경 연구소의 연구원 디팍 레이(Deepak Ray)는 지구 온난화가 세계의 주요 농작물 생산에 미치는 영향에 대해 연구하였으며, 기온 상승이 일부 곡물의 생산에 부정적인 영향을 미치는 것을 밝혀냈다. 이 문제에 대처하기 위해 캘리포니아에 위치한 스타트업 회사 엔들리스 웨스트(Endless West)는 보리가 필요 없으며, 전통적인 위스키처럼 몇 년씩 걸리지 않고 며칠 만에 만들 수 있는 위스키를 개발하였다. '글리프(Glyph)'라는 이름의 이 위스키는 증류소가 아니라 연구소에서 만들어지는데, 위스키가 가진 분자를 과학적으로 분석한 뒤 옥수수 에탄올에 위스키의 특성을 가진 분자들을 첨가해서 만든다. 이 분자(당분, 에스테르, 산)들은 여러 가지 과일, 옥수수, 나무 등에서 추출한다. 연구소에서는 이 재료들을 혼합하여 저렴한 비용으로 단시간에 시험관 위스키를 완성한다. 분자 위스키를 만드는 사람의 선택에 따라, 이 위스키들은 유명한 브랜드 위스키와 생화학적으로 흡사한 특성을 갖기도 한다. 공상과학에 나오는 이야기 같지만, 그렇지 않다. 이미 미국과 홍콩에서는 시판 제품이 출시되었으니 말이다.

AI가 위스키를 만든다면

AI(인공지능)는 이미 우리의 일상(운송, 금융, 보건 등)뿐 아니라, 미처 예상하지 못한 영역인 우리가 마시는 위스키 한 잔에도 침투하였다. 이 분야의 선구자는 스웨덴의 맥미라(Mackmyra) 증류소이다. 맥미라는 마스터 디스틸러 안젤라 도라지오(Angela D'Orazio)의 감독 아래, 마이크로소프트사에서 개발한 AI와 함께 최초의 AI 위스키 인텔리전스(Intelligens, 스웨덴어로 지능을 의미)를 만들었다. 이 AI에는 맥미라의 여러 가지 레시피, 판매고, 소비자들이 선호하는 제품의 프로필 등 수많은 데이터가 입력되고 있다. 이것은 단순한 시작에 불과하다. 이 데이터베이스를 바탕으로 7천만 종 이상의 새로운 레시피를 개발할 수 있기 때문이다.

블록체인 기술을 이용한 위조 방지

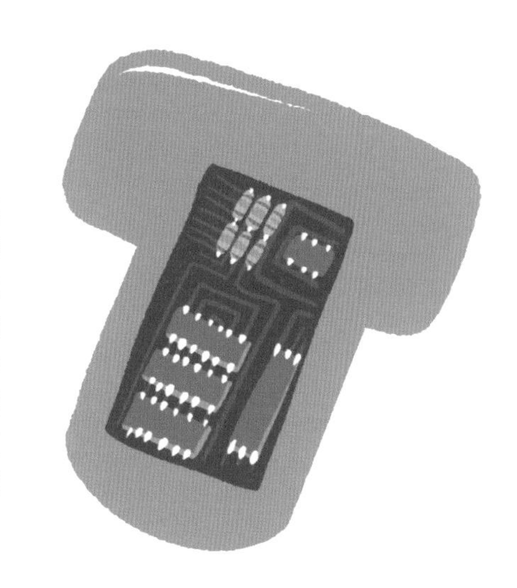

스카치 위스키의 시장 규모가 75억 달러를 넘어설 것으로 예상되고, 일부 희귀 제품들의 경우 가격이 수만 유로를 넘어가자, 불순한 의도를 가진 무리들도 점점 더 강력한 수단을 동원하여 위스키 시장에 접근하고 있다. 스코틀랜드 당국에서는 이러한 상황을 방관하지 않고 스카치 위스키를 보호하기 위한 대책을 마련하였다. 그 방법은 희귀한 위스키의 병뚜껑에 위조 방지 기술을 도입하는 것이다. 디지털 식별, 블록체인(정보를 암호화하여 투명하게 공유함으로써 보호하는 기술), NFC 태그 기술을 결합시키면 위스키 산지와 진위를 보증하는 것이 가능해진다. 방사성탄소 연대 측정법으로 증류일을 확인한 뒤, 병뚜껑에 NFC 위조 감지 태그를 부착하고, 해당 위스키에 고유한 디지털 ID를 부여한다. 이러한 방법을 통해 최고급 위스키의 라벨에 적힌 가치를 지킬 수 있다.

위스키에 대한 모든 정보를 제공하는 QR코드

당신의 위스키에 대한 모든 정보를 알고 싶은가? 보리를 수확한 곳, 그곳의 토질, 생산자, 증류 과정까지? 수집된 수천 가지의 데이터들을 더욱 투명하게 공개하기 위해, 일부 증류소에서는 제품에 QR코드를 부착하여 위스키에 대한 모든 정보를 소비자에게 제공하고 있다.

해저 숙성

위스키 숙성을 위해 다양한 종류의 나무를 사용하던 것에서 나아가, 숙성고를 바다 근처로 옮겨 위스키에 미치는 영향을 알아보기도 하고, 바닷속 물고기 사이에서 위스키를 숙성시키는 생산자도 있다. 압력의 변화는 위스키의 맛에 영향을 미친다.

ACHETER SON WHISKY

가격

가격표 뒤에는 숫자 이상의 정보가 숨어 있다.

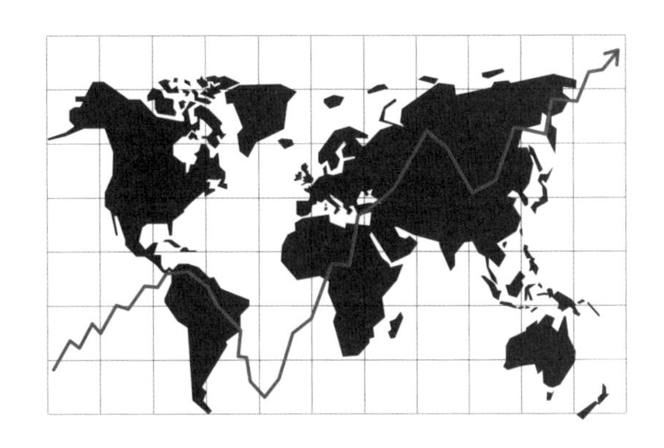

위스키와 세금

위스키에는 부가가치세 외에 특별소비세가 부과된다. 프랑스의 경우 특별소비세는 간접세로 상품에 부과되며, 제품 원가가 아니라 양을 기준으로 부과된다. 또한 위스키 같은 고도주의 경우 알코올 도수가 높을수록 세금이 올라간다. 2021년에 위스키 1병에 부과된 세금은 순수 알코올을 기준으로 헥토리터당 1,802.67유로인데, 여기에 헥토리터당 578.80유로의 사회보장보험금을 추가하면 특별소비세가 된다. 그래서 알코올 도수가 40%인 위스키 700㎖에는 5.04 + 1.61 = 6.65유로의 특별소비세가 붙는다.

한국의 경우 개별소비세(주세)가 이에 해당되며 원가를 기준으로 부과되는데, 위스키에는 2023년 현재 72%의 세율이 적용된다.

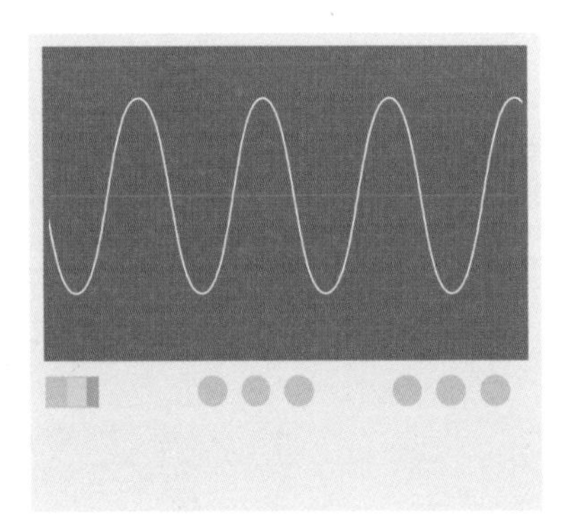

위스키에 투자할까?

대부분의 좋은 물건들이 그렇듯이 위스키도 시간이 지날수록 가치가 올라간다.

위스키에 투자할 생각이라면 앞으로 구하기 힘들어질 것으로 예상되는 위스키를 대상으로 정하는 것이 좋다. 머리만 잘 쓴다면 투자할 만하다. 10년 전에 300유로(약 40만 원)였던 것이 지금은 8,000유로(약 100만 원)가 된 위스키도 있다. 연평균 수익률이 10~15%인데, 한 번 올라간 가격은 쉽게 내려가지 않는다.

일부 투자자들은 특별 한정판 위스키만 찾아 투자하기도 한다. 윌리엄 왕세자와 케이트 왕세자비의 결혼 기념으로 출시된 스페셜 에디션 'The Macallan'을 구입한 어떤 투자자는 구매가격이 20배가 넘는 가격으로 이 위스키를 다시 판매하는 데 성공했다.

다행히 투자 목적이 아닌 순수한 목적의 수집가들도 있다. 자신뿐만 아니라 미래 세대를 위한 매력적인 위스키 컬렉션을 만드는 것이 목적인 사람들이다.

가격 기준

중고 자동차처럼 위스키도 가격을 알 수 있는 전문잡지가 있다면 좋겠지만, 안타깝게도 아직 그런 것은 없다. 갖고 있는 위스키의 가격을 알 수 있는 가장 좋은 방법은 애호가들의 모임에 참석하는 것이다. 주의할 점은 여러 가지 정보를 꼼꼼하게 비교해야 한다는 것이다. 양심적이지 않은 사람들이 당신의 위스키를 싸게 사기 위해 낮은 가격을 제시할 수 있기 때문이다.

깜짝 어드바이스

할아버지 댁에 있는 진열장 깊숙한 곳을 잘 살펴보자. 아직 열지 않은 오래된 위스키 중에 상당히 비싼 것이 있을 수 있다. 잘만 하면 훌륭한 위스키를 공짜로 얻을 수 있다.

갖고 있는 위스키를 팔려면?

주류 전문 경매 사이트, 애호가 모임, 페이스북 그룹 등을 통해 판매할 수 있다.
유명 사이트인 'whiskyauction.com'의 경우 20% 정도의 수수료를 내야 한다(+ 배송비).

무엇이 위스키의 가치를 높일까(그래서 비싸질까)?

방정식은 단순하다. 가장 중요한 기준은 다행히 품질이다. 두 번째 기준은 희귀성. 시중에 유통되는 수가 적을수록 가격이 올라간다. 그렇다고 30년 이상 숙성된 위스키만 목표로 하는 것은 무리이다. 10년 숙성 위스키 중에도 현재 더 이상 유통되지 않는 것은 가격이 천정부지로 올랐기 때문이다.

멈추지 않는 가격 상승

몇 년 전까지만 해도 30유로(약 4만 원) 정도면 좋은 위스키를 구할 수 있었지만 지금은 거의 불가능하다. 위스키 소비가 늘어나 수요가 증가해서 가격도 올라간 것이다. 또한 1980년대와 1990년대에 위스키 업계가 위기를 맞았을 때 많은 증류소들이 문을 닫았던 것도 원인 중 하나이다. 당시 증류소들은 갖고 있던 재고를 헐값에 내놓아 소비를 늘렸다. 현재 좋은 위스키를 한 병 사려면 40~70유로(약 5~9만 원)를 지불해야 한다.

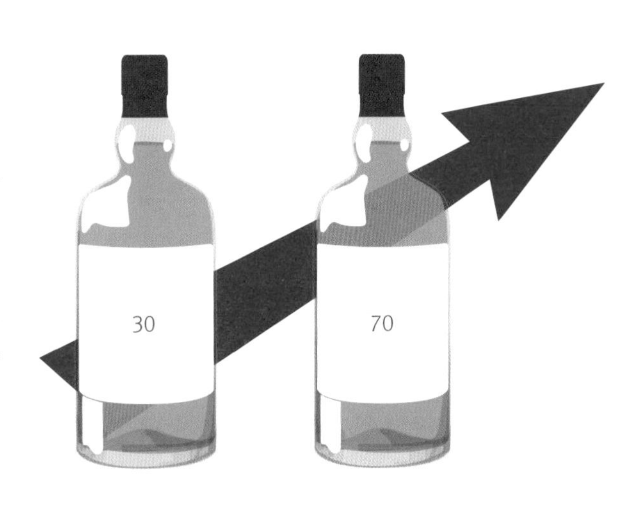

ACHETER SON WHISKY

위스키 오크통을 거치는 다른 증류주

위스키에게는 위스키만의 길이 있다고 생각하지 않길 바란다.
위스키가 되어가는 과정에서 다른 주류를 만나기도 하며, 서로를 승화시키는 역할을 하기도 한다.
여기서는 앞으로도 많은 이야기들이 나올 오크통에 대해 알아본다.
규제가 매우 심한 위스키 업계에서 오크통은 혁신의 수단이 되고 있다.

'피니싱'은 왜 할까?

위스키가 다른 증류주를 만날 가능성이 가장 높은 것은 '피니싱(마무리)' 단계이다. 피니싱은 위스키의 추가 숙성 작업으로, 숙성이 끝날 무렵 위스키를 원래의 오크통에서 다른 오크통으로 옮겨서 숙성을 마무리하는 과정이다. 피니싱을 통해 위스키에는 다른 종류의 아로마가 더해진다. 피니싱은 클래식한 방법 또는 색다른 방법으로 다양하게 이루어지는데, 샴페인, 코냑, 맥주, 럼 등을 담았던 오크통을 주로 사용한다.

다른 증류주를 숙성시킨 오크통에서 숙성시킨 위스키

위스키는 대부분 아메리칸 버번을 담았던 통, 또는 조금 더 적은 비율로 셰리를 담았던 오크통에서 숙성시키지만, 좀 더 특이한 오크통을 사용하기도 한다.

맥미라 미드빈테르
(Mackmyra Midvinter)

스웨덴 위스키 브랜드 맥미라는 보르도 와인, 셰리, 뱅쇼(Vin Chuad)를 담았던 오크통의 조합으로 피니싱을 거친 맥미라 미드빈테르를 만들었다. 스웨덴 예블레 지역 외곽에 위치한 맥미라 증류소에서 만든 이 싱글몰트 위스키에서는, '과즙이 풍부한 베리류'나 시트러스의 향과 함께 '겨울 향신료'의 노트를 느낄 수 있다.

웨스트랜드 인페르노
(Westland Inferno)

만우절에 출시되어 거짓말이라는 의심을 받기도 한 인페르노(워낙 소량만 출시되기도 했다). 웨스트랜드 증류소에서 만든 이 위스키는 타바스코통에서 숙성시킨 싱글몰트 위스키이다.

로즐리외르 토카이 드 옹그리
(Rozelieures Tokay de Hongrie)

토카이 와인은 헝가리 북동부와 슬로바키아 남동부의 매우 작은 지역에서 생산되기 때문에, 오크통 자체가 상대적으로 드물지만 위스키에 좋은 맛을 더해준다.

더 발베니 캐리비안 캐스크 14년
(The Balvenie Caribbean Cask 14 Years)

누가 위스키와 럼은 어울리지 않는다고 했을까? 스코틀랜드의 발베니 증류소는 캐리비안 럼을 담았던 미국산 오크통에서 위스키의 피니싱을 진행하기로 결정했다.

템플턴 라이, 메이플 캐스크 피니시
(Templeton Rye, Maple Cask Finish)

라이 위스키도 특별한 방법으로 피니싱을 할 수 있다. 먼저 템플턴 라이를 숙성시킬 80개의 빈 오크통에 2달 동안 메이플 시럽을 담아둔다. 그리고 이 오크통들을 매일 손으로 굴려준다. 오크통을 비운 뒤 그 안에 다시 4년 동안 숙성시킨 라이 위스키를 담고, 2달 동안 피니싱한다.

틸링 위스키, 진저비어 캐스크
(Teeling Whiskey, Ginger Beer Cask)

더블린에 있는 틸링 증류소와 런던의 엄브렐라 브루잉(Umbrella Brewing)의 합작으로, 진저비어 캐스크에서 피니싱한 최초의 아이리시 위스키가 탄생했다.

위스키 캐스크에서 숙성시킨 증류주

반대로 사용을 마친 위스키 캐스크가 다른 증류주를 만드는 증류소에서 부가가치를 발생시키며 제2의 인생을 시작하는 경우도 있다.

코라손 버팔로 트레이스 올드 22
(Corazón Buffalo Trace Old 22)

위스키와 테킬라의 조합에는 의문을 가질 수 있지만, 그럼에도 불구하고 버번 캐스크로 피니싱한 테킬라는 위스키와 테킬라의 장점이 훌륭하게 조화를 이루었다.

HSE, 럼 오르다주 위스키 로즐리외르 피니시 2013
(HSE, Rhum Hors d'âge, Whisky Rozelieures Finish Millésime 2013)

럼 오크통에서 위스키의 피니싱이 가능하다면 반대의 경우 역시 가능하다. 럼 브랜드 HSE가 이를 증명했다. 오크통에서 6년 동안 숙성시킨 올드 럼을, 로즐리외르 위스키를 숙성시킨 오크통에서 최소 8개월 이상 섬세하게 피니싱하였다.

색다른 조합

사람의 창의력에는 한계가 없다. 오크통을 이용한 색다른 조합을 소개한다.

위스키 배럴 에이지드 킷캣
(Whisky Barrel Aged Kit Kat)

위스키 배럴에서 180일 동안 숙성시킨 카카오 빈으로 만든 킷캣 초콜릿이 있다. 여기에 사용된 오크통은 전 세계적으로 유명한 피트 위스키 산지인 아일레이섬(스코틀랜드)에서 온 것이다.

피시키(헤링 캐스크 피니시)
(Fishky)

독립병입자 스투피드 캐스크(Stupid Cask)에서 생산한 피시키(Fishky)는, 브룩라디 싱글 캐스크 위스키를 원래 청어를 담았던 통(헤링 캐스크)에서 피니싱한 것이다. 옛날 스코틀랜드 증류업자들이 생선을 담은 통에 위스키를 보관했다는 소문에서 영감을 얻어 만든 제품.

C-4

식탁에서

LE WHISKY À TABLE

위스키도 식탁에서 훌륭한 친구가 될 수 있다. 하지만 와인과 마찬가지로 작은 실수가 모든 것을 망칠 수 있다. 여기에서는 음식과 위스키의 매칭에 대해 몇 가지 예를 들어 설명한다. 조금만 훈련하면 누구나 매칭의 전문가가 되어 저녁식사에 초대된 손님들을 감탄하게 만들 수 있다.

LE WHISKY À TABLE

위스키가 있는 저녁식사

프랑스에서는 식사할 때 와인을 마시는 것이 일반적이어서 위스키를 마시는 모습을 상상하기 힘들다. 하지만 위스키의 아로마는 매우 풍부해서 앙트레부터 디저트까지 모든 코스에 매칭할 수 있다.

위스키와 음식, 어떻게 매칭할까?

알코올 도수가 40%가 넘는 고도주의 아로마는 와인보다 다양하고, 또 쉽게 변한다. 예를 들어 수분이 많은 음식과 매칭하면 알코올 도수가 변하고 아로마도 다르게 나타난다. 음식과 위스키를 훌륭하게 매칭하는 방법을 몇 가지 소개한다.

01

보완적 매칭
음식과 위스키가 서로 풍미를 돋워줄 수 있게 매칭한다.

02

대조적 매칭
풍미가 강한 음식에 감미롭고 스모키한 위스키를 매칭한다.

03

톤 온 톤(Tone-on-Tone) 매칭
음식의 향과 같은 향을 가진 위스키를 매칭한다.

일본 스타일로

식탁에서 위스키를 스트레이트로 마시는 것이 부담스럽다면, 일본 스타일로 물을 타서 알코올 도수를 낮춰서 마시는 방법을 추천한다(p.126 미즈와리 참조).

순서는?

위스키를 먼저 마셔야 할까 아니면 음식을 먼저 먹어야 할까? 정답은 음식을 먼저 먹어야 한다는 것이다. 음식을 먼저 먹으면 특히 치즈 같은 기름기 많은 음식을 먼저 먹으면, 위스키의 풍미가 훨씬 풍부해지고 입안에서 더 부드럽게 느껴진다. 위스키가 너무 독하다고 느낀다면 한 번 시도해자.

부적절한 조합

지나치게 단 음식
설탕은 위스키의 좋은 친구가 아니다. 음식이 너무 달면 알코올이 강조되어 위스키 맛이 강하게 느껴진다.

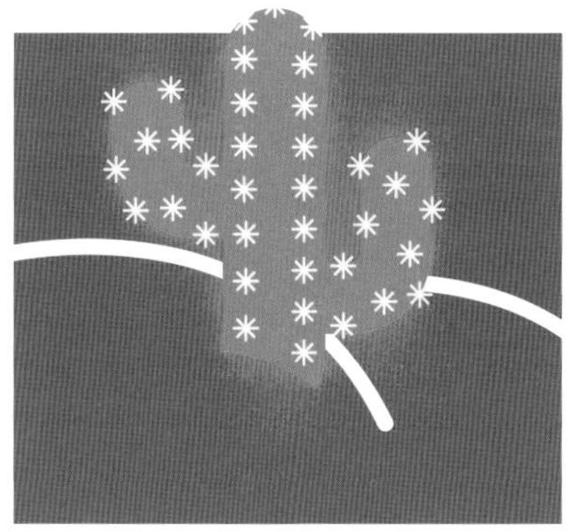

지나치게 짠 음식
음식이 너무 짜면 위스키가 떫게 느껴진다. 입안의 점막이 수축되어 입이 마르고 비누를 먹는 것 같은, 별로 유쾌하지 않은 느낌이다.

셰브르 치즈
셰브르 치즈에 위스키를 매칭하면 염소냄새가 강해진다. 열심히 향을 맡았는데 염소냄새만 나는 것은 안타까운 일이다.

클래식 몰트 앤 푸드(Classic Malt and Food)

위스키 회사들은 위스키를 식탁 위에 올려놓기 위해 심혈을 기울이고 있다. 디아지오(Diageo)사는 몇 년 전부터 '클래식 몰트 앤 푸드'라는 프로그램을 개발하고, 클래식 몰트 컬렉션의 13가지 위스키를 중심으로 집에서도 쉽게 활용할 수 있는 음식과 위스키의 매칭을 제안하고 있다. 입안에 군침이 돌게 만드는 몇 가지 예를 소개한다.

쿨라일라 (Caol Ila)
카망베르, 타프나드

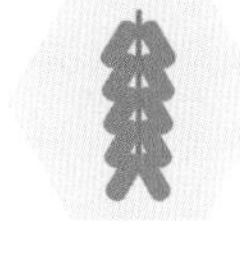

카듀 (Chrdhu)
대추야자, 파르마산 생햄

노칸두 (Knockndo)
푸아그라

탈리스커 (Talisker)
훈제연어, 생치즈

싱글톤 오브 더프타운 (Singleton of Dufftown)
프랄리네 초콜릿, 마멀레이드

아벨라워 헌팅 클럽 (Aberlour Hunting Club)

고급스러운 분위기에서 아벨라워(Aberlour) 위스키와 함께 완벽하게 매칭된 디너를 즐기고 싶지 않은가? 아벨라워는 6년 전부터 유명한 셰프들에게 요청하여 아벨라워 위스키와 어울리는 맛있는 메뉴를 제공하는 '아벨라워 헌팅 클럽'을 운영하고 있다. 테이블이 몇 개 되지 않고 식사 시간도 제한이 없어 가격은 매우 비싸다.

매칭 샘플

- 감초향 부용을 곁들인 에스카르고 드 부르고뉴 + 아벨라워 2003 화이트 오크
- 캐비어와 겨자를 곁들인 미퀴 살몬 + 감자 스프 + 아벨라워 16년(더블 캐스크 숙성)
- 사슴 안심 구이, 그랑 브뇌르 소스 + 아벨라워 18년(더블 캐스크 숙성)
- 헤이즐넛 슈트로이젤과 서양배 캐러멜라이즈, 만자리 초콜릿 크림, 서양배와 생강 소르베 + 아벨라워 아부나흐

LE WHISKY À TABLE

위스키에 어울리는 음식

위스키를 마실 때 어떤 음식이 어울리는지 모른다고 걱정할 필요 없다.
위스키와 잘 어울리는 음식을 몇 가지 소개한다.

초보자를 위한 매칭

모든 위스키와 잘 어울리는 환상적인 음식 없지만, 다른 것보다 잘 어울리는 음식은 있다. 아래 음식들을 시작으로 위스키와 음식의 매칭을 시도해보자.

- **치즈** 로크포르, 카망베르, 오래 숙성한 체다, 고다, 오래 숙성한 콩테
- **초콜릿** 밀크 초콜릿과 어울리는 위스키도 있지만 위스키는 다크 초콜릿과 더 잘 어울린다. 카카오 함량이 높을수록 깊은 맛을 느낄 수 있다.

- **햄종류와 타프나드** 식전에 즐기는 아페리티프로 잘 어울린다. 위스키가 음식과 얼마나 잘 어울리지 알게 될 것이다.
- **과일** 애플파이나 서양배 타르트와 잘 어울린다. 오렌지 종류는 위스키의 맛을 가리기 때문에 피한다.

어떤 위스키에 어떤 음식?

집에 마개를 딴 위스키가 있어서 음식과 매칭해 보고 싶다면, 여기서 소개하는 4종류의 위스키와 잘 어울리는 음식을 참고하면 도움이 될 것이다.

직접 경험해보자

여러 가지 치즈와 위스키를 준비해서 매칭 시음회를 열어보자. 먼저 가벼운 치즈와 위스키부터 시작해서 조금씩 강도를 높인다. 평범하게 느껴지는 매칭도 있을 것이고, 기막히게 맛있는 매칭도 있을 것이다. 위스키 덕분에 치즈맛이 좋아지기도 하지만, 치즈 덕분에 위스키 맛이 좋아지기도 한다.

와인과 비슷할까?

일반적으로 부르고뉴 레드와인에는 치즈가, 쥐라 지방의 뱅존(스위트와인)에는 카망베르 치즈가 어울린다. 그렇다면 위스키는 어떨까? 위스키의 경우에는 조금 복잡하다. 테루아(Terroir, 토양과 기후 특성)가 중요하기는 하지만 가까이에 위치한 두 증류소에서 전혀 다른 위스키가 생산되기도 하기 때문이다. 아래의 표에서 제안한 매칭은 테루아의 주요 특징을 고려한 것이다.

	육류 생선	채소	과일	견과류	초콜릿	치즈
B 버번	바비큐 닭고기 오리고기 돼지고기	브로콜리 방울양배추 감자 구운 당근	사과 살구 복숭아 서양배	피칸 아몬드	화이트	만체고 블루
R 라이	소고기 닭고기 달걀 양고기 연어	케일 방울양배추 감자 말린 토마토	사과 서양배 딸기	땅콩 피칸	다크	리코타 체다
W 아이리시	소고기 송아지고기 야생조류고기	강낭콩 마늘 양파 감자	사과 서양배	마카다미아너트 브라질너트	다크	브리 페코리노 하바티
H 하일랜드 (어린 위스키)	햄 달걀 훈제연어 참치	당근 셀러리 렌틸콩 리조토 야생버섯	사과 대추야자 무화과	아몬드 피스타치오	밀크	숙성 고다 체다 마스카르포네
H 하일랜드 (15년 이상 숙성)	소고기 새끼양고기 칠면조 고기	아스파라거스 셀러리 고구마	체리 대추야자 서양배	피칸 피스타치오	다크 밀크	숙성 체다 블루
L 롤런드	닭고기 돼지고기 스테이크	꾀꼬리버섯 오이 주키니 버섯 감자	살구 무화과 블랙베리	마카다미아너트 아몬드	밀크	브리 짧게 숙성한 고다
I 아일레이	달걀 굴 비둘기 연어	가지 강낭콩 옥수수 양파 감자 / 호박	파인애플	아몬드 호두	밀크	모짜렐라

LE WHISKY À TABLE

위스키에 어울리는 전통요리

스코틀랜드와 아일랜드에서는 예전부터 전통요리와 함께 위스키를 즐겼다.
오늘날에도 전통요리는 위스키와 음식의 떼려야 뗄 수 없는 관계를 이해하는 데 큰 도움이 된다.

아일랜드 훈제연어

아일랜드는 연어를 양식하는 나라이다. 훈제연어는 아일랜드의 전통요리로 좋은 일이 있을 때 술집이나 집에서 먹는 특별한 음식이다.

아일랜드 훈제연어는 어떤 위스키와 어울릴까?

훈제이기 때문에 이탄향이 강한 위스키에 손이 먼저 가는 것은 사실이다. 하지만 너무 과하면 좋지 않다. 지나치게 강하면 오히려 서로의 향을 죽인다.

그래서 '달위니(Dalwhinnie) 15년'이나 '탈리스커 스톰(Talisker Storm)' 같은 이탄향이 크게 강하지 않고 요오드, 향신료, 풀잎 향이 풍부한 위스키가 잘 어울린다.

재료

아일랜드 훈제연어 슬라이스 적당량
레몬 2개
가염버터 1개
바게트빵 2개 분량
코울슬로 적당량
소금, 후추 조금

만드는 방법(4인분)

1. 연어 슬라이스를 채썰어서 접시에 담는다.
2. 소금과 후추로 간을 한다.
3. 레몬을 씻어서 2등분한다.
4. 자른 레몬을 접시에 각각 놓는다.
5. 버터를 식탁 위에 놓는다.
6. 빵과 코울슬로를 곁들이면 완성.

스코틀랜드 하기스(Haggis)

하기스는 양의 위에 내장을 채워서 찌는 스코틀랜드의 전통요리이다. 하기스의 정확한 기원은 모호하지만 하일랜드에서 유래되었다는 설이 유력하다. 목동들이 가축을 키워서 에든버러로 팔러 갈 때, 가면서 먹으라고 아내들이 양의 위에 음식을 담아주었다고 한다. 하기스는 매년 1월 25일 스코틀랜드의 국민시인 로버트 번스의 생일을 기리는 '번스 나이트(Burns Night)'에 먹는 음식이기도 하다.

재료

양 위장 1개
양 내장 (간, 염통, 허파) 1 kg
양 콩팥 250 g
양 지방 100 g
양파 3개
오트밀 500 g
소금, 후추 적당량

어떤 위스키가 어울릴까?

이탄향이 강한 위스키는 피한다.

- 탈리스커(Talisker) 10년. 지금은 구하기 힘들기 때문에 탈리스커 스카이(Talisker skye)로 대체해도 좋다.
- 하일랜드 파크(Highland Park) 12년
- 라프로익(Laphroaig) 10년
- 글렌리베트(Glenlivet) 18년

삶기 전에 위스키를 뿌리고 삶으면 고급스러운 하기스가 된다.

만드는 방법

01 양의 위장을 씻어서 뒤집은 다음 안쪽도 잘 문질러서 씻는다. 소금물에 하룻밤 담가놓는다.

02 양의 내장, 콩팥, 지방을 씻어서 끓는 물에 넣고 소금간을 한 뒤, 2시간 동안 약불로 삶는다. 다 삶아지면 물을 버리고 연골과 혈관 등을 제거한 뒤 모두 잘게 다진다.

03 양파는 껍질을 벗기고 끓는 물에 살짝 익힌 다음 칼로 다진다. 양파 끓인 물은 버리지 않고 보관한다.

04 오트밀을 프라이팬에 넣고 바삭해질 때까지 약불로 천천히 볶는다.

05 모든 재료를 섞은 뒤 양파 끓인 물을 조금씩 넣으면서 반죽한다.

06 완성된 반죽을 양의 위에 2/3 정도 채운다. 공기가 남아 있지 않도록 꾹꾹 누르면서 채운다. 필요하면 실로 끝부분을 묶는다.

07 삶을 때 터지지 않도록 칼끝으로 몇 군데를 찔러서 구멍을 낸다. 뚜껑을 닫고 약한 불로 3~4시간 동안 삶는다. 다 익으면 식기 전에 조심해서 실을 제거한다.

08 뜨거운 위를 열고 내용물을 꺼내 접시에 담는다. 매시트포테이토, 빵, 버터를 곁들인다.

LE WHISKY À TABLE

위스키, 요리에 들어가다

위스키를 즐기는 또 하나의 방법은 음식에 넣는 것이다. 물론 비싼 위스키를 넣을 수는 없지만,
사실 비싼 위스키를 넣어도 음식 맛에 차이는 없으므로 적당한 것을 고른다.

소스

재료

에샬로트 슬라이스 3개 분량
식용유 적당량
위스키 100㎖
퐁 드 보(소고기 육수) 2~3작은술
설탕 2작은술
물 100㎖

만드는 방법

소스팬에 기름을 두르고 에샬로트를 살짝 볶는다. 익으면 위스키를 넣고 육수, 설탕, 물을 넣어 끓인다. 졸아들면 소고기 스테이크 등에 곁들인다.

홈메이드 마멀레이드

재료

비터 오렌지 (가능하면 유기농) 1.3kg
설탕 1kg
위스키 100㎖

만드는 방법

01 오렌지를 솔로 문질러서 깨끗이 씻는다. 압력솥에 오렌지를 통째로 넣고 물을 조금 부어서 끓인 다음, 압력상태로 40분 더 끓인다. 불을 끄고 그대로 식힌다.

다음날 오렌지를 꺼내고 국물은 압력솥에 그대로 보관한 뒤, 오렌지는 반으로 잘라 씨와 과육을 빼낸다.

오렌지 껍질을 약 3㎝ 길이로 채썰어서 국물이 들어 있는 압력솥에 다시 넣는다. 설탕 1kg과 위스키 70㎖를 넣는다. 얇은 천으로 과육과 씨를 싸서 펙틴이 풍부한 즙을 싸 넣는나.

04 *03*의 마멀레이드가 104℃가 될 때까지 강불로 끓인다. 위스키 30㎖를 넣고 잘 섞는다.

05 그대로 병에 담고 식으면 맛을 본다.

위스키로 숙성시킨 고기

파리의 유명한 정육점 주인인 이브 마리 르 부르도넥(Yves-Marie le Bourdonnec)은 위스키를 이용해서 고기를 숙성시킨다. 먼저 단백질 분해효소의 작용으로 고기가 연해지도록 20일 동안 놔둔 뒤, 위스키를 적신 천으로 고기를 싸서 숙성시킨다. 천은 10일마다 교체한다. 이 과정에서 지방이 기름종이처럼 위스키를 흡수한다.

위스키 플랑베?

위스키로 새우 플랑베를 만들지 못할 이유가 없다. 기존의 레시피에 위스키 100㎖를 넣고 플랑베를 만들면 정말 맛있는 플랑베가 된다.

스코틀랜드 전통 디저트, 크라나칸(Cranachan)

재료

오트밀 2큰술
라즈베리 300g
설탕 조금
더블크림(유지방 45% 이상) 350㎖
꿀 2 큰술
위스키 2~3 큰술

만드는 방법

01 오븐팬에 오트밀을 펼쳐서 올린 뒤 고소한 냄새가 날 때까지 구워서 식힌다.

02 라즈베리를 반쯤 짓이겨서 퓌레상태로 만들고 체에 내려서 설탕을 넣는다.

03 더블크림에 꿀과 위스키를 넣고 섞는다.
맛을 보고 취향에 따라 꿀과 위스키를 적당히 추가한다.

04 *03*의 크림에 오트밀을 넣고 살짝 휘젓는다.

컵에 오트밀을 넣은 크림과 라즈베리 퓌레를 층층이 번갈아 담는다.
냉장고에 넣고 차갑게 식혀서 먹는다.

C-5

바 & 칵테일

BARS & COCKTAILS

바의 손님이나 바텐더에게 있어서 위스키는 여러 가지 증류주 중에서도 특별한 존재이다. 매혹적인 칵테일로 변신한 위스키는 우리를 다른 시대로 데려가주고 세계 곳곳을 여행하게 해준다.

BARS & COCKTAILS

바에서 위스키 주문하기

친구들 또는 고객과 함께 술을 마시러 바에 갈 기회가 있을 것이다.
그곳에서 위스키를 주문할 생각이라면 정말 좋은 생각이다.

백 바를 확인한다

처음 방문한 바라면 바로 백 바(Back Bar), 즉 바텐터 뒤쪽에 진열되어 있는 술병을 확인한다.

당장 나가라!

- 위스키가 한 병밖에 없다면
- 슈퍼마켓 진열대에서 자주 보는 값싼 위스키만 있다면
- 술병은 열려 있고 먼지가 쌓여 있다면

위스키 전문 바에 가야 할까?

물론 위스키 전문 바에 가면 독특한 위스키를 경험할 수 있어 좋지만, 그렇다고 꼭 위스키바에 가야 하는 것은 아니다. 위스키 전문이 아닌 일반 바나 칵테일바 중에도 어디에 내놓아도 손색없는 위스키 리스트를 갖춘 곳이 많이 있다.

세계 최고의 위스키바

아일랜드에 가면 '딕 맥스(Dick Macks)'에 꼭 들려야한다. 1899년에 문을 연 딕 맥스는 가족이 경영하는 바인데 완벽한 아이리시 위스키 리스트를 갖추고 있으며, 각 지역의 대표적인 스카치 위스키도 골고루 갖추고 있다.
또한 딕 맥스는 헐리우드 스타들의 사랑을 받는 곳으로도 유명하다. 운이 좋으면 숀 코너리나 줄리아 로버츠를 만날 수 있다. 헐리우드 명예의 거리처럼 바닥에 딕 맥스를 방문한 스타들의 발자국이 새겨져 있다.
주소: Green Street, Dingle, Co. Kerry. Ireland.

위스키 한 잔 할까요?

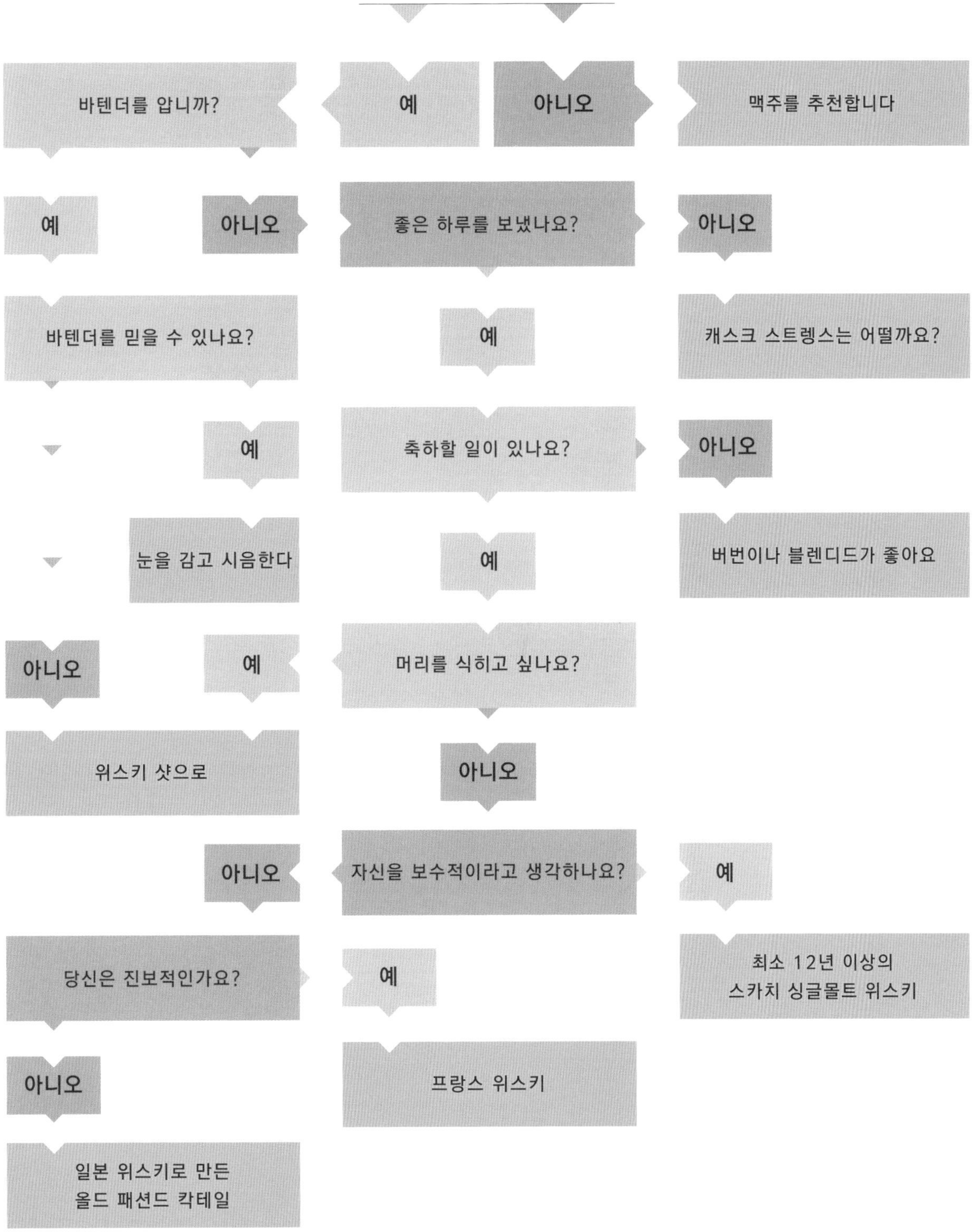

예 / 아니오

바텐더를 압니까?

맥주를 추천합니다

예

아니오

좋은 하루를 보냈나요?

아니오

바텐더를 믿을 수 있나요?

예

캐스크 스트렝스는 어떨까요?

예

축하할 일이 있나요?

아니오

눈을 감고 시음한다

예

버번이나 블렌디드가 좋아요

아니오

예

머리를 식히고 싶나요?

위스키 샷으로

아니오

아니오

자신을 보수적이라고 생각하나요?

예

당신은 진보적인가요?

예

최소 12년 이상의
스카치 싱글몰트 위스키

아니오

프랑스 위스키

일본 위스키로 만든
올드 패션드 칵테일

BARS & COCKTAILS

미즈와리

'오 마이 갓!' 처음으로 미즈와리를 마신 스코틀랜드 사람이 하는 말이다. '어떻게 위스키에 그렇게 많은 물을 넣을 수 있지?', '위스키가 아니라 물이다!' 그렇지만 미즈와리는 위스키가 아니라 예술이다. 스코틀랜드 사람들이 미즈와리를 보고 웃음을 터뜨리든 인상을 찌푸리든, 미즈와리는 일본에서 매우 인기 있는 술이다.

미즈와리란?

미즈와리는 위스키에 2배 분량의 생수를 섞고 얼음을 넣어서 마시는 것이다. 번역하면 '물을 타다'라는 뜻이다.
일본사람처럼 정확하게 발음하지 못하더라도 '미-즈-와-리'라고 분명하게 말하면 일본의 바에서 미즈와리를 마실 수 있다.

식사하는 동안 계속 마셔야 하기 때문에 얼음의 양이 매우 중요하다. 얼음이 충분하지 않으면 디저트가 나올 때쯤 미즈와리가 미지근해질 것이고, 얼음이 너무 많을 경우 한 모금 들이키고 나면 아무것도 남지 않을 것이다. 아이들 음료수처럼 보이지만 미즈와리를 만드는 과정은 예술에 가깝다.

어떻게 만들까?

미즈와리는 물에 시럽을 탄 음료수처럼 적당히 만드는 것이 아니다. 만드는 과정이 매우 중요한데, 일본사람이 미즈와리를 만드는 모습은 놀라울 정도로 섬세하다. 특히 섞는 방법이 매우 독특하며 과정마다 세심한 주의가 필요하다.

01

텀블러 타입의 글라스를 선택한다. 글라스의 품질과 두께가 매우 중요하다.

02

얼음을 넣어 글라스를 치게 식힌 다음 얼음을 버린다.

03

새로운 얼음의 모서리를 갈아 둥글게 만들어서 글라스에 넣는다.

04

위스키를 천천히 따른 다음 조심스럽게 섞는다.

05

물을 조금씩 붓는다. 물이 들어가면서 아로마가 퍼지기 시작한다.

06

물을 다 부은 다음 힘차게 젓는다. 단, 소리를 내면 안 된다.

언제 마실까?

- **더울 때** 날씨가 더우면 위스키를 마시는 것이 부담스러워진다. 하지만 얼음을 넣은 미즈와리라면 시원하게 마실 수 있다.

- **식사할 때** 식사를 시작할 때부터 마칠 때까지 와인 대신 미즈와리를 마실 수 있다. 실제로 일본의 고급 레스토랑에서는 위스키를 미즈와리로 만들어서 서빙하는 경우가 많다.

- **위스키를 처음 마실 때** 위스키는 도저히 좋아할 수 없다고 생각하는 사람들의 두려움을 덜어주는 묘약이다.

추천하는 위스키

- 다케쓰루(Taketsuru) 12년_ 니카
- 야마자키(Yamazaki) 12년_ 산토리
- 하쿠슈(Hakushu) 12년_ 산토리

응용 버전

- **하이볼(Highball)** 탄산을 좋아한다면 하이볼을 추천한다. 생수 대신 탄산수를 넣는 것만으로, 폭발적이고 놀라운 결과를 약속할 수 있다. 일본에서는 하이볼의 인기가 매우 높아 산토리 등의 브랜드에서 하이볼을 캔으로 만들어서 판매할 정도이다. 도쿄를 출발해 오사카로 가는 신칸센 안에서 맥주 대신 하이볼을 맛있게 마시는 비즈니스맨들을 자주 볼 수 있다.

- **트와이스 업(Twice Up)** 미즈와리가 너무 싱겁고 가볍다고 생각되면 트와이스 업을 권한다. 물과 위스키를 1:1로 섞고 얼음은 넣지 않는다. 와인 잔으로 우아하게 즐겨보자.

BARS & COCKTAILS

아이스볼

아이스볼(Ice Ball)을 구하러 북극까지 갈 필요는 없다.
획기적인 방법으로 위스키를 마실 수 있게 해준 아이스볼은 일본에서 찾을 수 있다.

일본에서 시작된 예술

아이스볼이란?

위스키에는 얼음을 절대 넣지 않는다. 이것이 전통적인 방식이다. 하지만 위스키를 묽게 만들지 않고 시원하게 마실 수 있게 해주는 아이스볼이라면 이야기는 달라진다. 일본에서 시작된 아이스볼은 일본인들의 미적 감각과 놀라운 손재주를 잘 보여준다. 얼음을 완벽한 공모양으로 만들 수 있는 바텐더는 그리 많지 않다.

필요한 도구

날카로운 칼로 아이스볼을 만드는 사람도 있지만, 대개 두 종류의 아이스 픽을 사용해서 얼음을 자른다. 큰 얼음 덩어리를 큐브모양으로 자를 때 쓰는 꼬챙이 같은 아이스픽과 얼음을 정확하게 공모양으로 만드는 데 필요한 3갈래짜리 아이스픽을 사용한다.

어떻게 만들까?

얼음 덩어리에서 완벽한 구형으로 변신한 아이스볼은 위스키 잔에 꼭 맞는 크기로 만들기 때문에, 일반적인 사각 얼음보다 위스키를 훨씬 더 차갑게 마실 수 있다. 비결은 얼음을 만들 때 속에 기포가 생기지 않게 하는 것이다. 그러면 투명하고 깨끗하며 글라스 안에서 천천히 녹는 아이스볼을 만들 수 있다.

바텐더의 성스러운 의식

공모양으로 만든다

아이스픽을 사용해서 네모난 얼음덩어리를 공모양으로 만든다. 매우 섬세하고 정성을 들여야 하는 작업으로, 무엇보다도 눈이 좋아야 한다.

글라스에 넣는다

물이 들어 있는 글라스에 아이스볼을 살짝 넣는다. 그리고 믹싱스푼으로 아이스볼을 여러 번 돌려서 글라스를 차갑게 식힌다.

위스키를 붓는다

글라스에서 물을 빼고 아이스볼 위로 위스키를 천천히 붓는다. 위스키가 채워지면서 아이스볼이 천천히 움직여 잔 안의 온도를 고르게 만들어준다.

집에서 만들 수 있을까?

솔직히 말하면 집에서 아이스볼을 만드는 것은 권하고 싶지 않다. 아이스픽을 손에 꽂고 응급실에 갈 확률이 높기 때문이다.
그렇다고 희망이 없는 것은 아니다. 아이스볼을 만들 수 있는 실리콘틀이 있다. 실리콘틀에 시음할 때 쓰는 물을 채우고(수돗물은 안 된다), 냉동실의 평평한 곳에 넣어둔다. 아이스볼이 완성되면 틀에서 빼낸 다음, 위의 2단계부터 시작하면 친구들을 놀라게 만들 수 있다.

시간이 포인트!

숙련된 바텐더는 2분 만에 아이스볼을 만든다. 20℃ 정도의 상온에서 아이스볼은 30분 동안 거의 녹지 않고 그대로 유지된다. 위스키 한 잔을 마시기에 충분한 시간이다. 반면 아이스 큐브는 30분 지나면 다 녹아 없어져서 위스키만 묽어진다.

어떤 위스키에 잘 어울릴까?

일본의 발명품이므로 일본산 위스키가 가장 잘 어울리지만, 다른 나라의 위스키로 아이스볼을 시험해도 좋다. 좋아하는 위스키의 새로운 모습을 발견하게 될지도 모른다.

BARS & COCKTAILS

칵테일의 기본 도구

좋은 칵테일을 만들기 위해 전문가까지 될 필요는 없지만, 몇 가지 기술과 도구만 있다면 친구들을 놀라게 할 수 있다. 그렇게까지는 아니어도 최소한 맛있는 칵테일은 만들 수 있다.

어드바이스

믹싱 글라스와 믹싱 스푼을 사용할 때는 엄지, 검지, 중지의 세 손가락으로 스푼을 잡는다.

셰이커(Shaker)

셰이커는 칵테일을 상징하는 도구이며 가장 유용한 도구이다. 또한 얼음을 넣으면 시원한 칵테일을 마실 수 있다. 셰이커는 두 부분으로 구성된 것과 세 부분으로 구성된 것(여과기인 스트레이너가 내장된 것)이 있다.

사용방법은 재료와 얼음을 넣고 뚜껑을 잘 닫은 다음 셰이커 표면에 서리가 맺힐 때까지 흔들면 된다. 만약 셰이커가 잘 열리지 않으면 양손으로 셰이커를 감싼 뒤 엄지손가락을 셰이커 윗부분에 대고 위쪽 방향으로 비스듬히 밀어준다. 또는 셰이커 옆면을 세게 두드려도 된다.

믹싱 글라스(Mixing Glass)

칵테일이라고 하면 당연하게 셰이커를 떠올리지만 반드시 그런 것은 아니다. 흔들어야 하는 칵테일도 있지만 가볍게 섞어서 만드는 칵테일도 있기 때문이다. 섞는 것은 가장 간단한 칵테일 기술이다. 믹싱 글라스(보스턴 셰이커의 유리부분을 사용해도 된다)와 믹싱 스푼만 있으면 만들 수 있다. 믹싱 스푼은 손잡이가 길기 때문에 잔 바닥까지 저어서 섞을 수 있다.

어드바이스

칵테일 잔을 냉장고나 냉동고에 미리 넣어두면 칵테일을 차갑게 서빙할 수 있다.

스마트폰과 연결되는 블루투스 셰이커

셰이커는 처음 만들어진 모습 그대로 거의 변한 것이 없다. 그런데 21세기인 지금 스마트폰 어플리케이션과 연결된 가전제품이 많아지면서, 칵테일에도 그 영향이 미치게 되었다. 블루투스로 스마트폰에 있는 어플리케이션과 연결할 수 있는 셰이커가 나온 것이다. 어플리케이션에서 만들고 싶은 칵테일을 선택하면 재료목록을 알려주고, 셰이커에 불이 들어와 재료를 계량할 수 있으며, 속도계도 있어서 어느 정도의 속도로 얼마나 흔들어야 하는지 알 수 있다.

어울리는 잔 고르기

어울리지 않는 잔을 사용하면 모처럼 만든 칵테일을 제대로 즐길 수 없다. 세상에서 제일 맛있는 칵테일일지라도 어울리는 잔이 아니면 빛이 바랜다. 칵테일에 어울리는 아름다운 잔(남성적인 잔, 여성적인 잔, 우아한 잔, 캐주얼한 잔 등)을 골라서 너무 많지도 너무 적지도 않게 적당히 따르는 것이 중요하다.

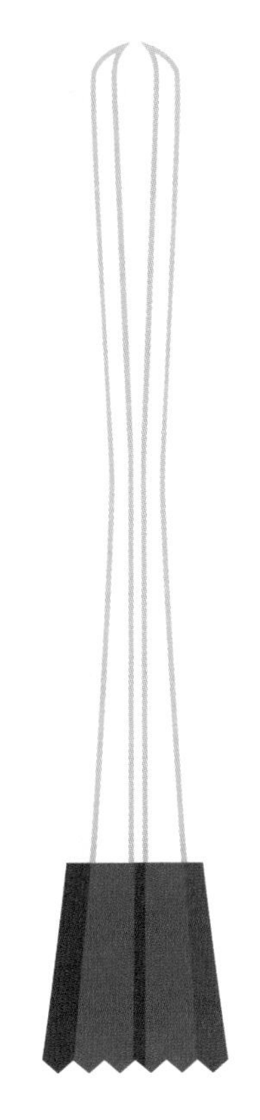

지거(Jigger)

칵테일에 들어가는 재료의 양을 정확하게 계량하는 것은 매우 중요하다. 자칫 잘못하면 칵테일 전체를 망치게 된다. 전통적인 계량컵인 지거는 한쪽은 조금 크고(40㎖) 다른 쪽은 작다(20㎖). 지거가 없으면 술병 뚜껑으로 대체할 수 있는데, 예외도 있지만 뚜껑의 용량은 대부분 20㎖ 정도이다.

머들러(Muddler)

절굿공이와 비슷한 머들러는 허브나 과일을 찧어서 향을 추출하는 데 반드시 필요한 도구이다. 용기에 재료를 넣은 뒤 머들러에 힘을 주고 원을 그리듯이 돌려서 재료를 짓이긴다. 용기가 튼튼하지 않으면 머들러를 사용하기 힘들다. 유리로 된 용기밖에 없다면 튼튼한 것을 골라야 한다. 잘못해서 깨지면 손을 벨 위험이 있다.

스트레이너(Strainer)

지금 우리가 만들고 있는 것은 칵테일이지 수프가 아니다. 그렇기 때문에 셰이커나 믹싱 글라스 안에 있는 내용물을 걸러내고 액체만 따르는 것이 중요하다. 여과기인 스트레이너로 칵테일을 마시는 데 방해가 되는 얼음조각이나 과일 등을 제거한다.

BARS & COCKTAILS

전설적인 위스키 베이스 칵테일

위스키 칵테일은 새로운 것이 아니다. 19세기에 이미 우리의 조상들은 여러 가지 칵테일을 만들어서 마셨다. 불후의 명작이라 할만한 전설적인 칵테일 몇 가지를 소개한다.

아이리시 커피(Irish Coffee)

칵테일이라고 해서 차가운 것만 있는 것은 아니다. 따뜻한 칵테일도 있다. 차가운 몸을 따뜻하게 녹여주는 아이리시 커피는 유명한 위스키 베이스의 칵테일 중 하나이다. 그런데 재미있는 것은 아이리시 커피는 다른 나라에서 더 유명하며, 아일랜드에서는 주로 관광객들이 마신다는 것이다. 아이리시 커피의 탄생 설화는 아일랜드에 있는 럭비공 수만큼 많다.

탄생

1940년대 초 대서양 횡단 비행기의 대부분은 아일랜드 서부에 있는 섀넌(Shannon)이라는 도시를 경유했다. 섀넌 공항의 바에서 일하던 바텐더는 추운 날씨에 벌벌 떨고 있는 미국인들이 불쌍해 보였는지 커피에 위스키를 타서 나눠주기 시작했다. 몸이 따뜻해진 승객 중 한 명이 커피가 브라질산이냐고 묻자 바텐더는 의기양양하게 "아뇨, 그건 아이리시 커피입니다!"라고 대답했다고 한다. 섀넌공항에는 지금도 이 일화를 설명하는 안내판이 있다.

주요 재료

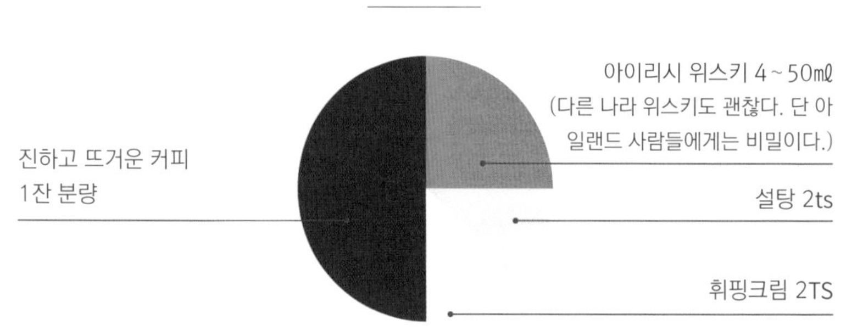

만드는 방법

01 커피잔에 위스키, 설탕, 커피를 넣는다.

02 잘 저어서 설탕을 녹인다.

03 커피와 섞이지 않도록 조심스럽게 휘핑크림을 얹는다.

04 시나몬이나 코코아가루를 뿌려도 좋다.

올드 패션드(Old fashioned)

미국의 TV 드라마 〈매드맨(Mad Men)〉 시리즈의 팬이라면 '올드 패션드'라는 이름이 낯설지 않을 것이다. 주인공은 시리즈가 진행되는 동안 올드 패션드를 몇 리터나 마셨다.

탄생

이번에는 대서양을 건너 1881~1884년의 켄터키주 루이빌로 거슬러 올라가보자. 한 바텐더가 E. 페퍼(Pepper) 버번 위스키 증류소의 주인인 E. 페퍼에게 바치는 '올드 패션드'라는 위스키 칵테일을 만들었다.

E. 페퍼는 올드 패션드를 매우 좋아해서 가는 곳마다 주문했기 때문에 그 이름이 널리 알려졌고, 나중에는 올드 패션드를 담는 잔도 올드 패션드라고 부를 정도로 유명해졌다. 그렇게 해서 우리는 올드 패션드 잔에 올드 패션드를 마시게 된 것이다.

미국에서 금주법이 시행되는 동안 올드 패션드는 카멜레온처럼 변신하여 단속을 피했다. 알코올 냄새를 감추기 위해 레몬 제스트와 탄산수를 넣은 것이다.

주요 재료

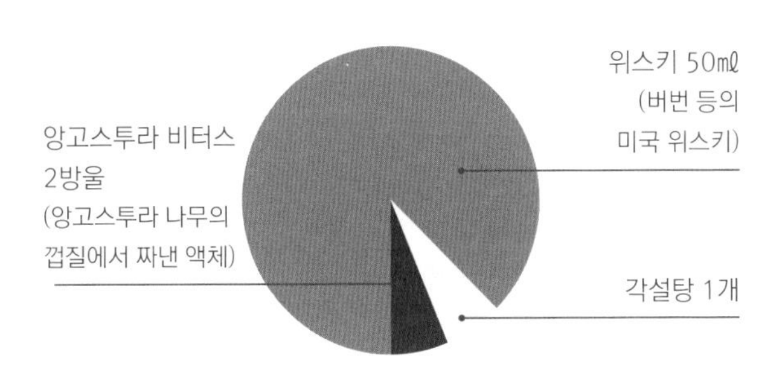

만드는 방법

맛있는 올드 패션드를 만드는 것은 그리 어렵지 않다.

01 글라스에 각설탕을 넣고 앙고스투라 비터스를 뿌린 뒤, 위스키를 1방울 떨어뜨린다.

02 믹싱 스푼으로 각설탕을 으깨서 완전히 녹을 때까지 섞는다.

03 얼음과 위스키를 넣는다.

04 오렌지 1조각과 마라스키노 체리로 장식한다.

맨해튼(Manhattan)

세계적인 칵테일의 도시 뉴욕으로 가 보자.
맨해튼은 위스키와 다른 술을 성공적으로 조합한 보기 드문 칵테일 중 하나이다.

탄생

가장 유력한 이야기는 후에 윈스턴 처칠의 어머니가 될 여성이 뉴욕에 있는 맨해튼 클럽에서 파티를 열었는데, 그때 처음 만들어졌다는 것이다.

그러나 두 번째 이야기가 더 그럴듯하게 들린다. 1890년경 대법원 판사 찰스 헨리 트룩스(Charles Henry Truax)는 마티니를 너무 많이 마셔서 몸무게에 문제가 생겼다. 판사는 습관을 바꾸겠다고 선언하고 단골 바의 바텐더에게 마티니를 조금만 넣은 새로운 칵테일을 만들어줄 것을 부탁했다고 한다. 판사의 몸무게가 줄었는지에 대해서는 알려진 바가 없다.

주요 재료

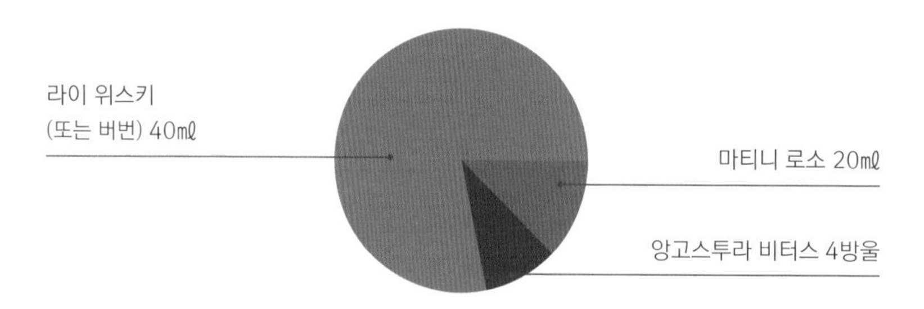

만드는 방법

믹싱 글라스로 혼합한다.

01 믹싱 글라스에 모든 재료를 붓는다.

02 얼음을 넣는다.

03 믹싱 스푼으로 섞는다.

04 스트레이너로 얼음을 걸러내며 잔에 따른다.

05 체리로 장식한다.

민트 줄렙(Mint Julep)

민트 줄렙은 시원하게 마실 수 있는 최고의 칵테일이다. 게다가 만들기도 쉽다.
이 칵테일은 내용물만큼 용기도 중요한데, 전통적으로 커다란 은잔에 담아 서빙한다. 모히토는 잊어라. 민트 줄렙이 나가신다!

탄생

민트 줄렙은 AD 400년 경 페르시아에서 마시던 음료수인 줄라브(Julab)에서 비롯되었다. 줄라브는 알코올은 넣지 않고 물, 설탕, 꿀, 과일로 만드는 음료수인데 치료 목적으로 마셨다고 한다.

18세기 지중해연안의 주민들은 목이 마를 때 증류주를 넣은 줄렙(Julep)을 즐겨 마셨다.

민트 줄렙에 대한 최초의 기록은 1787년 버지니아주에 사는 한 신사에 의해 남겨졌다. 당시에는 코냑이나 럼으로 만들었으며, 20세기 초가 되어서야 위스키로 만들게 되었다.

어드바이스

만들기 몇 시간 전에 민트와 시럽, 비터스를 미리 섞어서 냉장고에 넣어두면, 민트향이 위스키에 더 잘 배어든다.

주요 재료

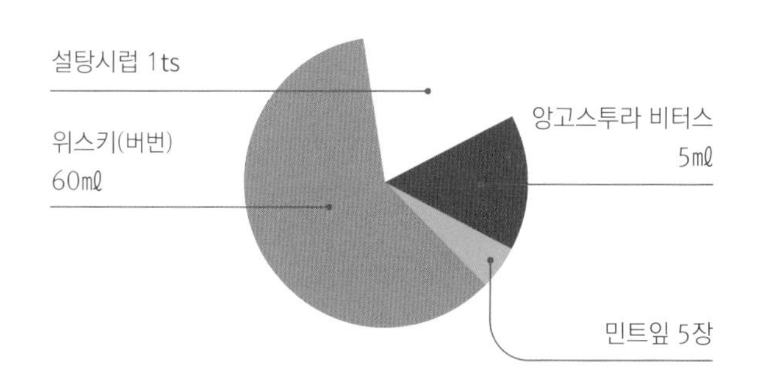

만드는 방법

칵테일 잔에서 직접 혼합한다.

01 칵테일을 만들기 전에 잔을 냉동고에 10분 정도 넣어둔다.

02 민트잎을 살짝 찧어놓는다(완전히 으깨지지 않도록 조심하고, 줄기는 미리 제거한다).

03 찧은 민트잎, 설탕시럽, 비터스를 잔에 넣고 섞는다.

04 간 얼음을 잔에 가득 채우고 그 위로 위스키를 붓는다.

05 조심스럽게 젓는다.

06 마지막으로 민트잎을 장식한다.

위스키 사워(Whisky Sour)

이름에 '사워(시큼한)'라는 단어가 들어간 칵테일은 거의 모든 술(피스코, 브랜디, 위스키, 진, 럼 등)로 만들 수 있다. 나머지 재료도 달걀, 귤, 설탕 등으로 구하기 쉽다.

탄생

위스키 사워의 레시피는 1862년 제리 토마스(Jerry Thomas)가 쓴 『바텐더 가이드(The Bartender's guide)』에 처음 기록되었다. 하지만 기본 레시피는 100년 전부터 이미 존재했다. 당시에는 항해, 특히 유럽에서 북아메리카로 가는 항해는 영원히 끝나지 않을 것처럼 길었는데, 냉장시설이 없을 때여서 위생적인 문제가 많이 발생했다. 물도 마음대로 마실 수 없어서 병에 걸리는 일도 많았다. 그래서 갈증을 해결하기 위해 술이 배급되었는데, 영국의 해군 부제독 에드워드 버논(Edward Vernon)은 부하들이 취하지 않도록 배급된 술에 몇 가지 재료를 섞어서 나눠주었다. 럼에 감미료를 넣고 원래 괴혈병을 막기 위해 배에 실었던 레몬이나 라임즙을 섞었던 것이다. 이렇게 해서 사워가 만들어졌다.

주요 재료

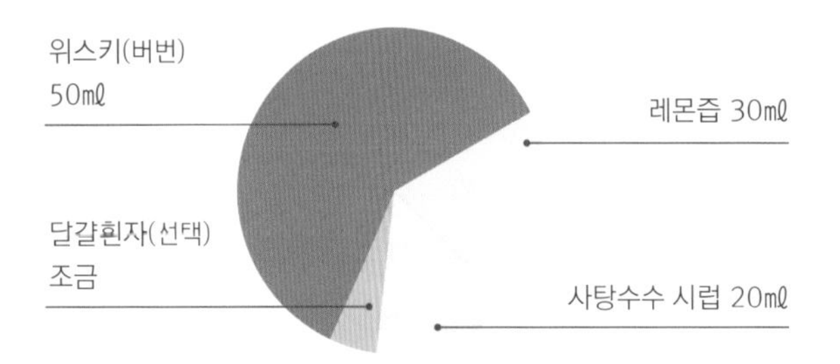

만드는 방법

셰이커(믹싱턴)로 혼합한다.

01 칵테일 잔에 얼음을 담아 차갑게 만든다.

02 큰 믹싱턴에 얼음을 2/3 정도 채운다.

03 작은 믹싱턴에 모든 재료를 넣는다.

04 칵테일 잔의 얼음을 버린다. 그리고 작은 믹싱턴에 있는 재료를 큰 믹싱턴에 붓는다.

05 믹싱턴을 닫고 6~10초 동안 힘차게 흔든 뒤, 스트레이너로 얼음을 걸러내고 잔에 따른다.

06 꼬치에 체리를 꽂아 잔 위에 올려놓거나 레몬 또는 오렌지 슬라이스를 잔에 꽂아서 장식한다.

07 칵테일을 더 매끈하게 만들려면 달걀흰자를 몇 방울 섞는다. 이 경우 달걀흰자를 얼음 없이 다른 재료와 함께 먼저 섞어야 한다. 달걀흰자를 넣은 위스키 사워를 '보스턴 사워'라고 한다.

G 어드바이스

사탕수수 시럽이 없으면 탄산수에 흰 설탕을 녹여서 사용한다.

사제락(Sazerac)

사제락은 원래 코냑으로 만들지만 여기서는 위스키를 베이스로 한 사제락 레시피를 소개한다.

탄생

사제락은 뉴올리언스에서 탄생했다. 생도맹그에서 망명한 앙투안 아메데 페이쇼(Antoine-Amédé Peychaud)라는 사람이 1837년 약국을 매입하고 허브가 들어간 리큐어를 만들어 강장제로 판매했는데, 그것이 사제락을 만들 때 사용하는 페이쇼즈 비터스이다.
그 뒤 페이쇼는 사제락 커피 하우스의 매니저이며 프랑스 리모주에 있는 코냑회사 사제락 드 포르주 에 피스(Sazerac de Forge & Fils)의 미국 에이전트인 존 B. 실러(John B. Shiller)를 만나 동업을 하게 되었고 운 좋게도 크게 성공했다.
코냑 베이스의 사제락을 처음 만든 사람은 레옹 라모트(Léon Lamothe)이다. 그런데 19세기말 프랑스에 필록세라 진딧물이 퍼져 코냑 생산이 큰 타격을 입자, 토마스 H. 핸디(Thomas H. Handy)가 사제락 커피 하우스를 인수하고 코냑 대신 라이 위스키를 사용한 사제락을 만들기 시작했다. 이렇게 해서 위스키 사제락이 탄생했다.

주요 재료

사탕수수 시럽 10㎖

위스키(버번) 60㎖

아니스 증류주
(압생트 또는 파스티스) 10㎖
* 잔에 아니스향이 배게
하는 것이 목적이다.

페이쇼즈 비터스 4방울

만드는 방법

칵테일 잔에서 직접 혼합한다.

01 잔에 얼음, 아니스 증류주, 물을 넣어 잔을 시원하게 만든다.

02 잔의 내용물을 비운다.

03 잔에 아니스 증류주 이외의 모든 재료를 넣고 섞는다.

04 레몬 제스트로 장식한다.

버번 베이스 칵테일

아메리칸 파이 마티니 (American Pie Martini)

셰이커 / 마티니 잔
버번 40㎖
슈납스 20㎖
블루베리 크림 리큐어 20㎖
크렌베리주스 20㎖
사과주스 10㎖
라임즙 5㎖

블랙로즈 (Black Rose)

믹싱 글라스 / 위스키 잔
버번 30㎖
코냑 30㎖
그레나딘시럽 10㎖
페이쇼즈 비터스 3방울
앙고스투라 비터스 1방울

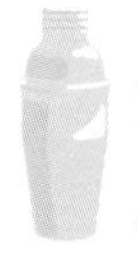

브라이튼 펀치 (Brighton Punch)

셰이커 / 콜린스 잔
버번 50㎖
베네딕틴 50㎖
코냑 50㎖
파인애플주스 80㎖
바로 짠 라임즙 60㎖

아메리카나 (Americana)

믹싱 글라스 / 샴페인 잔
각설탕 1개
앙고스투라 비터스 4방울
버번 20㎖
샴페인(잔을 채울 만큼)

블링커 (Blinker)

셰이커 / 샴페인 잔
버번 60㎖
그레나딘시럽 10㎖
자몽 생과일주스 30㎖

브루클린#1 (Brooklyn #1)

믹싱 글라스 / 마티니 잔
버번 70㎖
마라스키노 리큐어 10㎖
마티니 로소 20㎖
앙고스투라 비터스 3방울

애비뉴 (Avenue)

셰이커 / 마티니 잔
신선한 패션프루트 1개
버번 30㎖
칼바도스 30㎖
그레나딘시럽 10㎖
오렌지 플라워 워터 몇 방울
오렌지 비터스 1방울
시원한 생수 2㎖

블루그래스 (Bluegrass)

셰이커 / 마티니 잔
4㎝ 길이의 오이 1조각
(껍질을 벗기고 잘라서 으깬다)
버번 50㎖
아페롤 20㎖
설탕시럽 몇 방울
앙고스투라 비터스 1방울
오렌지 비터스 1방울

브라운 더비 (Brown Derby)

셰이커 / 샴페인 잔
버번 50㎖
루비자몽주스 30㎖
메이플시럽 10㎖

버번 베이스 칵테일

데이지 듀크
(Daisy Duke)

셰이커 / 위스키 잔
버번 60㎖
그레나딘시럽 20㎖
바로 짠 레몬즙 30㎖

프리스코 사워
(Frisco Sour)

셰이커 / 위스키 잔
버번 60㎖
베네딕틴 20㎖
레몬즙 20㎖
설탕시럽 10㎖
달걀흰자 1/2개

메이플 리프
(Mapple Leaf)

셰이커 / 위스키 잔
버번 60㎖
바로 짠 레몬즙 20㎖
메이플시럽 10㎖

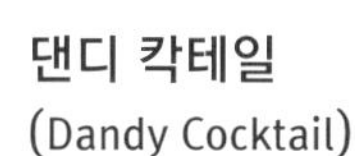

댄디 칵테일
(Dandy Cocktail)

믹싱 글라스 / 마티 잔
버번 50㎖
트리플 섹 2㎖
레드 뒤보네 50㎖
앙고스투라 비터스 1방울

프루트 사워
(Fruit Sour)

셰이커 / 위스키 잔
버번 30㎖
트리플 섹 30㎖
바로 짠 레몬즙 30㎖
달걀흰자 20㎖

메이플 올드 패션드
(Maple Old-Fashioned)

믹싱 글라스 / 위스키 잔
버번 60㎖
앙고스투라 비터스 2방울
메이플 시럽 20㎖

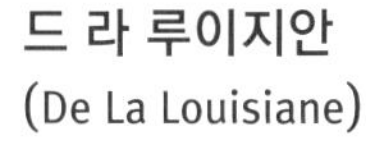

드 라 루이지안
(De La Louisiane)

믹싱 글라스 / 마티니 잔
버번 60㎖
베네딕틴 10㎖
앙고스투라 비터스 1방울
차가운 물 20㎖

맨 부어 티니
(Man-Bour-Tini)

셰이커 / 마티니 잔
버번 20㎖
만다린 나폴레옹 30㎖
바로 짠 라임즙 20㎖
크렌베리주스 60㎖
설탕시럽 10㎖

모카 마티니
(Mocca Martini)

셰이커 / 마티니 잔
버번 50㎖
뜨거운 에스프레소 30㎖
베일리스 2㎖
카카오 크림 리큐어 2㎖
생크림 2㎖
(칵테일 가운데에 얹는다.)

버번 베이스 칵테일

레드 애플 (Red Apple)

셰이커 / 마티니잔
버번 50㎖
사과 리큐어 20㎖
크렌베리주스 60㎖

토스트 앤 오렌지 마티니 (Toast and Orange Martini)

셰이커 / 마티니 잔
버번 60㎖
오렌지 마멀레이드 1ts
페이쇼즈 비터스 3방울
설탕시럽 몇 방울

월도프 칵테일 N°1 (Waldorf Cocktail N°1)

믹싱 글라스 / 샴페인 잔
버번 60㎖
마티니 로소 30㎖
압생트 5㎖
앙고스투라 비터스 2방울

샴록#1 (Shamrock#1)

믹싱 글라스 / 마티니 잔
버번 70㎖
그린민트 크림 리큐어 1㎖
마티니 로소 30㎖
앙고스투라 비터스 2방울

비유 카레 칵테일 (Vieux Carré Cocktail)

믹싱 글라스 / 위스키 잔
버번 30㎖
코냑 30㎖
베네딕틴 10㎖
마티니 로소 30㎖
앙고스투라 비터스 1방울
페이쇼즈 비터스 1방울

워드 에잇 (Ward Eight)

셰이커 / 마티니 잔
버번 70㎖
바로 짠 레몬즙 20㎖
오렌지 생과일주스 20㎖
그레나딘시럽 10㎖
시원한 물 20㎖

서버번 (Suburban)

믹싱 글라스 / 위스키 잔
버번 50㎖
럼 20㎖
포트와인 20㎖
앙고스투라 비터스 1방울
오렌지 비터스 1방울

비유 나비르 (Vieux Navire)

믹싱 글라스 / 샴페인 잔
칼바도스 30㎖
버번 30㎖
마티니 로소 30㎖
비터스 1방울
메이플 비터스 1방울

제 리 토 마 스

JERRY THOMAS
(1830~1885)

지금 칵테일을 홀짝이며 책을 읽는 여유를 누리고 있다면 칵테일 기술의 선구자 제리 토마스에게 감사해야 한다.

1830년 뉴욕에서 태어난 제리 토마스는 골드러쉬 때 금을 찾아 서부로 갔다. 그는 큰 부자가 될 꿈을 안고 캘리포니아로 갔지만 성공하지 못하고 바텐더 일을 계속하며 생계를 유지할 수밖에 없었다.

21살에 다시 뉴욕으로 돌아온 그는 'P.T. 바넘 박물관' 지하에 바를 열었다. 그의 기술과 제스처는 매우 세련되었고, 그가 사용하는 은으로 만든 도구는 손님들의 시선을 끌었으며, 화려한 옷차림도 화제가 되었다. 이때 제리 토마스는 훗날 '플레어 바텐딩(Flair bartening)'이라고 부르게 된 곡예에 가까운 칵테일 기술을 개발하였다. 그 뒤로 그는 미국과 유럽의 여러 도시를 순회하며 놀라운 기술을 선보였고, 많은 사람들이 그를 따라했다. 당시 그는 주급으로 100달러가 넘는 돈을 벌었는데, 이는 당시 미국 부통령의 급여보다 더 많은 액수였다.

31살 때는 미국에서 처음으로 술에 관한 내용을 다룬 『바텐더 가이드(Bar-Tender's Guide)』라는 책을 출간했다. 전통적으로 바텐더의 레시피는 입에서 입으로 전해졌는데, 제리 토마스가 처음으로 전통적인 칵테일(펀치, 사워 등)과 자신이 개발한 새로운 칵테일의 레시피를 담은 책을 만든 것이다.

제리 토마스는 무엇보다 끊임없이 새로운 기술을 연구하고 새로운 칵테일을 개발한 창조적인 크리에이터였다. 그가 만든 칵테일 중 가장 유명한 것이 '블루 블레이저(Blue Blazer)'인데, 불이 붙은 위스키가 아치를 그리며 철제 컵 사이로 옮겨가는 놀라운 광경을 볼 수 있는 칵테일이다. 전해지는 이야기에 의하면 문을 박차고 들어와서 '내 위장을 떨게 만드는 신의 불을 보러 왔소!' 라고 외칠 정도로 이 칵테일을 좋아하는 손님도 있었다고 한다.

블렌디드 베이스 칵테일

드램 미엘 & 콩피튀르 (Dram Miel & Confiture)

믹싱 글라스 / 마티니 잔

블렌디드 스카치 위스키 60㎖
꿀 4ts
바로 짠 레몬즙 30㎖
오렌지 생과일주스 30㎖

골드 (Gold)

셰이커 / 마티니 잔

블렌디드 스카치 위스키 60㎖
트리플 섹 30㎖
바나나 리큐어 30㎖
시원한 물 20㎖

핫 토디 (Hot Toddy)

믹싱 글라스 / 토디 잔

꿀 1ts
블렌디드 스카치 위스키 60㎖
레몬즙 20㎖
설탕시럽 20㎖
말린 정향 3개
마지막에 끓는 물로 마무리.

프렌치 위스키 사워 (French Whisky Sour)

셰이커 / 위스키 잔

블렌디드 스카치 위스키 60㎖
리카 15㎖
바로 짠 레몬즙 30㎖
설탕시럽 15㎖
달걀흰자 1/2개
앙고스투라 비터스 3방울

해롤드 앤 모드 (Harold And Maude)

셰이커 / 샴페인 잔

블렌디드 스카치 위스키 30㎖
럼 30㎖
레몬즙 20㎖
장미시럽 10㎖
라벤더시럽 5㎖

마미 테일러 (Mamie Tayler)

믹싱 글라스 / 콜린스 잔

블렌디드 스카치 위스키 60㎖
바로 짠 라임즙 10㎖
마지막에 진저에일로 마무리.

GE 블론드 (GE Blonde)

셰이커 / 마티니 잔

블렌디드 스카치 위스키 50㎖
소비뇽 블랑 40㎖
사과주스 30㎖
설탕시럽 10㎖
바로 짠 레몬즙 10㎖

허니 코블러 (Honey Cobler)

믹싱 글라스에 꿀과 위스키를 넣고 먼저 섞은 뒤, 셰이커에 나머지 재료와 함께 넣고 섞는다. / 샴페인 잔

꿀 2ts
블렌디드 스카치 위스키 50㎖
레드와인 30㎖
부르고뉴 크렘 드 카시스 10㎖

매니큐어 (Manicure)

믹싱 글라스 / 샴페인 잔

칼바도스 30㎖
블렌디드 스카치 위스키 30㎖
드람뷰이(스카치 리큐어) 30㎖

블렌디드 베이스 칵테일

마티니 그레나딘
(Martini Grenadine)

셰이커 / 마티니 잔
보드카 60㎖
그레나딘주스 40㎖
그레나딘시럽 10㎖

페이즐리 마티니
(Paisley Martini)

믹싱 글라스 / 마티니 잔
진 80㎖
블렌디드 스카치 위스키 10㎖
베르무트 엑스트라 드라이 20㎖

파인애플 블로섬
(Pineapple Blossom)

셰이커 / 마티니 잔
블렌디드 스카치 위스키 60㎖
파인애플주스 30㎖
레몬즙 20㎖
설탕시럽 20㎖

모닝 글로리 피즈
(Morning Glory Fizz)

셰이커 / 콜린스 잔
블렌디드 스카치 위스키 60㎖
바로 짠 레몬즙 20㎖
설탕시럽 20㎖
신선한 달걀흰자 1/2개
압생트 1방울
마지막에 탄산수로 마무리.

페어 셰입드 #2
(Pear Shaped #2)

셰이커 / 콜린스 잔
블렌디드 스카치 위스키 60㎖
코냑 30㎖
사과 생과일주스 90㎖
바로 짠 라임즙 20㎖
바닐라향 설탕시럽 10㎖

스카치 밀크 펀치
(Scotch Milk Punch)

셰이커 / 마티니 잔
블렌디드 스카치 위스키 60㎖
설탕시럽 10㎖
생크림 20㎖
우유 30㎖

스카치 네그로니
(Scotch Negroni)

믹싱 글라스 / 올드 패션드 잔
블렌디드 스카치 위스키 30㎖
캄파리 비터스 30㎖
마티니 로소 30㎖

BARS & COCKTAILS

싱글몰트 베이스 칵테일

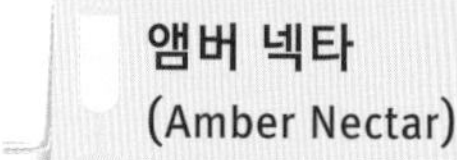

앰버 넥타 (Amber Nectar)

믹싱 글라스 / 샴페인 잔
블렌디드 위스키 60ml
이탄향 싱글몰트 10ml
꿀 2ts
베르무트 엑스트라 섹 30ml

미드타운 뮤즈 (Midtown Muse)

믹싱 글라스 / 마티니 잔
싱글몰트 40ml
멜론 리큐어 20ml
리코르43 리큐어 20ml
앙고스투라 비터스 몇 방울
물 20ml

위스키 버터 (Whisky Butter)

셰이커 / 마티니 잔
블렌디드 위스키 40ml
셰리 피노 30ml
옐로 샤르트뢰즈 10ml
애드보카트 리큐어 20ml
이탄향 싱글몰트 10ml
(마지막에 칵테일 표면에 따른다.)

단테스 인 페르네트 (Dantes In Fernet)

셰이커 / 샴페인 잔
싱글몰트 30ml
페르네트 브랑카 비터스 60ml
블러드 오렌지 주스 30ml
메이플시럽 10ml
쇼콜라틀 몰 비터스 몇 방울

베일리스 베이스 칵테일

압생트 위드아웃 리브 (Absinthe Without Leave)

레이어드 스타일 / 샷 글라스
피상 암본 리큐어 20ml
베일리스 20ml
압생트 10ml

B52 샷 (B52 Shot)

레이어드 스타일 / 샷 글라스
커피 리큐어 20ml
베일리스 20ml
그랑 마르니에 20ml

아파치 (Apache)

레이어드 스타일 / 샷 글라스
커피 리큐어 20ml
그린멜론 리큐어 10ml
베일리스 10ml

레몬 머랭 마티니 (Lemon Meringue Martini)

셰이커 / 마티니 잔
보드카 60ml
베일리스 30ml
바로 짠 레몬즙 30ml
설탕시럽 10ml

마티니 쇼콜라 에 망트 (Martini Chocoat et Menthe)

믹싱 글라스 / 마티니 잔
보드카 60ml
화이트 카카오 크림 리큐어 20ml
베일리스 20ml
헤이즐넛 리큐어 20ml
블랙 라즈베리 리큐어 20ml
생크림 20ml / 우유 20ml

레이어드 칵테일

잔에 재료가 층층이 쌓이게 만든 칵테일을 말한다. 스푼을 따라 재료를 차례로 흘려 넣어서 층을 만드는데, 서로 섞이지 않게 주의해야 한다.

존 워 커

JOHN WALKER (1781~1857)

드디어 그 유명한 조니 워커를 탄생시킨 주인공을 만날 차례이다.

조니라는 애칭으로 불리던 존 워커의 시작은 그리 행복하지 않았다. 14세가 되기도 전에 아버지를 잃고 농장을 판 그는, 그 돈으로 스코틀랜드 킬마녹(Kilmarnock)이라는 마을에 작은 식료품 가게를 차렸다. 사업수단이 좋았는지 조니는 얼마 안 되어 마을에서 알아주는 상인이 되었는데, 그가 특히 관심을 가졌던 품목이 위스키였다. 당시 스코틀랜드에서는 식료품 가게에서 싱글몰트를 비축해놓고 팔았는데, 품질이 일정하지 않았다. 그래서 조니는 직접 블렌딩을 해서 품질과 맛이 일정한 위스키를 만들기로 결심했다.

1857년 그가 세상을 뜨자 아들 알렉산더가 사업을 이어받았다. 당시 식료품 가게의 주 수입원은 위스키였고, 알렉산더는 위스키 사업을 더 확장했다. 그는 '올드 하일랜드 위스키'라는 상표를 등록하고, 운송할 때 병이 자주 깨지는 문제를 해결하기 위해 그 유명한 사각병을 도입했다. 그리고 화물선 선장을 고용해 항구가 있는 곳이라면 어디나 위스키를 보급했다. 2015년, 조니 워커는 세계에서 세 번째로 많이 팔리는 위스키가 되었다.

위스키 베이스 주류

위스키가 홀로 고고한 술이라고 생각하면 안 된다.
하늘의 별처럼 많은 위스키 베이스의 주류가 존재하며, 이 술들은 우리에게 새로운 맛을 느끼게 해준다.

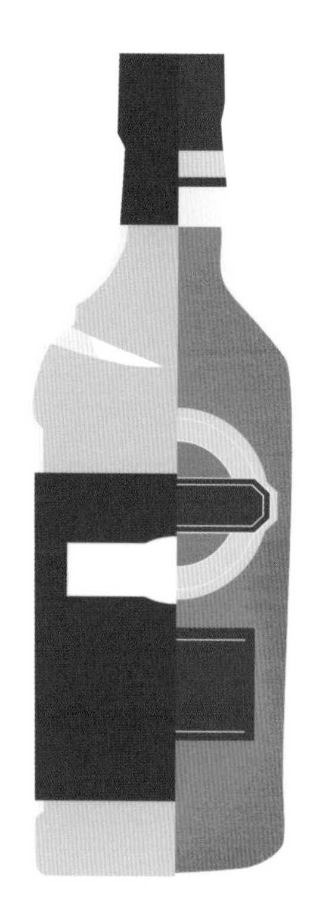

리큐어

위스키 리큐어는 스카치나 아이리시 위스키에 향신료, 허브, 꿀 등 다양한 재료를 첨가해서 만든 술이다. 알코올 도수는 15% 정도로 20%를 넘지 않는다. 가장 유명하고 오래된 리큐어 중 하나인 '드람뷰이(게일어로 '만족을 주는 음료'라는 뜻)'는 20세기 초에 처음 상품으로 판매되기 시작했다. 주요재료는 블렌디드 스카치 위스키와 히드 꿀이다.

크림 리큐어

베일리스가 가장 대표적인 크림 리큐어이다. 슈퍼마켓 주류코너에 가면 반드시 볼 수 있을 정도로 대중화된 술이다. 베일리스는 '조니 워커', 'J&B' 등의 유명 브랜드를 보유하고 있는 디아지오 그룹에 속해 있으며, 설탕, 크림, 아이리시 위스키, 여러 가지 허브류를 섞어서 만든다. '에드라듀어 싱글몰트'로 만든 '에드라듀어 크림 리큐어' 등 여러 가지가 있다.

스코틀랜드와 아일랜드의 만남

'러스티 미스트(Rusty Mist)'는 위스키 라이벌인 스코틀랜드와 아일랜드를 화해하게 만든 술이다. 아이리시 미스트(꿀, 허브를 섞은 리큐어. 히드 와인 맛이 나며 아일랜드의 씨족장들이 마셨다)와 드람뷰이가 만나 러스티 미스트가 된 것이다. 술이 평화를 가져온 셈이다.

위스키 회사의 입장은?

위스키 회사에서 위스키 베이스 주류를 좋지 않게 볼 것이라고 생각하면 오해이다. 오히려 독자적인 제조법으로 여러 가지 위스키 베이스의 주류를 만들어서 판매하는 회사가 점점 많아지고 있다. 새로운 고객을 창출하고 새로운 맛을 선보일 수 있는 좋은 기회이기 때문이다.

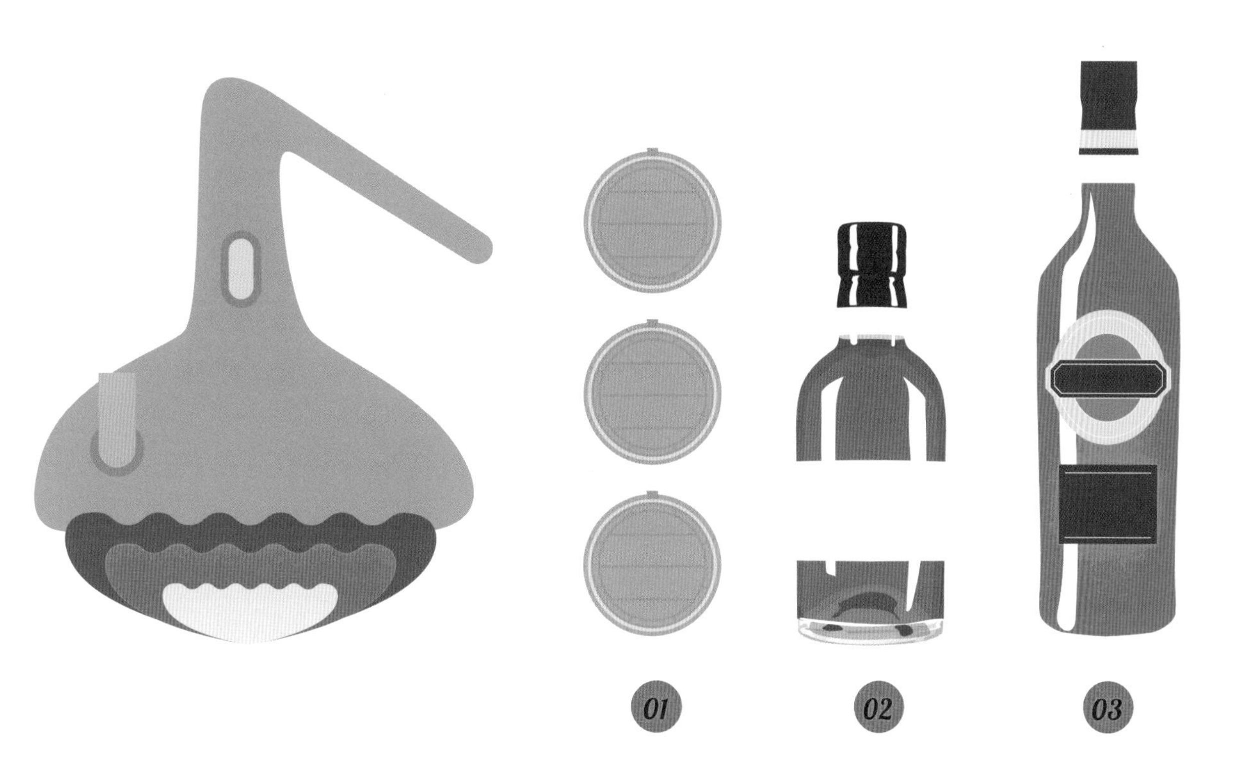

향을 첨가한 위스키?

라임을 넣은 위스키? 꿀이나 과일즙을 섞은 위스키? 놀랄 필요 없다. 이것은 그냥 위스키가 아니라 위스키에 과일이나 허브즙을 섞은 플레이버 위스키이다. 플레이버 위스키는 알코올 도수가 35% 정도이고, 위스키라는 이름을 사용하려면 알코올 도수가 40%를 넘어야 한다.

플레이버 위스키는 위스키를 좋아하지 않거나 위스키향에 익숙하지 않은 사람들을 위해 만든 술이며, 칵테일을 만들 때 사용하면 놀라운 향을 제공한다.
그러니까 플레이버 위스키를 위스키가 아니라고 무시해서는 안 된다. 현대의 대형 위스키 회사들은 플레이버 위스키가 자신들의 위스키와 어깨를 나란히 하며 지속적으로 판매될 수 있도록 막대한 마케팅 비용을 쏟아붓고 있다.

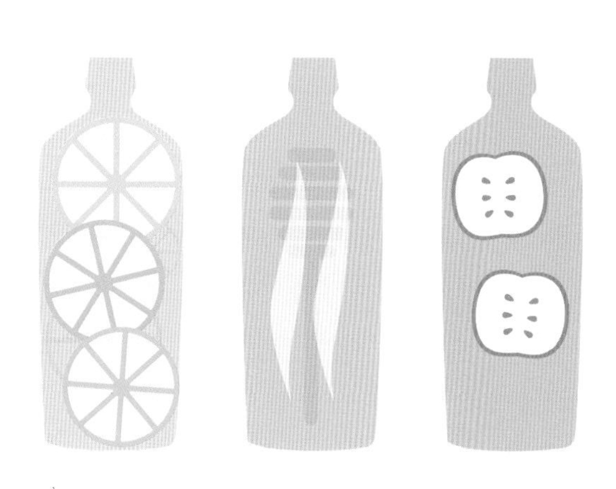

C-6 세계의 위스키

TOUR DU MONDE

위스키를 마시는 것도 즐겁지만 그 위스키가 어떤 곳에서 만들어졌는지 알고 마시면 더 즐겁다. 가까운 증류소를 찾아서 시음하고, 시음회나 위스키 컬렉션에 필요한 위스키를 구하는 것이 세계의 위스키를 둘러보는 목적이다. 위스키를 만나기 전까지는 상상도 못했던 곳으로 떠나보자.

TOUR DU MONDE

스코틀랜드

스코틀랜드를 빼고는 위스키를 말할 수 없다.

위스키계의 골리앗

수치만 봐도 엄청나다. 100여 개가 넘는 증류소가 영업 중이고 싱글몰트 위스키 브랜드만 200개가 넘는다. 매년 39억 5천만 파운드의 위스키를 수출하는데, 매초마다 40병의 위스키를 세계로 수출하는 셈이다.

지리적 분류

1980년부터 스코틀랜드 위스키 업계는 소비자들에게 기본적인 정보를 제공하기 위해 위스키를 산지에 따라 분류하기로 결정했다. 와인을 보르도와인, 부르고뉴와인으로 구분하는 것처럼 지리적으로 구분하는 것이다. 하지만 위스키의 경우 와인처럼 정확하게 나누기는 어렵다. 위스키의 원료인 보리는 스코틀랜드에서 자라고 수확된 것이 아니라 대부분 수입산을 사용하기 때문이다. 대신 물, 증류 노하우, 전통 등이 결합하여 산지 특유의 스타일이 만들어진다 (예를 들면 스페이사이드 스타일처럼). 물론 예외도 있다.

유령이 나오는 증류소

스코틀랜드는 유령이 출몰하는 성이 있는 곳으로 세계적으로 유명한 나라이다. 유령 이야기와 위스키를 동시에 즐기고 싶다면 캠벨타운에 있는 글렌 스코시아(Glen Scotia) 증류소를 추천한다. 이 증류소의 경영자 중 한 사람이었던 던컨 맥컬럼(Duncan MacCallum)은 1928년에 증류소가 문을 닫게 되자 1930년 캠벨호수에 몸을 던져 자살했는데, 전해지는 이야기에 따르면 그의 유령이 증류소를 떠나지 못하고 계속 주위를 떠돌고 있다고 한다. 증류소는 1933년에 다시 문을 열었다.

스페이사이드(SPEYSIDE)

롤런드(LOWLANDS)

맥캘란 싱글몰트 64 년

위스키는 아직 남아 있을까?

떠도는 소문과 달리 스코틀랜드의 위스키 저장고에는 아직 위스키가 많이 남아 있다. 2천만 개 이상의 오크통이 조용히 때를 기다리고 있는 것이다. 하지만 위스키 소비가 계속 늘어나면서 시장에 숙성 연수를 표시하지 않는 NAS 위스키가 많이 유통되고 있는 것은 사실이다. NAS 위스키는 연수 표시는 없지만 기본적으로 3년 이상 숙성시킨 것으로, 위스키 생산 회사들은 빨리 내놓을 수 있는 NAS 위스키로 늘어난 수요를 충당하고 있다.

5억짜리 위스키

2010년 뉴욕에서 있었던 경매에서 한 위스키가 최고가로 팔렸다. 물론 일반 용량이 아닌 6ℓ짜리로, 프랑스의 크리스털 명가 랄리크(Lalique)에서 만든 카라프에 담긴 것이었다(높이가 71㎝로 지금까지 생산된 것 중에서 가장 높다). 주인공인 위스키는 '맥캘란 싱글몰트 64년'이다.

스코틀랜드의 일본 증류소

일본의 산토리는 스코틀랜드에 '오큰토션(Auchentoshan)', '보모어(Bowmore)', '글렌 기어리(Glen Garioch)'라는 3개의 증류소를 소유하고 있다. 또한 경쟁사인 일본의 니카도 '벤 네비스(Ben Nevis)' 증류소를 소유하고 있다. 이 때문에 몇몇 일본산 블렌디드 위스키에 소량의 스카치 위스키가 섞여 있다는 소문이…….

TOUR DU MONDE

타탄

스코틀랜드는 역시 타탄(Tatan)이다. 타탄을 입은 스코틀랜드 남자를 한 번쯤은 보았을 것이다. 그런데 타탄체크무늬보다 킬트 속에 속옷을 입었는지 입지 않았는지가 더 궁금한 것은 왜일까?

타탄이란?

타탄은 색깔 있는 바탕에 서로 다른 색의 가로세로 줄무늬를 넣어서 짠 옷감이다. 하일랜드에서 유래된 켈트족의 전통 옷감으로, 특히 스코틀랜드의 킬트가 유명하다.

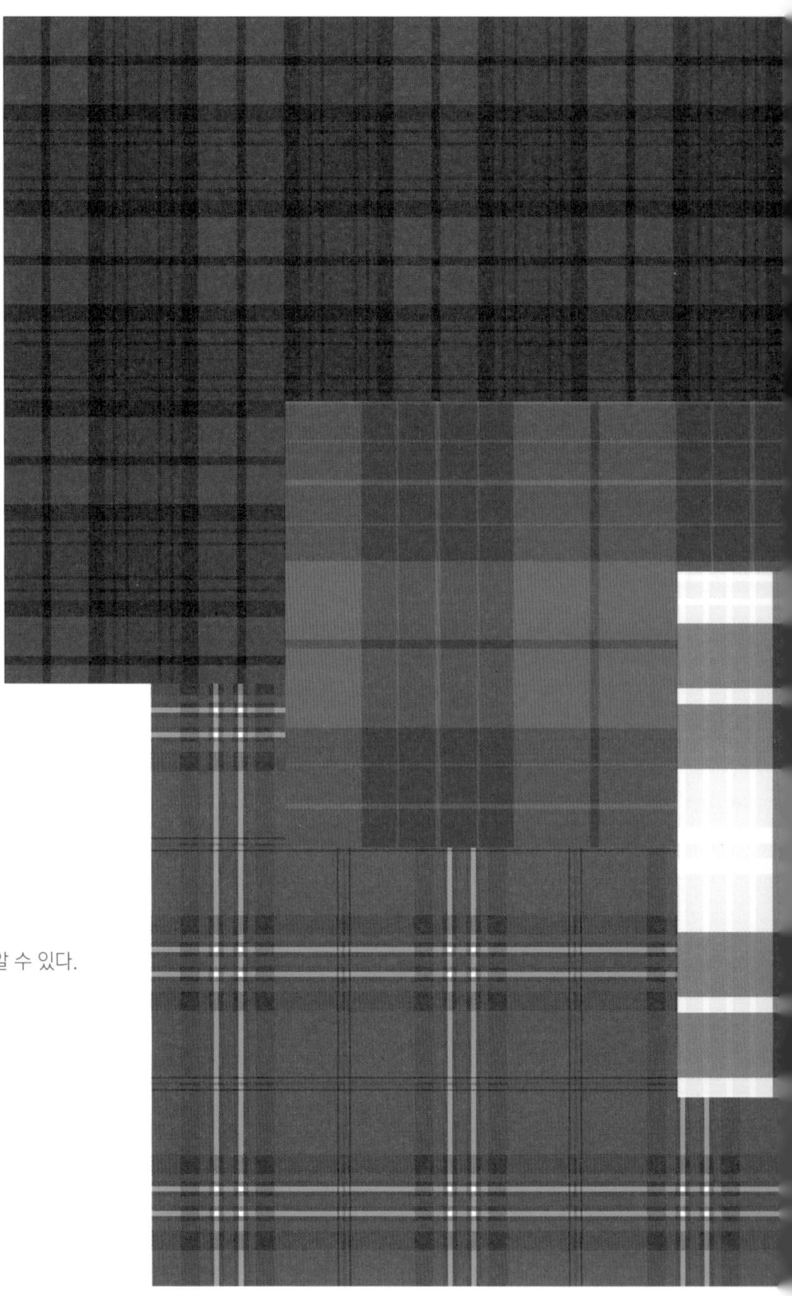

역사

타탄에 대한 첫 기록은 1538년으로 거슬러 올라간다. 1700년경 타탄무늬는 지역마다 달라서 각 지역의 주민을 구분하는 표시로 사용되었는데, 찰스 에드워드 스튜어트 왕자의 반란이 있은 뒤 스코틀랜드를 침략한 잉글랜드는 1747년에 스코틀랜드인들의 타탄 착용을 금지했다.

타탄이 세상에 다시 나타난 것은 1820년경으로, 여러 가지 타탄무늬를 스케치해둔 직조공들의 노트에서였다. 19세기 말에는 스코틀랜드의 유서 깊은 모든 씨족(Clan)들이 다시 타탄무늬를 가문의 표식으로 갖게 되었다.

타탄을 보면 신분이 보인다

타탄의 색깔로 타탄을 입은 사람의 사회적 지위를 알 수 있다.

단색 - 하인들
2색 - 농부
3색 - 장교
5색 - 씨족장
6색 - 드루이드 사제와 시인
7색 - 왕

전쟁을 할 때는 빨간색 타탄을 입었다.

킬트 속에는?

입었을까, 안 입었을까……, 계속 머릿속을 맴도는 질문이다. 답은 간단하다. 스코틀랜드의 군인들을 보면 된다. 스코틀랜드 군인들은 속옷을 입지 않고 킬트를 착용하는 것이 규칙이라고 한다. 이제부터 스코틀랜드 군대의 행진이 달리 보일지도 모르겠다. 또한 스카치위스키 시음회에 킬트를 입고 가려고 마음먹었다면 '스킨 두(Sgian Dubh)'를 잊으면 안 된다. 스킨 두는 작은 칼인데, 킬트를 입을 때 오른쪽 양말에 숨겨두었다가 호신용으로 사용한다.

타탄 등록소

상표를 등록하는 것처럼 타탄도 스코틀랜드 타탄 등록소에 등록해서 보호를 받을 수 있다. 당신이 직접 디자인한 체크무늬도 등록하면 그 유명한 맥그리거 타탄처럼 될 수 있다.

씨족의 역사

스코틀랜드의 전통사회는 씨족을 중심으로 움직였다. 같은 씨족이라는 것은 같은 성(姓)을 갖고 같은 타탄체크무늬의 킬트를 입는다는 뜻이다. 씨족장의 권위는 절대적이어서 씨족의 미래, 동맹, 전쟁을 결정했다.

타탄과 펑크족

1970년대 펑크족들은 사회 지도층을 비판하기 위해 타탄을 입었다. 스코틀랜드 권력층의 상징인 타탄에 대한 조롱이었다.

타탄 데이!

4월 6일은 타탄 데이로, 북아메리카의 스코틀랜드 이민 후손들은 이날 스코틀랜드의 전통과 문화를 알리는 행사를 한다. 1320년 4월 6일은 로버트 1세가 '아브로스(Arbroath)' 선언을 통해 스코틀랜드 독립을 선언한 날이다.

TOUR DU MONDE

아일레이

스코틀랜드 서해안에 있는 작은 섬 아일레이(Islay)는 개성 강한 위스키 때문에 세계적으로 유명한 섬이다.

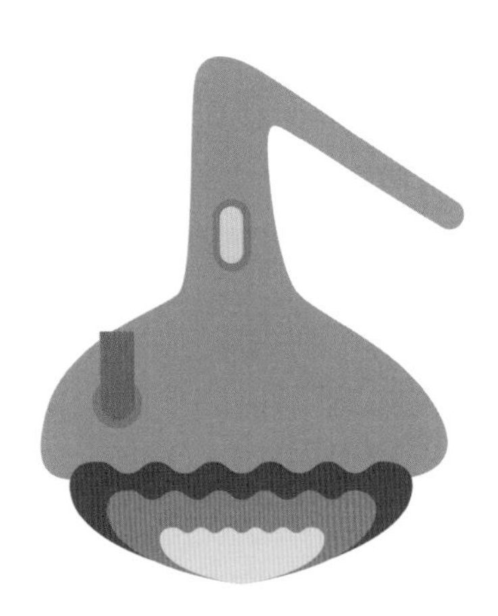

역사

아일레이섬의 위스키 역사는 증류기술을 가진 '맥 바하(Mac Beatha)' 가문이 섬에 정착하면서 시작되었다. 맥 바하 가문의 후손들은 대대로 귀족들의 의사였는데, 위스키의 원조인 '우스게 바하(Uisge Beatha)'를 만들었다고 한다.

주라섬과 또 다른 조지

주라(Jura)섬에 가려면 아일레이섬의 아스케이그(Askaig) 항구에서 배를 타야 한다. 주라섬에는 차 2대가 동시에 지날 수 없는 좁은 도로 1개와 증류소 1개, 호텔 1개가 있다. 또한 섬에는 200명 정도의 주민이 사는데 사슴은 6,000마리나 있다. 이처럼 원시적인 환경에 증류소가 있다는 것이 기적처럼 느껴질 지경이다.

위스키와 상관없는 이야기지만 바로 이곳 주라섬에서 조지 오웰이 소설 '1984'를 썼다. 조지 오웰은 분명 위스키를 마셨을 것이다.

지리

스코틀랜드 해안에서 27㎞ 떨어진 곳에 위치한 아일레이섬에는 3천명 정도밖에 안 되는 주민이 살고 있다. 4개의 강이 흐르고, 8개의 증류소가 있으며, 1개의 맥아제조소가 있다.

항상 바닷물이 밀려드는 섬은 면적의 1/4 이상이 이탄으로 덮여 있고, 보리가 신기할 정도로 잘 자란다. 많은 관광객이 섬을 찾고 있지만 아일레이는 원시의 모습을 대부분 그대로 간직하고 있고, 주민들은 매우 친절하다.

풍미

아일레이 위스키의 가장 큰 특징은 강한 이탄향이다. 섬의 이탄은 스코틀랜드 본토의 이탄과 다르다. 이끼의 종류가 다르기 때문이다. 실제로 세계에서 가장 강한 이탄향을 자랑하는 위스키는 이곳에 있는 브룩라디 증류소에서 생산하는 '옥토모어(Octomore)'이다.

하지만 아일레이섬의 모든 위스키가 이탄향이 강한 것은 아니다. 부나하번과 브룩라디에서도 이탄향이 약하거나 아예 없는 위스키를 생산한다.

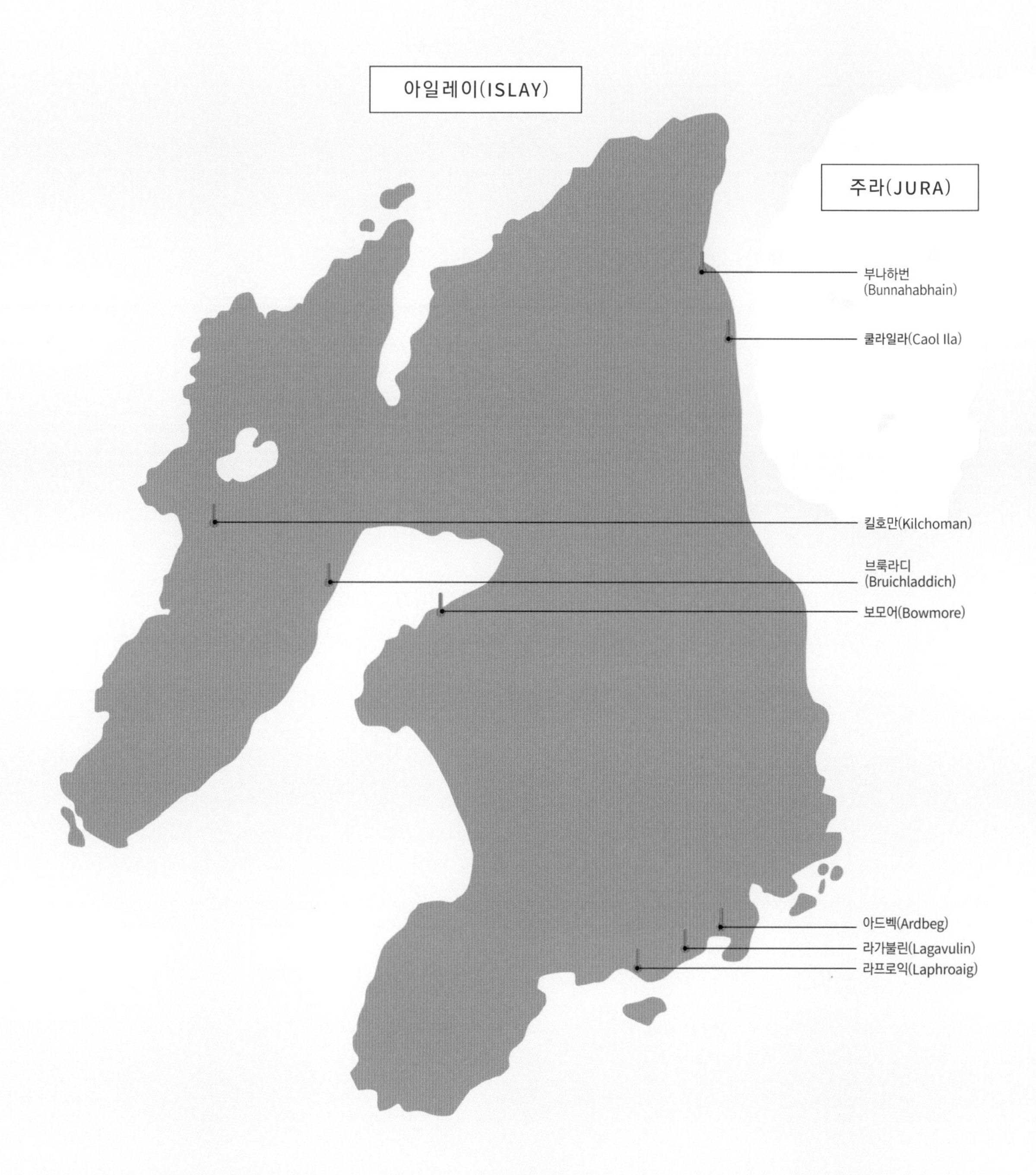

찾아가는 방법

아일레이섬으로 위스키 순례를 가려면 방법을 잘 선택해야 한다. 섬에 공항이 있기 때문에 글래스고(Glasgow)에서 비행기로 가는 방법도 있는데, 이렇게 가면 이 여행의 매력을 온전히 즐길 수 없다.
섬으로 가는 가장 좋은 방법은 글래스고에서 오번(Oban)으로 가는 기차를 타고 3시간 동안 숨이 막힐 정도로 아름다운 경치를 감상한 다음, 오번에서 경비행기로 갈아타고 주라섬과 아일레이섬 상공에서 보이는 원시의 자연을 감상하면서 가는 방법이다. 또 다른 방법은 유람선을 타는 것인데, 배를 타고 해안으로 접근하면 증류소가 하나둘씩 보이기 시작한다.

TOUR DU MONDE

스페이사이드

위스키의 황금 삼각지대로 불리는 스페이사이드(Speyside) 지역은 하일랜드 한가운데에 있는 스코틀랜드 위스키의 중심지이다. 작은 땅에 수많은 증류소가 모여서 특별한 존재감을 뽐낸다.

역사

원시적인 산과 깊은 숲으로 둘러싸여 있어서 권력의 눈을 피하고 싶은 사람들이 은신처로 삼기에 알맞은 곳이다.
19세기 초 강제적으로 주세법이 실시되자, 주민들은 지방 관리들의 묵인 아래 산으로 들어가 불법으로 위스키를 만들었다.

풍미

'스페이사이드 스타일'이란 부드러우면서 복합적이고 과일향과 꽃향이 풍부한 위스키를 말한다. 그렇다고 이 한 마디로 스페이사이드 지역의 위스키를 모두 설명할 수는 없다.
틀에 박힌 이미지에서 벗어나기 위해, 고유의 개성이 돋보이는 위스키를 만드는 증류소가 점점 늘어나고 있다.

알고 있나요?

일반적인 블렌디드 위스키(J&B, 클랜 캠벨, 조니 워커 등)에 들어가는 위스키 원액의 일부는 스페이사이드산이다.

지리

스페이사이드는 남쪽은 케언곰스(Cairngorms) 산맥, 서쪽은 핀드혼(Findhorn) 강, 동쪽은 디버론(Deveron) 강으로 둘러싸여 있으며, 좋은 위스키를 생산하는 데 필요한 조건을 두루 갖추고 있다.

- 4개의 강이 흘러서 물이 풍부하다.
- 토양이 비옥해서 보리가 잘 자란다.
- 서늘하고 습한 기후여서 위스키를 오크통에서 천천히 안정적으로 숙성시킬 수 있다.

스페이사이드(SPEYSIDE)

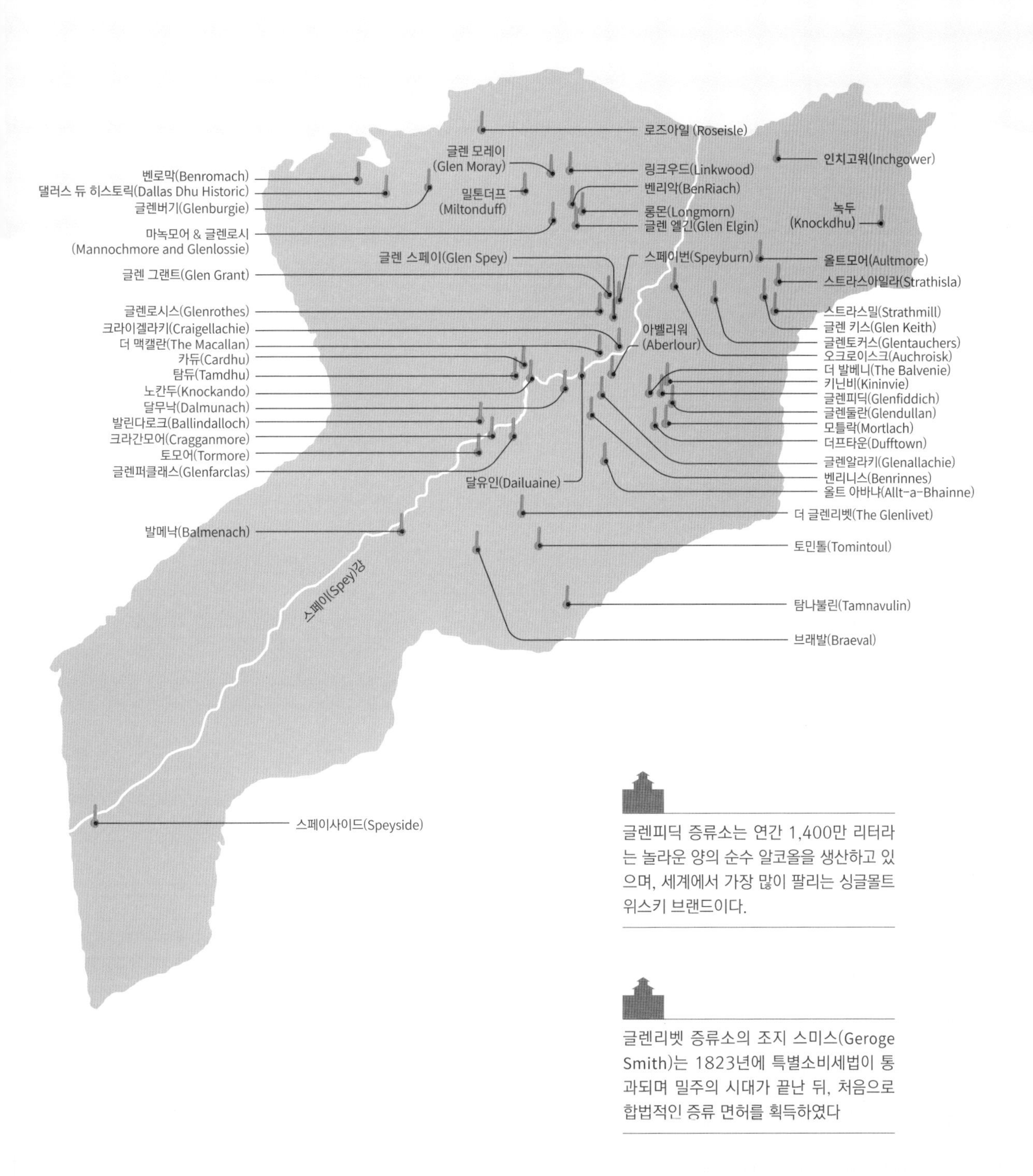

글렌피딕 증류소는 연간 1,400만 리터라는 놀라운 양의 순수 알코올을 생산하고 있으며, 세계에서 가장 많이 팔리는 싱글몰트 위스키 브랜드이다.

글렌리벳 증류소의 조지 스미스(Geroge Smith)는 1823년에 특별소비세법이 통과되며 밀주의 시대가 끝난 뒤, 처음으로 합법적인 증류 면허를 획득하였다

TOUR DU MONDE

롤런드

이름 그대로 '저지대'를 의미하는 롤런드(Lowlands)는 인구밀도가 높은데 비해 증류소는 많지 않다. 남쪽으로는 잉글랜드, 북쪽으로는 하일랜드 사이에 낀 불리한 지리적 조건 때문이다.

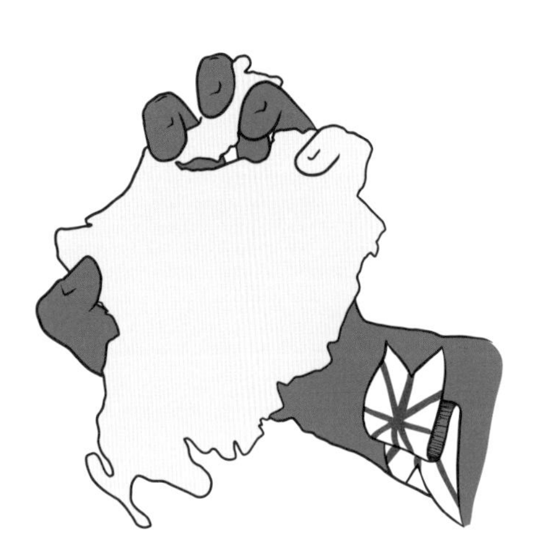

역사

롤런드는 국경을 마주하고 있는 잉글랜드 때문에 오랫동안 고통을 받았다. 잉글랜드는 롤런드와 하일랜드 사이에 '하일랜드 라인'이라는 선을 긋고, 롤런드에 더 높은 주세를 부과해 글자 그대로 스코틀랜드를 2개로 갈라놓았다.
이에 대처하기 위해 롤런드는 잉글랜드에서 진을 만드는 데 사용되는 질이 떨어지는 증류주의 생산량을 늘렸다. 그런데 이를 못마땅하게 여긴 잉글랜드의 증류소들이 18세기에 수출 12개월 전에 생산량을 신고해야 하는 '롤런드 면허법(Lowland Licence Act)'을 통과시켰다. 그 결과 롤런드의 증류소는 규모가 큰 곳까지도 하나둘 무너져갔다.

풍미

롤런드의 위스키는 전반적으로 드라이하고 가벼우며 꽃향과 풀향이 나는 것이 특징이다.

지리

이 지역에는 글래스고와 에든버러 등 주요도시가 위치하며, 스코틀랜드 인구의 80%가 집중되어 있다. 토양은 보리와 밀 재배에 적합하다.

그레인 위스키 증류소

스코틀랜드에서 그레인 위스키를 생산하는 증류소 7개 중 6개가 롤런드 지역에 있다. 주로 블렌디드 위스키에 들어가기 때문에 생산량이 막대하다.

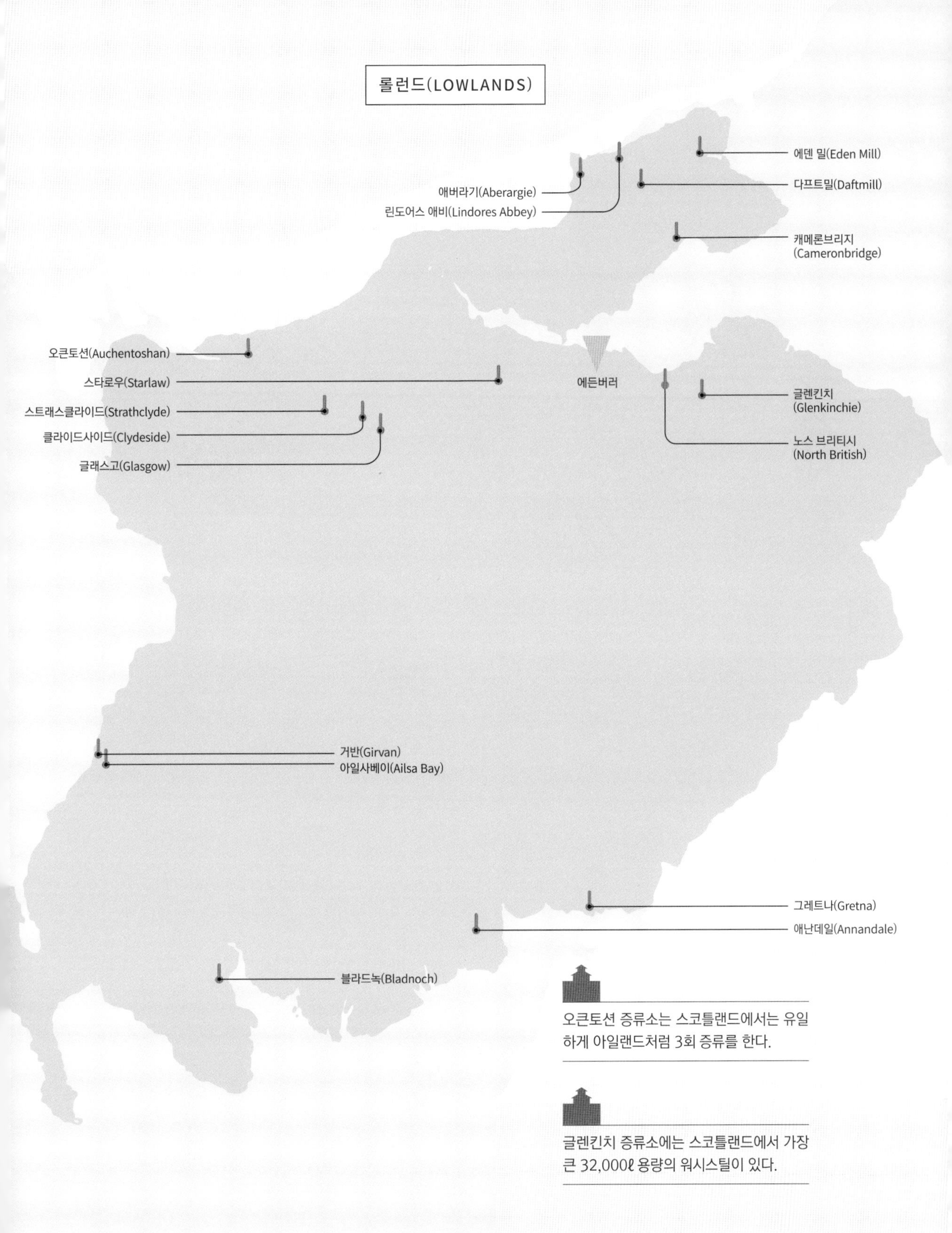

오큰토션 증류소는 스코틀랜드에서는 유일하게 아일랜드처럼 3회 증류를 한다.

글렌킨치 증류소에는 스코틀랜드에서 가장 큰 32,000ℓ 용량의 워시스틸이 있다.

TOUR DU MONDE

하일랜드

고지대인 하일랜드(Highland)는 스코틀랜드 영토의 대부분을 차지하며,
스코틀랜드하면 연상되는 호수, 고성, 풍성한 자연 등이 모여 있는 곳이다.

역사

하일랜드는 스코틀랜드에서 항상 중요하지 않은 존재였다. 16세기에는 반란 지역으로 몰려서 시시때때로 무력으로 제압 당하는 고통도 겪었다.
또한 종교개혁 때도 끝까지 가톨릭을 고수해서, 스코틀랜드에서 교회 개혁이 가장 늦게 이루어진 지역이기도 하다.
국내나 국외에서 분쟁이 일어났을 때 가장 많은 사람들이 동원된 곳도 하일랜드이다.

지리

스페이사이드를 제외하고 하일랜드 라인 북쪽 지역 전체가 하일랜드이다. 대부분이 언덕과 산으로 이루어져 있고, 해발 1,000m가 넘는 산도 많다. 스코틀랜드에서 가장 높은 산인 벤 네비스(Ben Nevis)는 해발 1,344m이다.

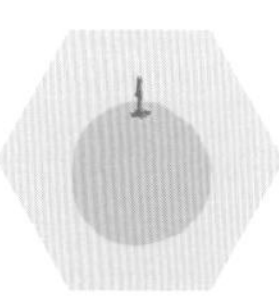

풍미

방대한 지역이라 특징을 한 가지로 말하기는 힘들다. 하일랜드는 4개 지역(동, 서, 남, 북) 또는 중앙을 포함시켜 5개 지역으로 나누기도 하고 북부, 중부, 동부의 3개 지역으로 나누기도 한다.
한 가지 확실한 것은 하일랜드 남부는 가볍고 과일향이 풍부한 싱글몰트를, 서부는 과일향과 향신료향이 강한 싱글몰트를 생산한다는 것이다.

알고 있나요?

영화 '해리포터'에 등장하는 마법학교 호그와트가 바로 하일랜드에 있다.

하일랜드(HIGHLANDS)

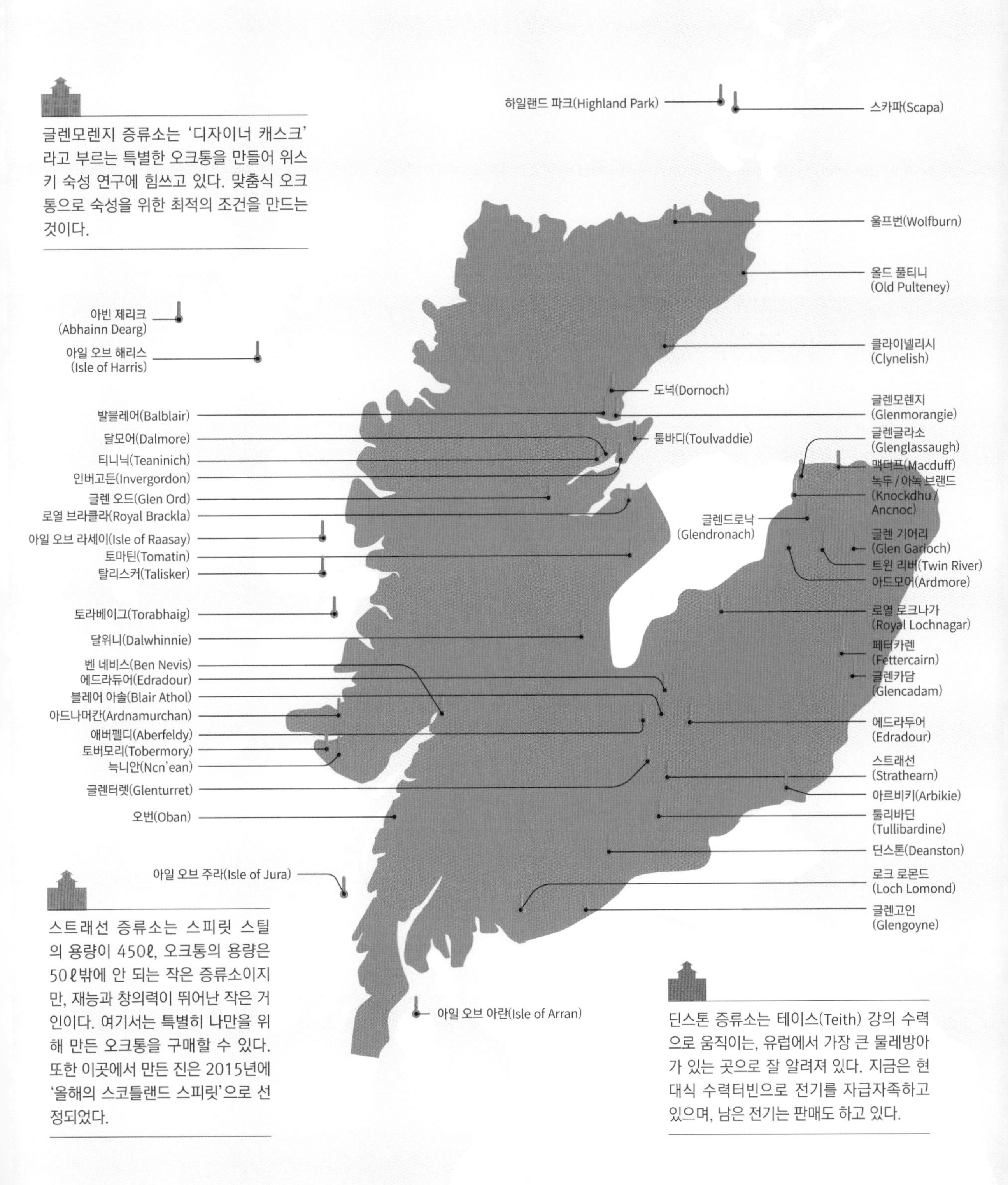

글렌모렌지 증류소는 '디자이너 캐스크'라고 부르는 특별한 오크통을 만들어 위스키 숙성 연구에 힘쓰고 있다. 맞춤식 오크통으로 숙성을 위한 최적의 조건을 만드는 것이다.

스트래선 증류소는 스피릿 스틸의 용량이 450ℓ, 오크통의 용량은 50ℓ밖에 안 되는 작은 증류소이지만, 재능과 창의력이 뛰어난 작은 거인이다. 여기서는 특별히 나만을 위해 만든 오크통을 구매할 수 있다. 또한 이곳에서 만든 진은 2015년에 '올해의 스코틀랜드 스피릿'으로 선정되었다.

딘스톤 증류소는 테이스(Teith) 강의 수력으로 움직이는, 유럽에서 가장 큰 물레방아가 있는 곳으로 잘 알려져 있다. 지금은 현대식 수력터빈으로 전기를 자급자족하고 있으며, 남은 전기는 판매도 하고 있다.

TOUR DU MONDE

캠벨타운

위스키의 수도 캠벨타운(Campbeltown)에 오신 것을 환영합니다.
몇 십 년 전까지는 이렇게 말할 수 있었다…….

역사

19세기 말 캠벨타운에는 20여 개의 증류소가 있었다. 증기선은 수천 개의 오크통을 싣고 글래스고, 런던, 미국으로 떠났다. 좋은 시절이었다.

20세기가 시작되자 캠벨타운의 기름기 많고 스모키한 스타일은 소비자와 블렌딩 회사로부터 외면 당했고, 게다가 대공황과 탄광폐쇄까지 더해져 소규모 증류소들은 문을 닫아야 했다.

풍미

스모키하고 유질감이 강한 캠벨타운의 독특한 스타일에 비판적인 사람들은 캠벨타운 위스키를 '냄새나는 생선'이라고 불렀다. 청어를 보관했던 오크통에 위스키를 숙성시켜서 그렇다는 재미있지만 믿기 힘든 이야기를 퍼뜨리기도 했다.

물론 모두 거짓말이었지만 금주법이 폐지될 무렵 그렇지 않아도 휘청거리던 캠벨타운의 위스키 사업에 치명타가 되었다.

지형

캠벨타운은 롤런드의 서쪽 끝에 있는 도시로 가장 가까운 도시가 아일랜드의 도시일 정도로 스코틀랜드에서는 고립된 지역이다.

캠벨타운이 스코틀랜드 위스키 산업에서 특별한 위치를 차자하는 것은 과거의 명성 덕분이다. 캠벨타운은 위스키 생산에 필요한 모든 조건을 갖춘 곳으로, 곡물을 수입하고 위스키를 수출하는 데 유리한 수심이 깊은 항구와 석탄 광산이 있으며 맥아제조소도 많이 있었다.

현재는 3개의 증류소만 살아남아 겨우 명맥을 이어가고 있는, 스코틀랜드에서 가장 작은 위스키 산지이다.

증류소는 3개, 브랜드는 5개

캠벨타운에서는 5개 브랜드의 위스키가 생산되고 있다. 스프링뱅크 증류소는 스프링뱅크라는 브랜드 외에 헤이즐번(Hazelburn)과 롱로(Longrow)를 생산하고 있다. 나머지 2개의 증류소는 글렌 스코시아와 글렌가일이다.

스프링뱅크 증류소는 미첼(Mitchell) 가문이 1825년 증류소를 매입한 이래 현재까지 5대째 소유하고 있다. 한 가문이 소유하고 있는 스코틀랜드의 증류소 중 가장 오래된 곳이다. 그리고 위스키 제조의 전 과정을 증류소에서 직접 진행하는, 스코틀랜드에서는 몇 안 되는 증류소이기도 하다.

TOUR DU MONDE

아일랜드

아일랜드(Ireland)는 역사적으로 스코틀랜드와 어깨를 나란히 하는 위스키의 고향이지만, 불행히도 지난 2세기 동안 증류소의 수가 급격히 감소하였다.

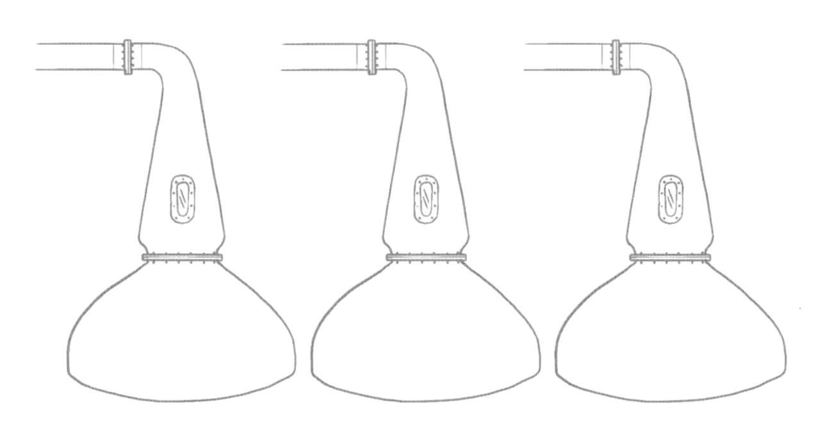

역사

시작은 매우 순조로웠다. 18세기 말 아일랜드에는 2,000여 개의 증류소가 있었고, 아이리시 위스키의 아버지라 할 수 있는 존 제임슨(John Jameson)이 위스키 산업을 혁신시켰다. 큰 도시에는 대부분 증류소가 있었고, '퓨어 포트 스틸 (Pure Pot Still)'이라는 기술로 섬세하고 품질 좋은 위스키를 만들어 더블린 항구에서 전 세계로 수출하였다.

하지만 안타깝게도 아일랜드 독립전쟁과 미국 주류 밀수업자와의 거래 거부, 수출제한 등에 의해 아일랜드의 위스키 산업은 큰 타격을 받았다. 급기야 1930년에는 증류소가 6개, 1960년에는 3개 밖에 남지 않았으며, 살아남은 세 증류소가 합병하여 '아이리시 디스틸러스 리미티드'를 만들었다.

퓨어 포트 스틸

아일랜드의 대표적인 위스키 증류 기술이다. 맥아와 보리를 섞어서(세금을 줄이기 위해) 포트 스틸에 넣고 3번 증류한다.

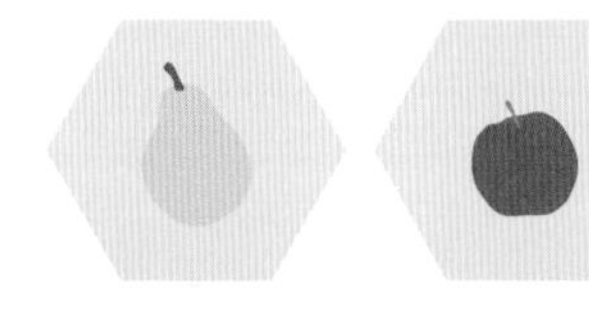

풍미

이탄을 사용하지 않고 3번 증류하는 아이리시 위스키는 가볍고 과일향이 풍부한 것이 특징이다.

밀주에서 지리적 표시 제품으로

아이리시 위스키와 아일랜드 전통주 '포친(Poitin)'을 혼동하면 안 된다. 포친은 알코올 도수가 60~95%인 매우 강한 술로, 보리맥아(또는 감자)를 증류해서 만든다.

이 술은 오랫동안 법으로 제조가 금지되었다가 지금은 합법화되었는데, 현재는 EU의 'IGP(지리적 표시)'로 보호를 받고 있다. 지리적 표시는 상품의 품질이 생산지의 기후, 풍토 등과 밀접한 관련이 있을 경우 상품의 생산지를 알리는 표시이다.

아일랜드(IRELAND)

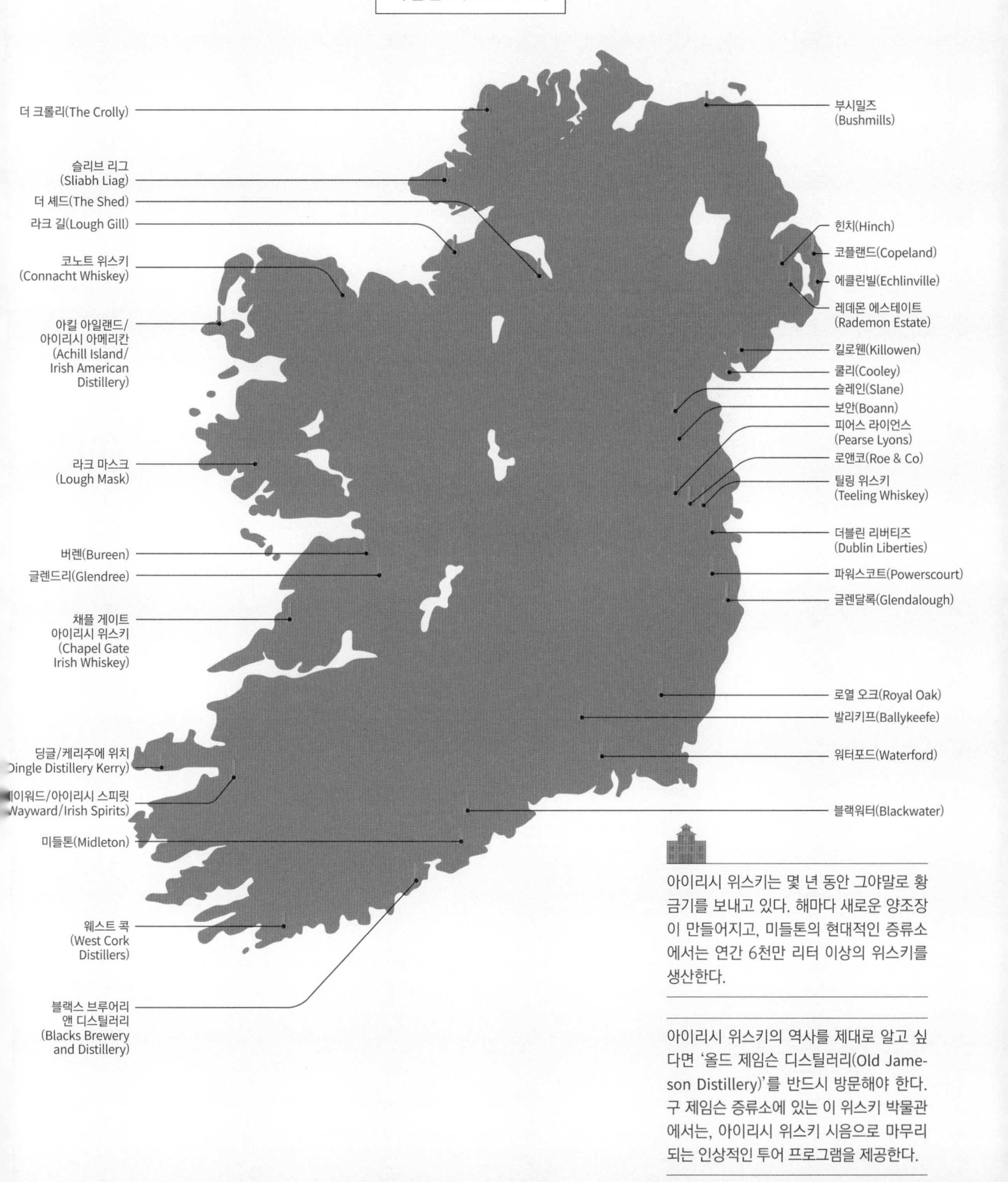

아이리시 위스키는 몇 년 동안 그야말로 황금기를 보내고 있다. 해마다 새로운 양조장이 만들어지고, 미들톤의 현대적인 증류소에서는 연간 6천만 리터 이상의 위스키를 생산한다.

아이리시 위스키의 역사를 제대로 알고 싶다면 '올드 제임슨 디스틸러리(Old Jameson Distillery)'를 반드시 방문해야 한다. 구 제임슨 증류소에 있는 이 위스키 박물관에서는, 아이리시 위스키 시음으로 마무리되는 인상적인 투어 프로그램을 제공한다.

TOUR DU MONDE

영국의 다른 지역

웨일즈(Wales)와 잉글랜드에 들리지 않고 영국을 떠날 수는 없다.

웨일즈

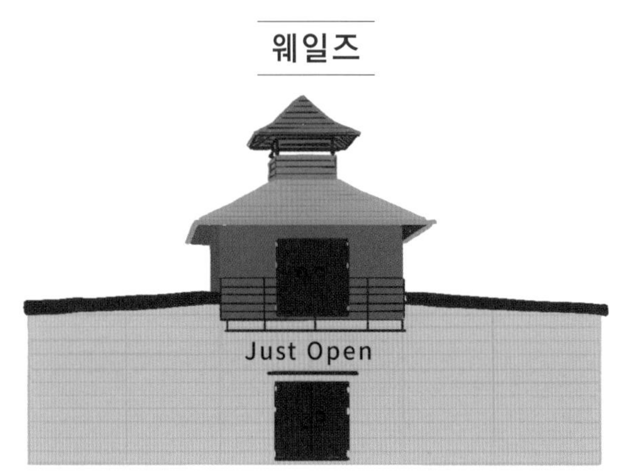

역사

증류소가 별로 없다고 해서 속지 말자. 웨일즈 위스키는 비상 중이다. 펜더린(Penderyn)은 2004년 웨일즈 위스키를 생산하는 유일한 증류소였고 생산량도 극히 적었다. 이 증류소에서 1년 동안 생산하는 위스키의 양은, 대형 증류소의 1일 생산량에도 미치지 못했다. 현재는 많은 변화가 생겨서 펜더린이 두 번째 증류소 애버 폴스(Aber Falls)를 열었고, 들리는 소문에 의하면 앞으로 5년 이내에 웨일즈 내의 증류소가 20개를 넘어설 것이라고 한다.

패러데이 증류기(Faraday still)

펜더린에서 사용하는 증류기는 매우 특이하다. 석유추출 증류기에서 힌트를 얻은 것으로 증류 기둥이 1개밖에 없으며, 다양한 품질의 알코올을 만들 수 있다.

모조품 사건

웨일즈 지방에서는 19세기에 이미 위스키를 생산했다고 하지만 위스키를 제대로 만든 것은 아니다. 증류소 주인은 증류기를 가지고 있었지만, 직접 증류를 하기보다는 스코틀랜드에서 증류주를 사온 뒤 허브와 향신료를 첨가해 웨일즈 위스키라고 속여서 판매하는 방법을 택했다. 이 사실이 들통나는 바람에 증류소는 결국 문을 닫았다.

잉글랜드

역사

진의 나라에서 위스키를 만드는 것은 쉬운 일이 아니다. 그럼에도 불구하고 위스키를 만드는 증류소가 몇 군데 있는데, 그중 하나인 런던 디스틸러리 컴퍼니는 런던 한가운데에 있다. 새로운 현상일까? 그렇지는 않다. 19세기 말 잉글랜드에는 증류소가 4개나 있었다.
새로운 현상이 아니라 잉글랜드 위스키의 부활이라고 할 수 있다.

여왕의 반려견

여왕의 시종이 어느 날 왕실견 코기한테 물 대신 위스키를 주었다. 그로 인해 코기는 병이 났고 시종은 강등과 감봉이라는 징계를 받게 되었다.

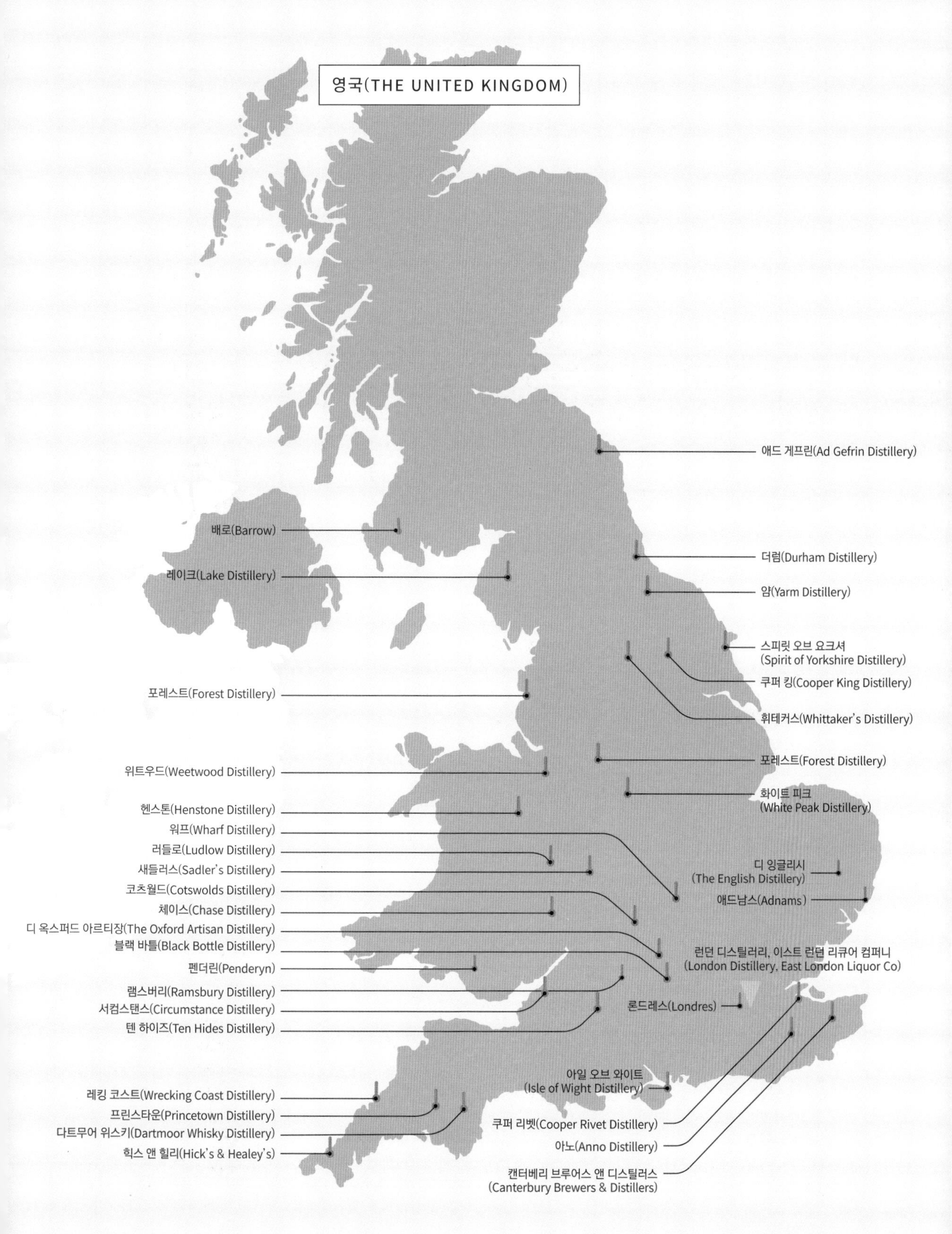
영국(THE UNITED KINGDOM)
애드 게프린(Ad Gefrin Distillery)
배로(Barrow)
레이크(Lake Distillery)
더럼(Durham Distillery)
얌(Yarm Distillery)
스피릿 오브 요크셔
(Spirit of Yorkshire Distillery)
쿠퍼 킹(Cooper King Distillery)
포레스트(Forest Distillery)
휘테커스(Whittaker's Distillery)
포레스트(Forest Distillery)
위트우드(Weetwood Distillery)
화이트 피크
(White Peak Distillery)
헨스톤(Henstone Distillery)
워프(Wharf Distillery)
러들로(Ludlow Distillery)
새들러스(Sadler's Distillery)
디 잉글리시
(The English Distillery)
코츠월드(Cotswolds Distillery)
애드남스(Adnams)
체이스(Chase Distillery)
디 옥스퍼드 아르티장(The Oxford Artisan Distillery)
블랙 바틀(Black Bottle Distillery)
런던 디스틸러리, 이스트 런던 리큐어 컴퍼니
(London Distillery, East London Liquor Co)
펜더린(Penderyn)
램스버리(Ramsbury Distillery)
서컴스탠스(Circumstance Distillery)
론드레스(Londres)
텐 하이즈(Ten Hides Distillery)
아일 오브 와이트
(Isle of Wight Distillery)
레킹 코스트(Wrecking Coast Distillery)
프린스타운(Princetown Distillery)
쿠퍼 리벳(Cooper Rivet Distillery)
다트무어 위스키(Dartmoor Whisky Distillery)
아노(Anno Distillery)
힉스 앤 힐리(Hick's & Healey's)
캔터베리 브루어스 앤 디스틸러스
(Canterbury Brewers & Distillers)

TOUR DU MONDE

아시아: 위스키의 새로운 개척지

아시아 위스키라고 하면, 가장 먼저 일본 위스키가 떠오른다.
그러나 아시아에는 잘 알려지지 않았지만 위스키 애호가들에게 흥미로운 제품들을 선보이는
위스키 생산국이 더 존재한다. 여기서는 아시아의 위스키 생산국에 대해 알아본다.

아시아에는 어떤 위스키 생산국이 있을까?

아시아는 위스키 소비가 해마다 증가하는 지역이다.
이러한 위스키에 대한 갈증은 아시아 위스키의 탄생을 불러왔고, 그 규모가 점점 늘어나고 있다.
최근 10년 동안 일본 위스키는 수많은 찬사를 받았고, 다른 나라에서도 새로운 플레이어가 계속 등장하고 있다.

타이완

위스키 애호가와 타이완 위스키에 대해 이야기를 나눈다면, 먼저 카발란(Kavalan) 위스키에 대해 이야기할 가능성이 크다. 상대적으로 신생 브랜드에 속하지만, 카발란은 이미 여러 수상 경력을 통해 확고한 명성을 얻었다. 카발란 위스키의 빠른 성공은 타이완의 아열대 기후 덕분이었다. 아열대 기후는 대륙성 기후에 비해 위스키 숙성을 가속화시키기 때문이다. 카발란의 '솔리스트 비노 바리크(Solist Vinho Barrique)'는 2015년 월드 베스트 싱글 몰트 위스키 타이틀을 거머쥐었다. 2006년 첫 위스키를 출시하고 거둔 큰 성공이었다. 카발란에 비해 덜 알려지긴 했지만, 또 다른 타이완 싱글 몰트 위스키로 난터우[南投] 증류소의 오마르(Omar)가 있다.

중국

만약 내일부터 중국산 위스키를 마실 수 있게 된다면? 중국은 고유의 '바이주[白酒, 맑은 술이라는 의미]'로 잘 알려져 있으며, 바이주의 판매량은 그야말로 엄청나다(2018년에는 9리터 상자 기준으로 12억 상자가 판매되었다). 바이주는 수수나 밀, 찹쌀 등으로 만드는 술이다. 그러나 중국에서도 위스키가 점점 인기를 얻고 있다. 중국은 1초에 40병 이상의 스카치위스키를 수입하고 있다. 또한 몇몇 대형 브랜드에서는 메이드 인 차이나 위스키를 만드는 데 관심을 갖고 있다. 특히 페르노 리카의 경우 중국 중부 쓰촨성 어메이산에 위스키 증류소를 세우기 위해, 1억 3천만 유로를 투자하였다. 머지않아 아직 이름도 공개되지 않은 중국 최초의 위스키를 맛볼 수 있을 것으로 기대된다.

인도

인도에서 생산되는 '위스키' 라벨을 붙인 증류주의 대부분은 유럽 연합(EU)의 법률에 따르면 위스키가 아니다. 이 증류주들은 발효 당밀로 만든 중성 알코올 혼합물로, 일부는 향료를 첨가하기도 한다. 왜 그럴까? 단순하게도 인도에는 위스키에 대한 법적 기준이 없기 때문이다. 경제적인 이유로 많은 생산자들이 이처럼 적은 비용으로 위스키를 만든다. 그럼에도 불구하고 우리가 아는 것과 같은, 그러니까 전적으로 몰트와 다른 곡물을 이용해 '진짜 위스키'를 만드는 브랜드도 있다. 암룻(Amrut) 증류소는 인도 위스키 생산의 선구자로, 2004년 최초의 인도산 싱글 몰트 위스키를 출시했다. 1946년에 설립된 암룻은 원래 제약회사였지만, 곧 블렌딩 분야로 사업 영역을 넓혔다. 그 밖에도 존 디스틸러리가 2012년 첫 싱글 몰트 위스키 폴 존(Paul John)을 내놓으며 암룻의 뒤를 쫓고 있다.

일본

(자세한 내용은 p.180 참조)

일본 위스키에 대한 새로운 기준

일본 위스키는 십여 년 전부터 많은 관심과 사랑을 받고 있다. 하지만 당신이 가진 일본 위스키(일부 또는 전부)가 일본에서 만든 것이 아닐 수도 있다는 사실을 알고 있는가? 이상하게 들리겠지만 일본에는 위스키에 대한 엄격한 생산 기준이 없었다. 4년간의 논의 끝에 일본양주주조조합(Japan Spirits & Liquors Makers Association)은 다음과 같은 자주기준(自主基準)을 정했다. 2021년 4월 1일부터, '일본 위스키'라는 이름을 갖기 위해서는 당화, 발효, 증류, 숙성(최소 3년), 병입(알코올 도수 최소 40% 이상)이 일본에서 이루어져야 한다.

추천하는 아시아 위스키 6종

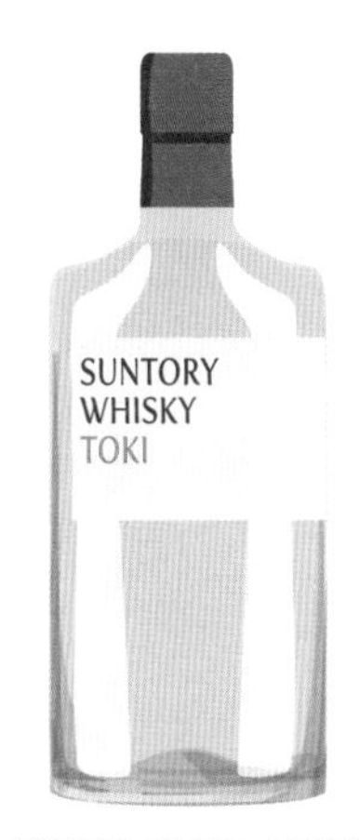

하이볼을 마시고 싶다면 :
산토리 토키(Suntory Toki) – **일본**

손님들에게 기분 좋은 놀라움을 선사하고 싶다면 :
암룻 퓨전(Amrut Fusion) – **인도**

빌 머레이처럼 우쭐대고 싶다면 :
히비키 17년(Hibiki) – **일본**

타이완 위스키가 좋다는 것을 확인하고 싶다면 :
카발란 엑스 셰리 오크
(Kavalan Ex-Sherry Oak) – **타이완**

베스트셀러를 경험하고 싶다면 :
니카 코페이 그레인
(Nikka Coffey Grain) – **일본**

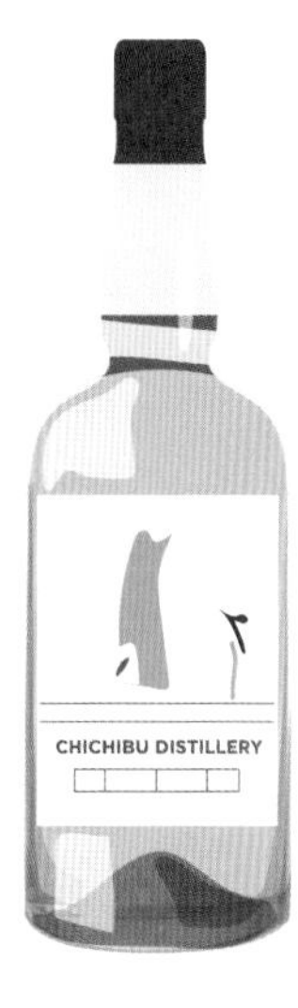

은행 잔고를 바닥내고 싶다면 :
치치부 2011 마데이라 혹스헤드 테이 박 치앙 #2(Chichibu 2011 Madeira Hogshead Tay Bak Chiang #2) – **일본**

TOUR DU MONDE

일본

일본 위스키를 스카치 위스키의 모방품 정도로 여기는 경우가 있는데 그것은 옳지 않다. 일본은 스카치 위스키에서 영감을 얻어 독자적인 개성을 가진 위스키를 창조하는 데 성공했다.

일본 최초의 증류소

야마자키 증류소가 시마모토에 지어진 것은 스코틀랜드의 기후 조건과 유사하기 때문이라는 이야기가 있다. 일부는 사실이지만 결정적인 이유는 3개의 강이 흘러서 위스키를 만드는 데 필요한 물을 충분히 공급받을 수 있기 때문이었다. 시마모토의 물은 깨끗하기로 유명해서 다도의 창시자인 센리큐[千利休]도 이곳의 물을 즐겨 사용했다고 한다.

역사

지금은 세계적인 스타로 등극한 일본 위스키도 그 위상에 비해 역사는 그리 길지 않다. 시작은 1923년, 도리이[鳥井]와 다케쓰루[竹鶴]라는 두 사람이 힘을 합쳐 오사카의 야마자키에 처음으로 세운 증류소에서 비롯되었다. 하지만 그 뒤 두 사람은 헤어져서 도리이는 '산토리(Suntory)', 다케쓰루는 '니카(Nikka)'라는 위스키 제국을 각각 건설한다. 두 회사는 지금도 일본 위스키 시장을 양분하고 있고 여전히 사이가 좋지 않다. 스코틀랜드에서는 경쟁사끼리 연대하기도 하는데, 두 회사는 어떠한 교류도 없다.

풍미

스카치 위스키에 비해 일본 위스키는 곡물향이 많이 느껴지지 않는다.
일본 위스키의 창시자인 도리이와 다케쓰루는 위스키 제조과정을 이해하기 위해 과학의 힘을 빌렸는데, 이는 스코틀랜드에서조차 예를 찾아볼 수 없는 새로운 시도였다.

빌 머레이, 최고의 일본 위스키 홍보대사

소피아 코폴라 감독의 영화 〈사랑도 통역이 되나요?(Lost in Translation)〉에서 빌 머레이는 산토리의 블렌디드 위스키인 '히비키(Hibiki)'의 광고를 찍기 위해 일본에 온 한물간 배우 역할을 했다. 이 영화의 성공으로 서구에서 일본 위스키에 대한 관심이 폭발적으로 증가했고 판매량도 크게 늘어났다.

일본(JAPAN)

국제우주정거장에서 궤도를 따라 돌고 있는 일본 위스키가 있다. 물론 우주비행사들이 마시려고 가져간 것은 아니다. 2015년 8월, 산토리는 자사의 위스키를 우주정거장에 보내서 최소 1년 동안 중력이 위스키의 풍미에 미치는 영향을 실험했다.

TOUR DU MONDE

미국

대서양을 건너 다양성과 혁신의 나라로 가보자.

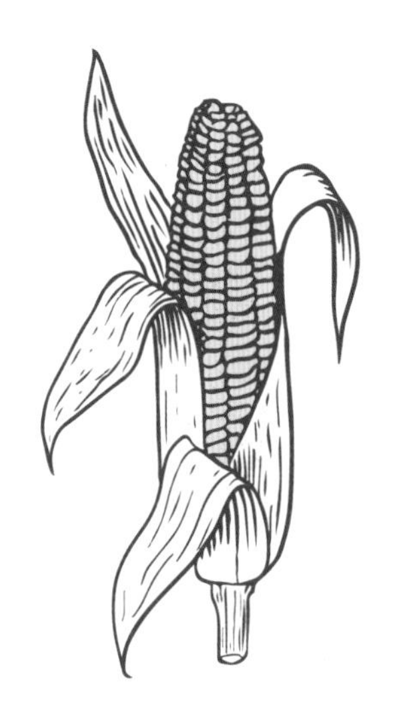

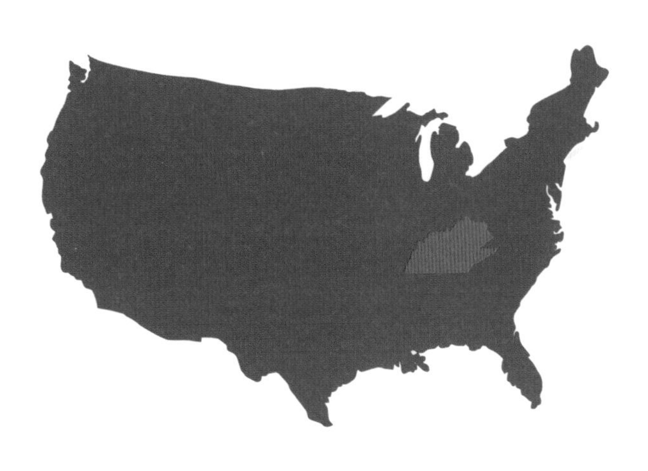

역사

미국 위스키의 시작은 식민지 개척과 밀접한 연관이 있다. 미국 정부는 유럽사람들을 미국으로 이주시키기 위해 옥수수밭을 무상으로 내주었다. 그런데 옥수수의 판매가격이 너무 낮아서 이주자들은 더 비싸게 팔 수 있는 술을 만들었다.

19세기에 일어난 산업혁명으로 철도산업이 발전했고 위스키 산업도 그 혜택을 입었다. 그런데 번창하던 위스키 산업은 음주반대 단체와 금주법으로 타격을 입는다. 그 때문에 밀주를 만들어서 불법으로 유통시키던 '문샤이너(Moonshiner)'들이 활개를 치게 되었다.

켄터키 vs 테네시

켄터키주는 버번의 고향이다. 현재는 미국 전체에서 버번을 생산하지만 처음 시작은 켄터키였다.

테네시 위스키의 경우에는 숯으로 여과하는 방식인 '링컨 카운티 프로세스'라는 기술로 만들기 때문에 다른 버번 위스키와 차별화된다. 장작에 불을 붙여 만든 숯을 3m 높이로 쌓아놓고 증류한 위스키를 흘려보낸다. 그렇게 해서 독창적이고 부드러운 버번인 테네시 위스키를 만드는 것이다.

마이크로 디스틸러리의 번성

미국에서는 새로운 버번 마이크로 디스틸러리가 잇따라 문을 열고 있다. 증류소 숫자만큼 다양한 스타일의 위스키가 만들어지기 때문에, 새로운 맛을 기대하는 버번 위스키 애호가들에게는 즐거운 일이 아닐 수 없다.

잭 대니얼스_ 방문은 Yes, 시음은 No!

린치버그(Lynchburg)에 위치한 잭 대니얼스 증류소를 방문한다면 시음은 기대하지 않는 것이 좋다. 시내에 있는 바에서도 위스키를 맛볼 수 없다. 린치버그는 지금도 주류 판매가 금지된 '드라이 카운티(dry county)' 중 하나이다.

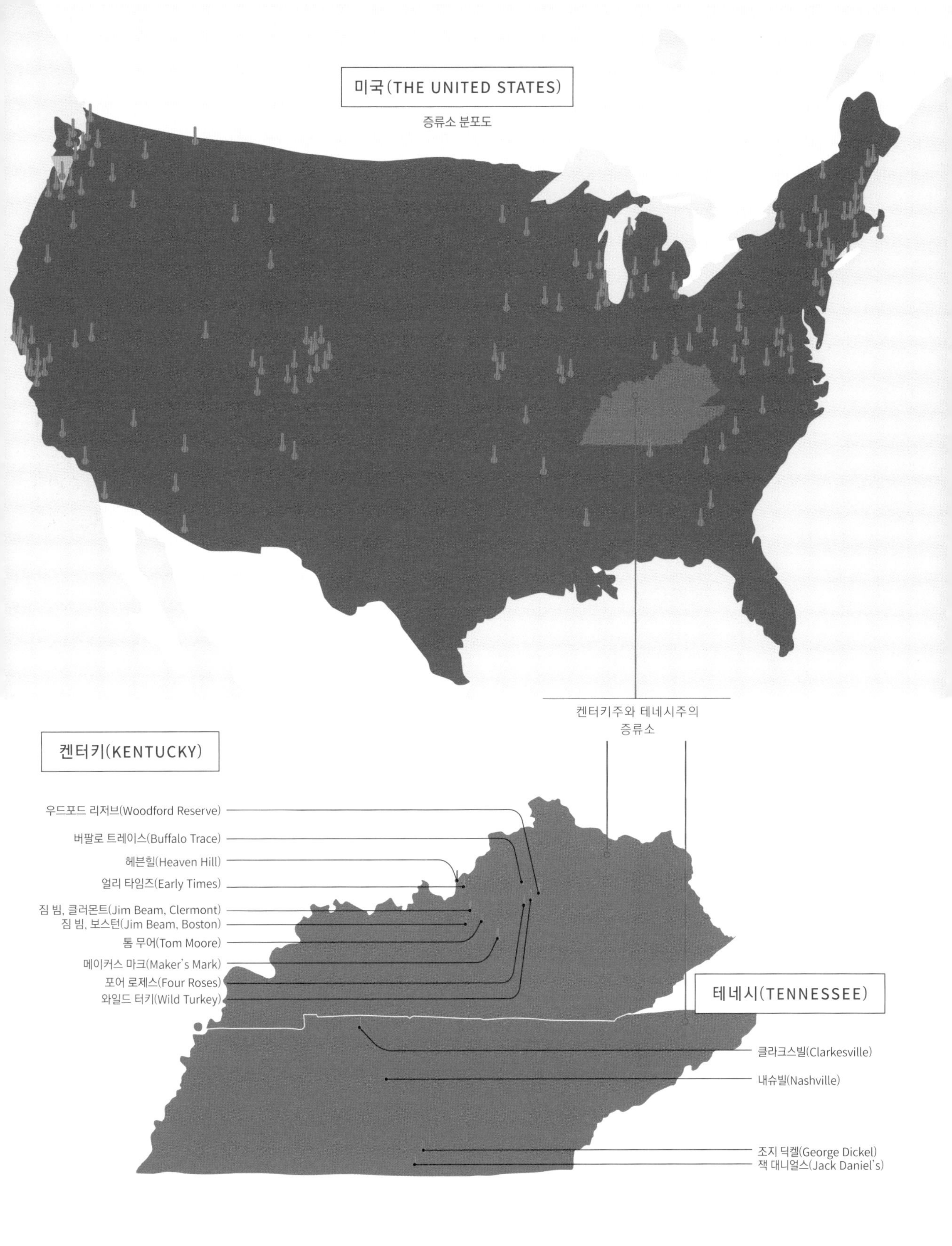
미국(THE UNITED STATES)
증류소 분포도
켄터키주와 테네시주의
증류소
켄터키(KENTUCKY)
우드포드 리저브(Woodford Reserve)
버팔로 트레이스(Buffalo Trace)
헤븐힐(Heaven Hill)
얼리 타임즈(Early Times)
짐 빔, 클러몬트(Jim Beam, Clermont)
짐 빔, 보스턴(Jim Beam, Boston)
톰 무어(Tom Moore)
메이커스 마크(Maker's Mark)
포어 로제스(Four Roses)
와일드 터키(Wild Turkey)
테네시(TENNESSEE)
클라크스빌(Clarkesville)
내슈빌(Nashville)
조지 딕켈(George Dickel)
잭 대니얼스(Jack Daniel's)

TOUR DU MONDE

캐나다

캐나다는 스코틀랜드 다음가는 세계 제2의 위스키 생산국이지만
시장에서는 크게 눈에 띄지 않는 조용한 거인이다.

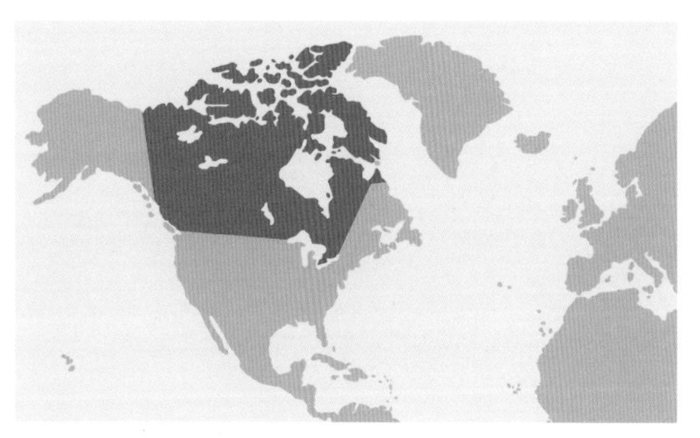

역사

캐나디안 위스키의 역사는 미국 위스키의 역사와 깊은 관계가 있다. 미국의 금주법이 캐나다의 위스키 산업에 날개를 달아주었기 때문이다. 미국의 증류소에서 더 이상 위스키를 공급받을 수 없게 되자 밀수업자들은 국경을 넘어 캐나디안 위스키를 들여왔다. 가장 유명한 증류소가 '하이램 워커(Hiram Walker)'인데 디트로이트강을 사이에 두고 디트로이트시와 마주보고 있다. 유명한 갱단두목인 알 카포네도 이 증류소의 단골고객이었다고 한다.

캐나디안 위스키는 라이 위스키?

위스키의 세계에는 간단한 것이 없는 듯하다. 캐나디안 위스키는 라이 위스키라고도 불린다. 호밀로 만든 라이 위스키처럼 말이다. 전통적으로 캐나디안 위스키에 호밀을 주로 사용했던 것은 맞다. 캐나다 동쪽의 경작지가 호밀재배에 적합했기 때문이다. 지금도 호밀을 조금씩 사용하기는 하지만 서쪽에 다른 곡물을 재배할 수 있는 좋은 땅을 개척하면서, 지금은 옥수수를 비롯한 다른 곡물을 주로 사용한다. 그렇지만 지금도 캐나디안 위스키를 라이 위스키라고 부른다.

풍미

시나몬, 구운 빵, 캐러멜 향 등이 많이 느껴진다.

가격대비 훌륭한 품질의 위스키

가격이 낮다고 품질을 의심해서는 안 된다. 캐나디안 위스키는 시장에서 찾을 수 있는 가격대비 가장 훌륭한 품질을 자랑하는 위스키임에 틀림없다.

캐나다(CANADA)

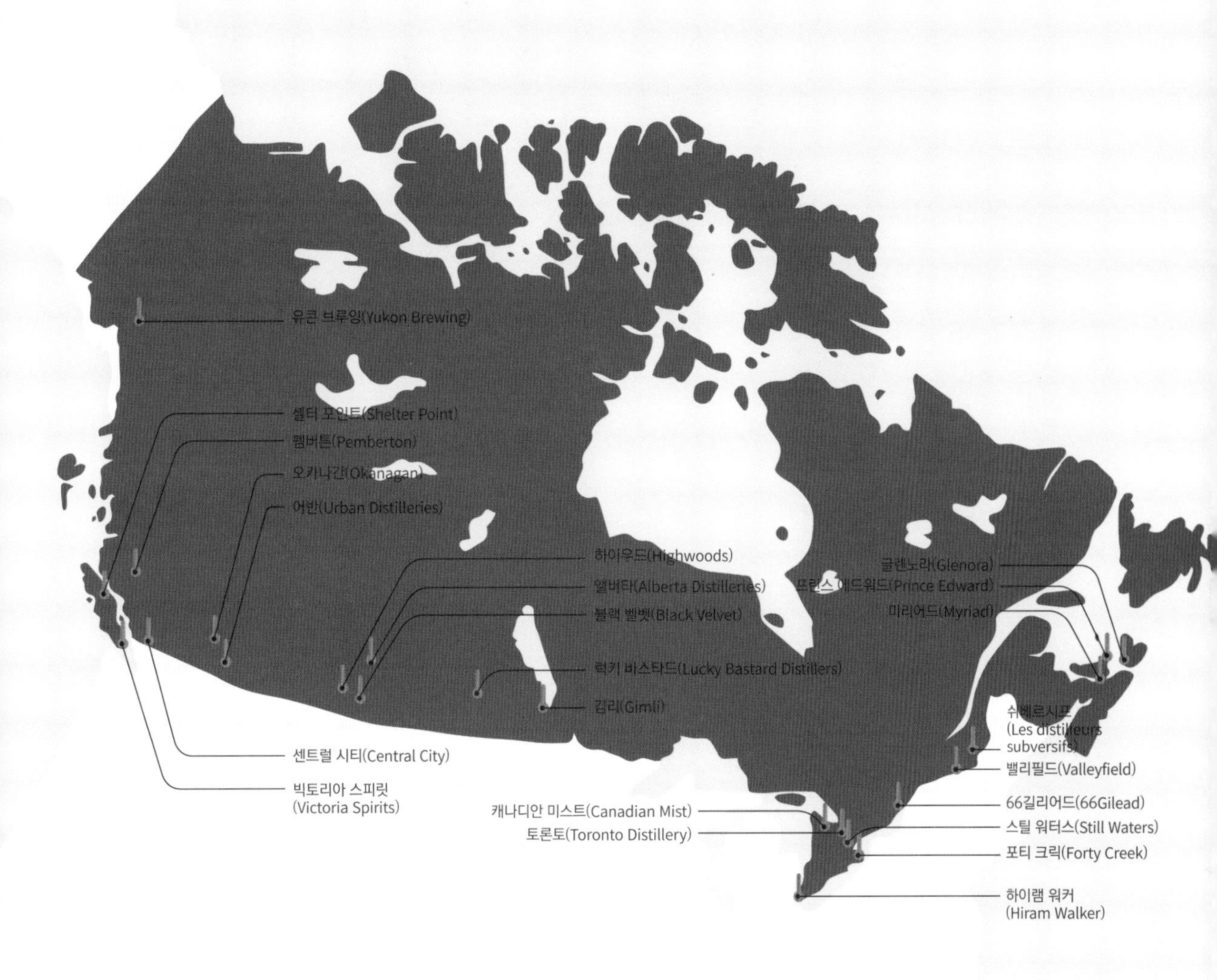

캐나다 사람들은 계란으로 만드는 '에그노그(Eggnog)'라는 알코올 음료에 열광한다. 브랜디와 럼으로 만드는 것이 전통 레시피이지만 위스키로도 만들 수 있다. 물론 캐나디안 위스키로 대체해도 좋다.

TOUR DU MONDE

프랑스

국내뿐 아니라 해외에서도 열광적인 반응을 얻으며 프랑스 위스키는 확고한 명성을 쌓기 시작했다. 프랑스는 세계 최대의 위스키 소비층을 형성하고 있을 뿐만 아니라, 가장 큰 몰트 생산국이기도 하다. 프랑스 위스키가 발전할 수 있는 모든 조건을 갖춘 셈이다.

프랑스 vs 알자스 vs 브르타뉴

프랑스 위스키가 인기를 끌기 시작한 것은 고작 몇 년 전부터이지만, 프랑스에서 위스키가 생산되기 시작한 것은 수십 년 전부터이다. 이러한 움직임은 1987년 브르타뉴에서 출시된 최초의 프랑스 위스키(와렝헴, Warenghem)에서 비롯되었다. 그로부터 몇 년 뒤, 증류주 관련 노하우를 자랑하는 알자스 지역에서도 위스키를 만들기 시작했다. 리보빌레(Ribeauvillé)에 위치한 길베르 홀(Gilbert Holl) 증류소는 2004년 최초의 알자스 위스키 락홀(Lac'Holl)을 출시했다(이 증류소에서는 슈크루트의 속대로 증류주를 만들어 비밀스러운 성공을 거두기도 했다). 2015년 1월, 알자스와 브르타뉴가 지리적 표시 보호(IGP)를 획득하면서, 일정 조건을 충족시켜야 '브르타뉴 위스키(Whisky Breton)' 또는 '알자스 위스키(Whisky Alsacien)'라는 이름을 사용할 수 있게 되었다. 각각의 IGP는 해당 지역의 기술을 보호하고 지키는 것이 목적이다. 차이가 있다면 '브르타뉴 위스키' IGP는 기술혁신에 중점을 두는 반면, '알자스 위스키' IGP는 신뢰성과 장인의 생산을 보장하는 것을 목적으로 한다.

프랑스: 위스키의 축복을 받은 땅

코냑(연간 순수 알코올 생산량 80만 헥토리터)과 같이 국경을 넘어 폭넓은 영향력을 자랑하는 다른 주류에 비하면, 프랑스 위스키는 연간 순수 알코올 생산량이 2만 헥토리터로 얼마 되지 않는다. 하지만, 이 수치는 불과 몇 년 만에 2배로 증가한 것이다. 프랑스는 품질 좋은 위스키를 만들 수 있는 모든 조건을 갖고 있다. 풍부한 생산량을 자랑하는 보리밭, 안정적으로 원료를 공급해줄 양조장(1리터의 위스키를 만들기 위해서는 5리터의 워시가 필요하다), 지역별로 고르게 퍼져 있는 다수의 마스터 디스틸러들, 세계적인 명성을 얻고 있는 쿠퍼(오크통 상인)들, 그리고 전 세계에서 위스키를 가장 많이 소비하는 프랑스인들까지 말이다.

그러나 복잡한 규제

수년간 논의 중이기는 하지만 브르타뉴 위스키와 알자스 위스키라는 2개의 IGP를 제외하면, 현재로서는 '프랑스 위스키'를 위한 IGP나 규제는 없는 상황이다. 결과적으로 유럽 연합의 규제와 2017년 프랑스 법령에 의한 프랑스 싱글 몰트 위스키의 정의 사이에 혼란이 이어지고 있다.

땅에서 자라 글라스에 담기기까지

제품의 이력 추적과 투명성에 대한 소비자의 요구에 부응하기 위해, 로렌에 위치한 로즐리외르 증류소에서는 위스키의 모든 제조 과정을 내부화하는 도전을 시작했다. 제조과정에는 보리 재배와 맥아 제조는 물론, 양우리나 옛날 군사시설 등 독특한 저장고를 비롯한 다양한 저장고에서 이루어지는 숙성 과정도 포함된다.

드룀: 단 1통의 캐스크만 생산하는 증류소

매우 희귀한 위스키도 있다. 드룀 증류소의 위스키도 그렇다. 설립자인 제롬 드뢰몽(Jérôme Dreumont)이 300리터 용량의 증류기를 독자적으로 개발한 이래, 해마다 단 1통의 캐스크만 채우고 있다. 이는 최종적으로 위스키 100여 병을 생산할 수 있는 분량이다.

프랑스(FRANCE)

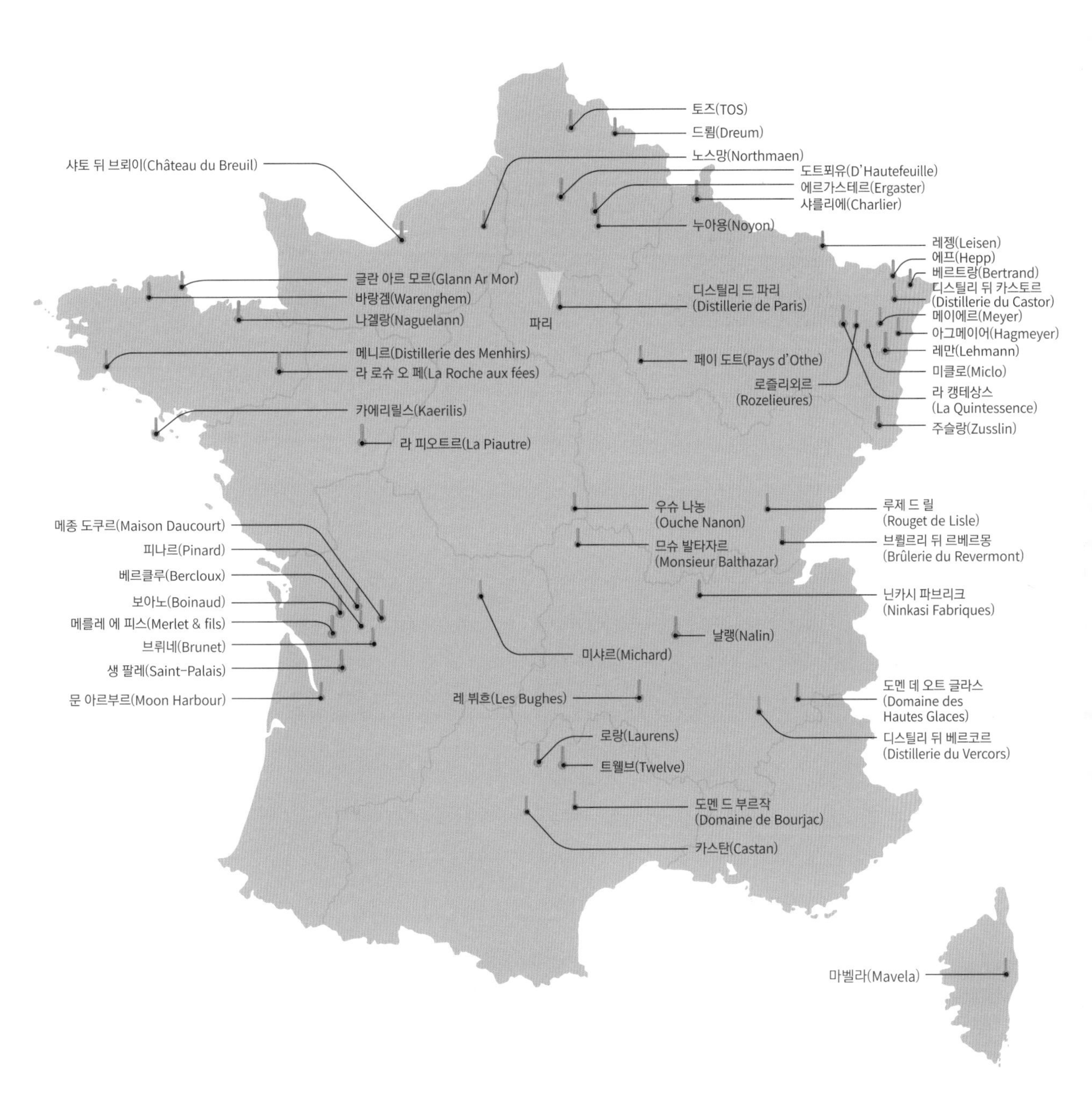
토즈(TOS)
드륌(Dreum)
노스망(Northmaen)
샤토 뒤 브뢰이(Château du Breuil)
도트푀유(D'Hautefeuille)
에르가스테르(Ergaster)
샤를리에(Charlier)
누아용(Noyon)
레젱(Leisen)
에프(Hepp)
베르트랑(Bertrand)
디스틸리 뒤 카스토르
(Distillerie du Castor)
글란 아르 모르(Glann Ar Mor)
바랑겜(Warenghem)
나겔랑(Naguelann)
파리
디스틸리 드 파리
(Distillerie de Paris)
메이에르(Meyer)
아그메이어(Hagmeyer)
레만(Lehmann)
메니르(Distillerie des Menhirs)
라 로슈 오 페(La Roche aux fées)
페이 도트(Pays d'Othe)
미클로(Miclo)
로즐리외르
(Rozelieures)
라 캥테상스
(La Quintessence)
카에리릴스(Kaerilis)
주슬랑(Zusslin)
라 피오트르(La Piautre)
우슈 나뇽
(Ouche Nanon)
루제 드 릴
(Rouget de Lisle)
메종 도쿠르(Maison Daucourt)
피나르(Pinard)
므슈 발타자르
(Monsieur Balthazar)
브륄르리 뒤 르베르몽
(Brûlerie du Revermont)
베르클루(Bercloux)
보아노(Boinaud)
닌카시 파브리크
(Ninkasi Fabriques)
메를레 에 피스(Merlet & fils)
날랭(Nalin)
브뤼네(Brunet)
미샤르(Michard)
생 팔레(Saint-Palais)
도멘 데 오트 글라스
(Domaine des
Hautes Glaces)
문 아르부르(Moon Harbour)
레 뷔흐(Les Bughes)
로랑(Laurens)
디스틸리 뒤 베르코르
(Distillerie du Vercors)
트웰브(Twelve)
도멘 드 부르작
(Domaine de Bourjac)
카스탄(Castan)
마벨라(Mavela)

TOUR DU MONDE

그 밖의 나라

여기서 소개하는 나라들은 위스키로 유명하지 않지만 그렇다고 덜 중요하게 생각해서도 안 된다. 이들 나라에 대한 흥미로운 정보가 많다.

아이슬란드의 독특한 맥아 건조법

아이슬란드에는 이탄이 없기 때문에 전통적인 방법으로 맥아를 건조시킨다. 그것은 바로 양의 배설물을 연료로 사용하는 것이다. 게다가 세계 어느 나라에서도 찾을 수 없는 깨끗한 물과 농약을 거의 사용하지 않은 곡물로 놀라운 위스키를 만들고 있다.

태즈메이니아의 증류소

위도에 관계 없이 지구 반대편에서도 위스키를 만들 수 있다. 호주의 태즈메이니아섬에도 '헬리어스 로드(Hellyers Road)'라는 증류소가 있는데, 이곳에서는 타즈마니안 데빌(주머니너구리)이 아니라 천사처럼 착한 위스키를 만날 수 있다.

아프리카에서도 위스키를?

아프리카에서도 위스키를 만든다. 남아프리카공화국에서는 2개의 증류소, '제임스 세즈윅(James Sedgwick)'과 '드라이맨즈(Drayman's)'에서 위스키를 만들고 있다.

잊혀진 체코 위스키의 역사

냉전이 한창이던 시절 체코슬로바키아는 자본주의 국가에서 하는 것이라면, 공산주의 국가에서도 할 수 있어야 한다는 소련의 압력을 받았다. 그래서 프라들로(Pradlo) 마을(현재 체코공화국 소재)에 있는 양조장에서 싱글몰트 위스키를 생산하기 시작했다. 1989년 베를린 장벽이 무너진 뒤 양조장은 팔렸고, 2010년까지 오크통의 존재를 기억하는 사람은 아무도 없었다. 1989년에 증류된 '해머 헤드(Hammer Head)' 위스키가 세상에 나올 때까지.

멕시코: 옥수수가 왕인 나라

멕시코에 대해 이야기하면, 우리는 멕시코의 대표적인 증류주 테킬라를 가장 먼저 떠올린다. 하지만 멕시코에서는 2020년부터 위스키도 생산하고 있다. '아바솔로(Abasolo)' 위스키는 카카우아신틀레(cacahuazintle)라는 고대 품종 옥수수로 만드는데, 알이 희고 굵으며 멕시코 산간 지역에서 자란다. 이 옥수수를 닉스타말화(nixtamalization)해서 사용하는데, 이 방식은 옥수수 알갱이를 알칼리 용액에 담가 익혀서 말린 뒤 갈아서 사용하는 것으로, 4000년 전부터 사용해온 방식이다.

C-7 참고자료 ANNEXES

전문 지식을 갖춘 위스키 애호가라면 반드시 알아야 되는 몇 가지 정보를 담았기 때문에, 이 책을 이해하는 데 도움이 될 것이다. 위스키 용어와 통계 수치, 인물 정보 등을 보충하고, 필요한 정보를 찾아보기 쉽게 INDEX로 정리하였다.

ANNEXES

위스키 용어

위스키 애호가라면 몇 가지 전문 용어는 알고 있어야 한다.

PPM
'parts per million'의 줄임말로 백만분의 일이라는 뜻. 위스키 속에 있는 페놀의 양을 측정하는 단위.

가마(Kiln)
몰팅 과정에서 싹을 틔운 보리를 건조시키는 가마. 가마 위에는 탑 형태의 지붕(파고다 루프)이 있다.

그리스트(Grist)
위스키를 만들기 위해 분쇄한 맥아가루. 엿기름.

드래프트(Draft)
당이 모두 발효되어 알코올로 변한 뒤 남은 찌꺼기. 이 찌꺼기는 가축사료로 쓰인다.

드램(Dram)
스카치 위스키를 측정하는 전통적인 단위. 40~50㎖ 정도의 분량이다.

로와인(Low Wine)
1차 증류에서 만들어진 증류액. 알코올 도수는 21% 정도이다. 로와인은 2차 증류를 통해 알코올 도수 65~70%까지 농축된다.

맥아즙(Wort)
보리에서 나온 당분이 뜨거운 물에 녹아서 만들어진 즙.

매시턴
(Mash Tun, 당화조)
매싱 작업이 이루어지는 거대한 통. 나무나 스테인리스 스틸로 만든다.

바디
위스키를 마셨을 때 입안에서 느껴지는 질감 및 무게감. 바디를 결정하는 가장 큰 요인은 알코올 도수이다. 알코올 도수가 높을수록 점성이 높아지고 입안에서 무겁게 느껴진다. 라이트(light), 미디엄(medium), 풀(full) 바디로 구분한다.

숙성(Aging)
위스키는 오크통에서 오랫동안 숙성되면서 개성이 생긴다.

스피릿 세이프(Spirit Safe)
유리가 달린 커다란 구리 상자로, 스틸맨이 증류액을 커트할 때 사용한다.

슬란지바 (Slàinte Mhath)
게일어로 '좋은 건강'이라는 뜻. 위스키 잔을 들고 건배할 때 쓰는 말이다.

싱글 캐스크 (Single Cask)
한 오크통에 들어 있는 원액을 병입한 싱글몰트 위스키.

알랑빅(Alambic)
구리로 된 길쭉한 모양의 증류기이다. 영어로는 'still'인데 '방울방울 흘러내리다'라는 뜻의 라틴어 'stillare'에서 유래되었다. 증류기 모양과 크기에 따라 증류액의 특징이 달라진다.

알코올 도수
술에 함유된 에틸알코올의 양을 백분율(%)로 표시한 것. 프랑스에서는 % vol., 미국에서는 % ABV으로 표시한다.

오크통 마개 열기
눈과 귀가 모두 즐거운 작업. 나무망치로 오크통 마개의 양쪽을 쳐서 마개를 연다.

우스게 바하 (Uisge beatha)
게일어로 '생명수'라는 뜻. 라틴어 'Aqua Vitae'에서 유래되었다.

워시백(Washback)
발효가 이루어지는 커다란 통.

위스키의 눈물
위스키가 담긴 잔을 흔든 다음 가만히 두면 얇은 막이 생겨서 천천히 흘러내린다. 이것을 눈물이라고 부른다.

이나오 잔
프랑스 원산지명칭 위원회(INAO)가 승인한 표준 와인 시음 전용 잔.

위스키 용어

이탄(Peat)
땅에서 파낸 토탄. 맥아를 건조시킬 때 연료로 사용하면 맥아에 이탄향이 밴다.

천사의 몫 (Angles's Share)
저장고에서 숙성 중인 오크통에서 매년 증발하는 알코올을 말한다. 천사들도 행복을 누릴 권리가 있다.

첫향(Premier Nez)
잔을 흔들기 전에 맡을 수 있는 향. 산소와 접촉하기 전의 위스키향을 맡을 수 있다.

캐스크 스트렝스 (Cask Strength)
일반적인 위스키와 달리 물을 추가하지 않고 오크통에서 나온 그대로 병입한 위스키. 알코올 도수는 50~60%.

퀘익(Quaich)
스코틀랜드의 전통 잔. 모양은 가리비 모양이고, 처음에는 나무로 만들었으나 지금은 은이나 주석으로 만든다. 위스키를 시음할 때 사용한다.

페를라주(Perlage)
병을 흔들어 기포를 만드는 기술. 기포가 오래갈수록 알코올 도수가 높다.

피니싱(Finishing)
숙성이 끝날 무렵 원래의 오크통에서 다른 오크통으로 옮겨 담아 숙성을 마무리하는 것을 말한다. 다른 오크통(주로 셰리오크통)에서 몇 달 더 숙성시켜 더 복합적이고 폭넓은 아로마를 만드는 기술.

효모
발효를 촉발시키는 미생물. 효모는 맥아즙의 당분을 먹고 알코올과 이산화탄소를 만들어낸다.

ANNEXES

숫자로 알아보는 위스키

숫자는 재미없고 골치 아프지만 그중에는 흥미로운 데이터도 있다.

위스키는 프랑스에서 가장 많이 소비되는 증류주이다. 전체 증류주 소비량의 38.7%를 차지한다.

프랑스의 연간 위스키 생산량은 70만 병이다.

프랑스에서 판매되는 위스키의 90%는 스카치 위스키이다.

이 책의 저자는 처음 위스키에 만취했던 괴로운 기억에서 벗어나 다시 위스키를 마실 수 있게 될 때까지 10년이나 걸렸다.

프랑스에서는 매년 6억 리터의 증류주를 생산하고 그중 4억 2천만 리터를 수출한다.

지구상에는 5,000종류 이상의 싱글몰트 위스키가 존재한다.

기네스북에 오른 세계 최대의 위스키 시음회는 2009년 1월 31일 위스키 관련 사이트인 위스키 언리미티드가 벨기에 헨트에서 개최한 것이다. 2,252명이 참가하여 다음의 위스키를 시음했다.
싱글톤 12년, 크라간모어 12년, 부시밀즈 오리지널, 달위니 15년, 탈리스커 10년, 조니 워커 블랙라벨 12년.

일본의 주류회사 산토리는 일본에서 판매되는 위스키의 55%를 생산하고 있다.

매년 5월 3번째 토요일은 '세계 위스키의 날'이다.

영화와 문학 속 위스키

영화와 TV 시리즈

시나리오 속에서 위스키가 중요한 역할을 하거나, 시나리오에서 영감을 받아 위스키를 만들기도 한다.
위스키는 영화에서도 TV에서도 특별한 역할을 해왔다.

앤젤스 셰어: 천사를 위한 위스키

켄 로치(Ken Loach) 감독의 2012년 개봉작으로, 같은 해 칸 영화제에서 심사위원상을 수상한 스코틀랜드의 명작이다. 특별한 위스키가 등장하는 것은 아니지만, 폭력을 일삼던 스코틀랜드 젊은이가 부모가 된 뒤 사회에 적응하기 위해 노력하다가, 자신이 위스키 감별에 특별한 능력이 있다는 것을 발견하며 인생 역전을 꿈꾼다는 이야기이다.

007 스카이폴

제임스 본드는 아름다운 여성과 멋진 자동차를 좋아할 뿐 아니라, 최고급 위스키도 좋아한다. 〈007 스펙터〉에서 이미 '맥켈란 18년'이 등장했고, 2012년 개봉작 〈007 스카이폴〉에서는 악당 실바(하비에르 바르뎀)와 함께 작은 위스키 잔에 '맥켈란 파인 앤 레어 1962'를 마시기도 했다. 이후 영화 출연진의 사인이 들어간 '맥켈란 1962'가 2013년 자선 경매에 나와 9,635파운드에 낙찰되었다.

사랑도 통역이 되나요?

위스키가 중심에 등장하는 컬트 무비 〈사랑도 통역이 되나요?(Lost in Translation)〉는 소피아 코폴라(Sofia Coppola) 감독의 2003년 작품이다. 빌 머레이(Bill Murray)가 연기한 한물간 미국인 배우 밥 해리스가, 산토리 위스키의 광고 촬영을 위해 도쿄를 방문하면서 겪는 이야기를 다루었다. 영화 속 주인공은 일본 위스키를 그리 좋아하지 않았지만, 아이러니하게도 이 영화의 개봉과 성공으로 서구권에서는 일본 위스키가 큰 인기를 끌기 시작했다. 수요가 빠르게 늘어남에 따라 가격이 급상승했고, 산토리는 수요를 감당하지 못해 주력 위스키인 '히비키[響] 17년'과 '하쿠슈[白州] 12년'의 판매를 중단시켰다.

킹스맨: 골든 서클

비밀 요원은 위스키를 좋아한다. 또한 증류소를 기지로 사용할 수도 있다. 매튜 본(Matthew Vaughn)이 공동 각본과 감독을 맡은 2017년 작 〈킹스맨: 골든 서클〉은 미국과 영국 스파이의 활약을 다룬 첩보물인데, 영화 속에서 위스키라는 코드명을 가진 요원이 등장하여 활약을 펼친다. 이 영화 덕분에 위스키가 탄생하기도 했는데, 미국의 유명한 증류소인 올드 포레스터와의 협업으로 만든 위스키의 이름은 '스테이츠맨(Statesman)'이다.

피키 블라인더스

영국의 갱스터 가족 이야기를 다룬 TV 드라마로 '피키 블라인더스와 엮이지마(Don't fuck with the Peaky Blinders)'라는 대사가 특히 유명하다. 이 드라마 덕분에 같은 이름을 가진 아이리시 위스키도 출시되었다.

왕좌의 게임

미국의 인기 드라마 〈왕좌의 게임(Game of Thrones)〉에서는 위스키병을 찾아볼 수 없다. 그러나 위스키병에서는 '왕좌의 게임'을 찾을 수 있다. 스코틀랜드의 유명 증류소들과 협업하여 만든 한정판 컬렉터용 위스키병에는, 극중에 등장하는 7왕국의 문장이 그려져 있다(나이트 워치 에디션까지 8종 출시).

작가들의 명언

"무엇이든 과한 것은 좋지 않지만, 좋은 위스키는 과해도 충분치 않다."
– 마크 트웨인

"그가 마신 위스키가 너무 훌륭했던 나머지, 그는 스코틀랜드어로 말하기 시작했다."
– 마크 트웨인

"버터와 위스키가 고치지 못하는 병은 불치병이다."
– 아일랜드 속담

문학

문학계도 다르지 않다. 많은 작가들이 자신의 삶이나 작품 속에서 위스키와 특별한 관계를 맺어왔다. 물론 그들처럼 하라는 말은 아니다.

생후 6주

마크 트웨인이 위스키를 처음 맛보았을 때, 그는 겨우 생후 6주였다고 한다.

8일

레이먼드 챈들러(Raymond Chandler)는 비타민 주사와 버번의 도움으로, 단 8일 만에 영화 〈블루 달리아(The Blue Dahlia)〉의 각본을 완성하였다.

20년

워싱턴 어빙(Washington Irving)의 단편소설 『립 밴 윙클(Rip Van Winkle)』에 나오는 주인공은, 위스키를 마시고 20년 동안 잠들어 있었다.

18잔

시인이자 작가 딜런 토머스(Dylan Thomas)는 뉴욕의 선술집 화이트 호스 태번(White Horse Tavern)을 방문할 때마다, 위스키를 18잔씩 마셨다고 한다.

위스키계의 위대한 인물

이 책에서는 시대와 국경을 넘어 위스키와 그 역사를 만든 위대한 인물들을 만날 수 있다.

다 케 쓰 루　마 사 타 카

TAKETSURU MASATAKA (1894~1979)

유명한 스파이, 제임스 본드의 모델이 혹시 이 사람은 아닐까?
다케쓰루의 일생을 보면 그렇게 생각할 수밖에 없다.

다케쓰루 마사타카는 일본의 전통술인 사케를 만드는 집안에서 태어났다. 24살이던 1918년에 위스키 제조 비법을 배우기 위해 스코틀랜드로 건너간 그는, 스코틀랜드에서 라가불린을 포함한 당시의 유명 증류소를 돌아보며 자신이 본 것, 들은 것, 느낀 것을 놀라울 정도로 정확하게 노트에 기록했다. 잊지 않기 위해 사진도 찍어서 붙이고 그림도 그려 넣었다. 화학교육을 받은 덕분에 그때까지 스코틀랜드에서도 볼 수 없었던 위스키 제조의 전 과정에 대한 세밀한 기록이 가능했던 것이다. 이른바 '다케쓰루 노트'는 지금도 잘 보관되어 있다.

그를 사로잡은 것은 스카치 위스키만이 아니었다. 그는 리타 코완(Rita Cowan)이라는 스코틀랜드 아가씨의 매력에도 푹 빠졌다. 두 사람은 스코틀랜드에서 결혼하고 1920년에 일본으로 돌아왔는데, 그의 고용주는 증류소 설립계획을 받아들이지 않았다. 그러나 1923년 도리이 신지로가 창립한 산토리의 증류책임자가 되면서 드디어 야마자키에 일본 최초의 증류소를 설립하게 되었다. 1929년에 첫 작품으로 블렌디드 위스키를 세상에 내놓았는데, 기대와 달리 큰 성공을 거두지는 못했다.

다케쓰루는 이에 실망하지 않고 스코틀랜드와 기후나 지형적 특징이 비슷한 장소를 찾았고, 마침내 홋카이도에서 최적의 장소를 발견하여 요이치 증류소를 설립했다. 이렇게 해서 니카 위스키가 탄생했다('니카'라는 이름은 1952년부터 쓰였다).

오늘날 다케쓰루 마사타카는 일본 위스키 산업의 아버지라 불린다.

INDEX

ㅇ

ㅈ

ㅊ

ㅋ

ㅌ

ㅍ

ㅎ

그림 · 야니스 바루치코스(Yannis Varoutsikos)

아트 디렉터이자 일러스트레이터. 다른 분야에서도 다양하게 활동하고 있다. Marabout에서 나온 『와인은 어렵지 않아(Le Vin c'est pas sorcier)』(2013, 한국어판 그린쿡 2015), 『커피는 어렵지 않아(Le Cafe c'est pas sorcier)』(2016, 한국어판 그린쿡 2017), 『맥주는 어렵지 않아(La Bière c'est pas sorcier)』(2017, 한국어판 그린쿡 2019), 『칵테일은 어렵지 않아(Les Cocktails c'est pas sorcier)』(2017, 한국어판 그린쿡 2019), 『요리는 어렵지 않아(Pourquoi les spaghetti bolognese n'existent pas?)』(2019, 한국어판 그린쿡 2021), 『럼은 어렵지 않아(Le Rhum c'est pas sorcier)』(2020, 한국어판 그린쿡 2022), 『차는 어렵지 않아(Le thé c'est pas sorcier)』(2021, 한국어판 그린쿡 2022), 『Le Grand Manuel du Pâtissier』(2014), 『Le Grand Manuel du Cuisinier』(2015), 『Le Grand Manuel du Boulanger』(2016) 등의 그림을 그렸다.

lacourtoisiecreative.com
lacourtoisiecreative.myportfolio.com

글 · 미카엘 귀도(Mickaël Guidot)

프랑스 부르고뉴 지방에서 태어나 와인으로 유명한 본과 뉘셍 조르주 근처에서 자라면서 지역의 와이너리와 바에 열심히 드나들었다.
그 후 고향을 떠나 파리에 있는 광고회사에 입사했는데, 그곳에서 여러 샴페인 회사, 증류주 회사와 일하며 술과 미각에 대해 배웠다.
2012년부터는 'ForGeorges'라는 블로그를 만들어 그동안 배운 지식과 경험을 많은 사람들과 나누고 있다. 'ForGeorges'는 블로그를 만들기 몇 달 전에 돌아가신 조르주 할아버지를 기리기 위한 것이기도 하다. 조르주 할아버지는 저녁식사 전에 가족들과 마시는 식전주를 무엇보다 좋아하셨다고 한다. 이 블로그는 만남과 나눔과, 호기심의 공간이다. 그의 개인 위스키 컬렉션이 증명하듯이 위스키에 대한 그의 열정은 끝이 없다.
www.forgeorges.fr

옮긴이 · 임명주

한국외국어대학교 통역대학원 한불과 졸업. 주한 프랑스 대사관 상무관실 농식품부와 프랑스 농식품진흥공사에서 일하면서 프랑스 와인과 스피릿 홍보 및 판촉 업무를 담당했다. 역서로 추리소설 『그림자 소녀』, 『절대 잊지마』, 그래픽노블 『파리 여자도 똑같아요』, 『피카소』, 『표범』 등이 있다.

옮긴이 · 고은혜(증보개정 부분)

이화여대 통번역대학원 통역전공 한불과와 파리 통번역대학원(ESIT) 한불번역 특별과정 졸업. 서울과 파리에서 음식을 공부하고 프랑스 공인 요리 부문 전문 자격(CAP-Cuisine)을 취득하고, 프랑스의 미쉐린 스타 레스토랑에서 견습을 마쳤다. 현재 F&B 전문 한불 통번역사로 활동 중이다. 그린쿡과 『맥주는 어렵지 않아』, 『칵테일은 어렵지 않아』, 『요리는 어렵지 않아』, 『럼은 어렵지 않아』, 『차는 어렵지 않아』 작업을 함께했다.

위스키는 어렵지 않아 [증보개정판]

펴낸이 유재영
펴낸곳 그린쿡
글쓴이 미카엘 귀도
옮긴이 임명주 · 고은혜
기획 이화진
편집 박선희
디자인 정민애

1판 1쇄 2018년 7월 10일
2판 2쇄 2025년 1월 10일

출판등록 1987년 11월 27일 제10-149
주소 04083 서울 마포구 토정로 53(합정동)
전화 02-324-6130, 324-6131
팩스 02-324-6135

E-메일 dhsbook@hanmail.net
홈페이지 www.donghaksa.co.kr / www.green-home.co.kr
페이스북 www.facebook.com/greenhomecook
인스타그램 www.instagram.com/__greencook

ISBN 978-89-7190-862-4 13590

- 이 책은 실로 꿰맨 사철제본으로 튼튼합니다.
- 잘못된 책은 구매처에서 교환하시고, 출판사 교환이 필요할 경우에는 사유를 적어 도서와 함께 위의 주소로 보내주세요.

WHISKY